빅데이터

과학

일상생활에서 과학을 늘 접근하고 있지만, 그것이 과학인지 잘 모르고 넘어갈 때가 많은 것 같습니다. 하늘만 바라보아도 구름이 어떻게 형성되고 태양이 어떤 영향을 주는 것이 다 과학인데도 말입니다. 과학을 너무 학문적으로 접근해서 그런지 과학하면 부담스러워 하는 분들도 많이 계신 것 같습니다. 조금만 관심을 가지게 되신다면 과학도 그리 어려운 것이 아니라 일상의 한 부분이라는 것을 분명 알게 되실꺼라 생각합니다.

이러한 어려움들을 참고하여 가급적 문제를 쉽게 접근해 볼 수 있도록 구성해 보았습니다. 복잡한 응용문제보단 개념만 알아도 쉽게 풀 수 있도록 구성해 놓았습니다. 또한 개념에서 배운 모든 것들을 문제화시켜 개념 따로 문제 따로가 아닌 일원화하기 위해 많은 노력을 기울였습니다.

본서는 물리, 화학, 생명과학, 지구과학으로 구성되어 있고, 현재 고등학교 수준이라면 충분히 숙지하고 풀 수 있게 되어 있습니다. 깊은 내용보단 개념만 알아도 충분히 접근할 수 있는 것을 요구하고 있기 때문에 조금만 노력을 하신다면 분명 좋은 결과가 있을 거라 확신합니다.

과학이라는 학문이 생소하고 다른 과목들에 비해 어렵다고 생각하실 수도 있을 것입니다. 다르게 표현하면 한 번 길을 닦아 놓으면 그 다음부터는 쉽게 갈 수 있다는 의미도 됩니다. 과정은 쉽지 않을 것입니다. 그러나 그 과정을 정복하다보면 더 좋을 열매가 있을 것이라 확신합니다.

아무쪼록 이렇게까지 책이 나올 수 있게 도와주신 서원각 관련 분들에게 정말 감사하다고 말씀드리고 싶습니다. 책이 나오기까지 연합하여 좋은 열매를 내는데 다들 수고를 아끼지 않음을 보게 됩니다. 저희들의 많은 관심과 노력이 이 책을 통해 시험보시는 수험생 모든 분들에게도 전달되었으면 좋겠습니다.

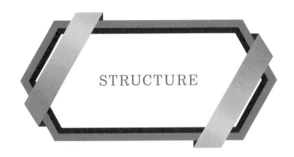

STRUCTURE

▋ **공무원시험 유형 완벽 분석**

다양한 유형의 문제를 체계적으로 분석하여 내용에 대한 흐름을 파악할 수 있도록 구성하였습니다.

▋ **기출문제 수록**

최신 기출문제를 수록하여 출제유형 파악에 도움이 되도록 만전을 기하였습니다.

▋ **해설의 상세화**

기출문제 및 출제예상문제에 대한 해설을 이해하기 쉽도록 상세하게 기술하여 실전에 충분히 대비할 수 있도록 하였습니다.

시공간과 운동

1 국제단위계(SI)의 기본 단위가 아닌 것은?

① m   ② kg

③ s   ④ c

2 시간 측정 방법으로 태양시와 원자시가 있다. 다음 설명으로 옳은 것은?

핵심예상문제

그동안 실시되어 온 기출문제의 유형을 파악하고 출제가 예상되는 핵심영역에 대하여 다양한 유형의 문제를 엄선·수록하였습니다.

---

16 서원이가 5kg의 물체를 줄을 매고 수평 방향으로 가지고 가고 있었다. 이 때 작용한 중력이 한 일은 몇 J인가?

① 0   ② 49

③ 98   ④ 120

ADVICE

14 ㉠ 충돌 속에서 서로의 속도 변화량이 서로 같다.
ㄴ A와 B가 받은 충격력은 서로 같은 크기로 받는다.
ㄷ A와 B가 받은 충격량은 서로 같다.(충격량=충격력×시간)

15 물체가 이동한 거리는 이동하고 있는 방향과 동일하게 작용하는 힘을 곱한 것을 힘이 물체에 한 일이라고 말할 수 있다. 만약에 각도가 있어서 일을 구하게 되면 W=Fscosθ를 사용하여 구할 수 있다.
W(일)=F(힘)×s(이동거리)
12XJ=30N×4m

16 수평으로 이동하였기 때문에 중력이라는 힘의 방향과 동일하지 않다. 여기서는 W=Fscosθ을 적용하게 되면 cosθ0 이기 때문에 0J이 나오게 된다. 결국 수평 방향과 수직 방향에 의해 물체에 한 일이 정해짐을 알 수 있다.

⊕· 14.④ 15.① 16.①

24   PART Ⅰ. 물리

해설 및 보충설명

핵심을 콕! 짚는 해설과 참고가 되는 보충설명을 통해 기본이론에 대한 지식이 부족해도 문제풀이가 가능하도록 내용을 심도 있게 정리하였습니다.

2018. 4. 7 인사혁신처 시행

1 그림 ㈎는 폐포를, ㈏는 폐포의 단면을 나타낸 것이다. ㉠과 ㉡은 각각 산소와 이산화탄소 중 하나이다. 이에 대한 설명으로 〈보기〉에서 옳은 것만을 모두 고른 것은?

기출문제분석

최신 기출문제를 수록하여 공무원시험 출제유형 파악에 도움을 주고자 노력하였습니다.

CONTENTS

CONTENTS

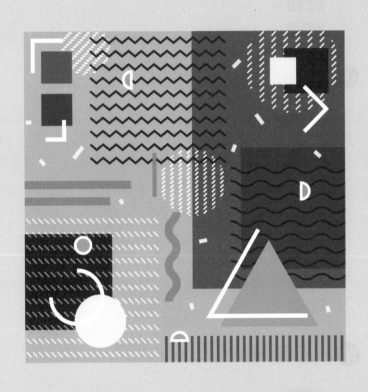

PART
01

물리

시공간과 운동

1 국제단위계(SI)의 기본 단위가 아닌 것은?

① m

② kg

③ s

④ c

2 시간 측정 방법으로 태양시와 원자시가 있다. 다음 설명으로 옳은 것은?

> ㉠ 태양시는 하루를 24시간으로 정하고 있다.
> ㉡ 원자시는 현재 시간의 표준으로 활용되고 있다.
> ㉢ 태양시와 원자시는 오차가 전혀 없는 것이 특징이다.

① ㉠

② ㉡

③ ㉠㉡

④ ㉡㉢

ADVICE

1 국제단위계(SI)
　㉠ SI 기본 단위 : 길이(m), 질량(kg), 시간(s), 전류(A), 열역학적 온도(K), 물질량(mol), 광도(cd)
　㉡ SI 무차원 단위 : 라디안(rad), 스테라디안(sterradian)

2 ㉠ 태양시는 하루를 24시간으로 정하고, 1분, 1초를 사용한다.
　㉡ 원자시는 세슘133에서 방출되는 빛이 진동하는데 걸리는 시간으로 정의하였다.
　㉢ 태양시 같은 경우는 자전에 따라 시간오차가 생겨 지금은 사용하지 않고 있고 원자시는 30만 년에 한 번씩 1초의 오차가 생긴다.

답─ 1.④ 2.③

3 영국 그리니치 전문대를 지나는 자오선을 기준으로 표준시간대가 정해진다. 그렇다면 경도 몇 도 차이로 1시간씩 차이가 있을까?

① 15도

② 20도

③ 25도

④ 30도

4 인공위성에서 발사한 전파를 이용하여 위치를 파악하는 시스템의 정의는 무엇인가?

① GIS

② GPS

③ GAS

④ GAP

5 시속 50km/h로 달리는 오토바이가 있다. 집에서 250km 떨어진 도시까지 가는데 필요한 시간은 얼마가 걸리겠는가?

① 3시간

② 4시간

③ 5시간

④ 6시간

6 시속 80km/h로 달리는 자동차가 있다. 집에서 목표하는 지점까지 가는데 있어서 30분이 소요됐다면, 집에서 목표지점까지의 거리는 몇 km가 되겠는가?

① 40

② 50

③ 60

④ 70

ADVICE

3 경도 15도에 1시간씩 차이가 난다. 그래서 영국이랑 대한민국은 120도 차이가 있는데 8시간 차이가 난다.

4 Global Positioning System으로 인공위성의 전파를 사용하여 위치를 파악한다.

5 250km(거리)/50km/h(속력)=5시간

6 속력×시간=이동거리
$80km/h \times 0.5h(=30min)=40km$

답 3.① 4.② 5.③ 6.①

7 100m로 걷다가 다시 왼쪽으로 40m를 걸었다. 이때 걸린 시간이 1분이 소요되었다. 그렇다면 이때 평균 속도는 몇 m/s일까?

① 0.5   ② 1

③ 1.5   ④ 2

8 원각이가 900m의 원으로 된 운동장을 뛰고 있었다. 원각이가 한 바퀴 도는 데 300초가 걸렸다. 이때 평균 속력(m/s)과 평균 속도(m/s)는 얼마인가?

① 3, 3   ② 6, 3

③ 0, 0   ④ 3, 0

9 원각이가 동쪽으로 5m/s로 세 발 자전거를 타고 있었다. 맞은편에서는 서원이가 3m/s로 서쪽 방향으로 네 발 자전거를 타고 있었다. 원각이의 입장에서 본 서원이의 방향과 상대 속도는 몇 m/s인가?

① 동, 8   ② 서, 8

③ 동, 2   ④ 서, 2

ADVICE

7 변위/걸린 시간=속도
$60(100-40)/60s(=1min)=1m/s$

8 속력 : 단위 시간 동안 이동 거리
평균 속력=이동 거리/걸린 시간
               =900m/300s
               =3m/s
속도 : 단위 시간 동안 위치의 변화량
평균 속도=변위/걸린 시간
               =0m(다시 제자리로 돌아옴)/300s
               =0m/s

9 상대 속도 : 운동하는 관찰자를 기준으로 보는 속도
$v=v$(서)$-v$(동)
  $=-3-5=-8$ (−는 서쪽 방향을 의미함)

답 — 7.②   8.④   9.②

10 가만히 있던 자전거가 곧게 나 있는 자전거 도로에서 출발하여 5초가 지났을 때 속도가 30m/s가 되었다면 가속도의 크기는 몇 m/s²인가?

① 4   ② 5

③ 6   ④ 7

11 다음은 속도−시간 그래프이다. 다음 설명 중 옳은 것은?

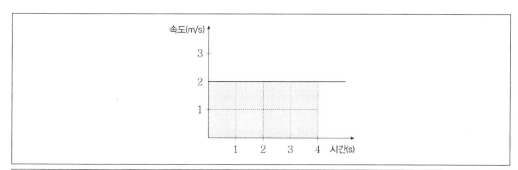

ⓐ 시간이 지날수록 속도가 점점 **빨라지고** 있다.
ⓑ 3초 동안 움직인 거리는 6m이다.
ⓒ 이 그래프는 등속 직선 운동이라고 말할 수 있다.

① ㉠   ② ㉡

③ ㉠㉡   ④ ㉡㉢

ADVICE

10 가속도 : 단위 시간 동안 속도의 변화량
$30\text{m/s} \ / 5\text{s} = 6\text{m/s}^2$

11 ㉠ 시간이 지나도 속도는 일정한 등속 직선 운동을 하고 있다.
㉡ $2\text{m/s} \times 3\text{s} = 6$
㉢ 이 그래프는 등속 직선 운동이라고 말할 수 있다.

🔑— 10.③ 11.④

12 다음은 위치-시간 그래프이다. 평균 속력은 몇 m/s인가?

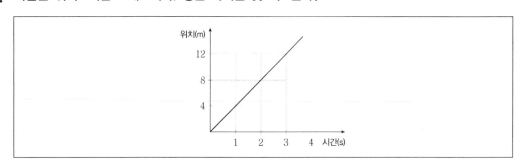

① 1
② 2
③ 3
④ 4

13 다음은 속도-시간 그래프이다. 이동거리는 얼마인가?

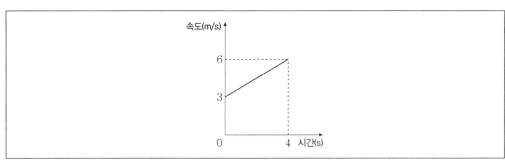

① 18
② 20
③ 22
④ 24

12 속력＝이동거리/걸린 시간
$4m/s = 12m/3s$

13 $s = v_0t + 0.5at^2$
$18 = 3m/s^2 \times 4s + 0.5 \times 0.75(그래프 기울기) \times 4^2$

답— 12.④ 13.①

14 다음은 운동하는 물체의 속도−시간에 대한 그래프이다. 다음 설명 중 옳은 것은?

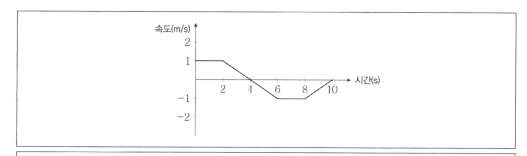

ⓐ 5초에서 물체의 방향은 가던 방향의 반대 방향으로 운동하고 있다.

ⓑ 4초 이후로 물체는 멈춰있다.

ⓒ 10초일 때 물체는 기준점에서 반대방향으로 1m만큼 떨어져 있다.

① ㉠   ② ㉡

③ ㉠㉢   ④ ㉡㉢

14 ㉠ 이미 4초에서부터 가던 방향의 반대방향으로 가게 되었다.

㉡ 4초 이후로 물체의 운동 방향이 바뀌었을 뿐이다.

㉢ 8초일 때 이미 제자리로 돌아왔고 10초까지는 1m만큼 반대 방향으로 이동하였다. (속도×시간=이동거리이며 그래프의 넓이로 알 수 있다.)

답 14.③

15 멈춰있던 물체가 7m/s²로 5초 동안 가속 운동할 때, 움직인 거리는 얼마인가?

① 87

② 87.5

③ 88

④ 88.5

16 다음은 속도-시간 그래프이다. 다음 설명 중 옳은 것은?

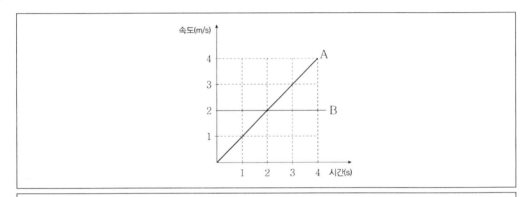

> ㉠ 2초일 때 A와 B는 만난다.
> ㉡ 3초일 때 A와 B 사이의 거리는 2m 차이가 난다.
> ㉢ 4초일 때 A와 B는 서로 만난다.

① ㉠

② ㉡

③ ㉢

④ ㉡㉢

ADVICE

15 $S = \dfrac{1}{2}at^2 + v_0 t$

$\dfrac{1}{2} \times 7 \times 25 = 87.5$

16 ㉠ 2초일 때 B가 A보다 2m 앞서 있다.

㉡ 3초일 때 B가 A보다 1.5m 앞서 있다.

㉢ 4초일 때 A와 B는 서로 만난다. (그래프의 넓이는 이동거리를 의미하며 4초일 때 그래프의 넓이가 같다.)

답— 15.② 16.③

17 다음은 위치-시간 그래프이다. 다음 중 옳은 것은?

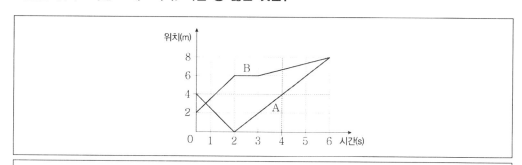

⊙ 6초 동안 A의 변위는 4m이다.
ⓒ 6초 동안 B의 평균 속력은 1m/s이다.
ⓒ 6초 동안 A의 이동거리는 4m이다.

① ⊙ⓒ

② ⓒⓒ

③ ⊙ⓒ

④ ⊙ⓒⓒ

18 움직이는 물체의 초기 속도가 3m/s이고 6초 후에 나중 속도가 6m/s가 되었다. 그렇다면 움직인 거리는 몇 m인가? (단, 물체는 등가속도 운동을 한다.)

① 18

② 21

③ 24

④ 27

17 ⊙ 6초 동안 A의 변위는 4m이다. (위치변화량)
　　ⓒ 6초 동안 B의 평균 속력은 1m/s이다. (이동거리/걸린시간)
　　ⓒ 6초 동안 A의 이동거리는 12m이다.

18 $2as = v^2 - v_0^2$
　　$2 \times 0.5 \times s = 6^2 - 3^2$
　　$s = 27m$

🔒— 17.① 18.④

19 다음은 가속도−시간 그래프이다. 다음 중 옳은 것은?

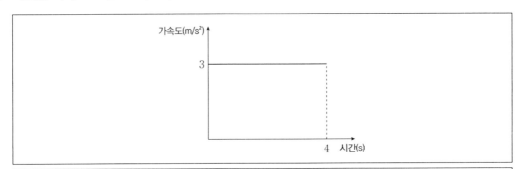

ㄱ 이 그래프는 등속 직선운동이다.
ㄴ 초기 속도가 0이면 4초 후에 나중 속도는 12m/s이다.
ㄷ 가는 동안 방향이 바뀌었다.

① ㄱ   ② ㄴ

③ ㄱㄷ   ④ ㄴㄷ

20 서원이가 학교까지 가는데 2m/s의 걸음으로 가고 있었다. 원각이는 이미 출발하여 20m 앞에서 1m/s의 걸음으로 가고 있었다. 서원이는 몇 초 후에 원각이를 잡을 수 있는가?

① 10   ② 20

③ 30   ④ 40

ADVICE

19 ㄱ 이 그래프는 등가속도 운동 그래프이다.
ㄴ 초기 속도가 0이면 4초 후에 나중 속도는 12m/s이다. ($v = v_0 + at \rightarrow 12 = 0 + 3 \times 4$)
ㄷ 가는 동안 방향은 바뀌지 않았다.

20 $20\text{m} + x\text{s} \times 1\text{m/s} = x\text{s} \times 2\text{m/s}$
$x = 20\text{s}$

答— 19.②   20.②

운동 법칙과 역학적 에너지

1 힘의 3요소에 해당하지 않는 것은 무엇인가?

① 속도

② 크기

③ 방향

④ 작용점

2 등속 직선 운동을 하는 물체의 알짜힘은 몇 N인가?

① 0

② 10

③ 20

④ 30

3 다음 보기 중에 관성의 성질로써 맞는 것은?

> ㉠ 지하철이 갑자기 출발하면 몸이 뒤로 밀려난다.
> ㉡ 물체에 힘을 가할 때 속도가 점점 빨라진다.
> ㉢ 책상 위에 종이를 놓고 그 위에 단추를 놓은 다음 종이를 재빠르게 빼면 단추는 가만히 있다.

① ㉠㉡

② ㉡㉢

③ ㉠㉢

④ ㉠㉡㉢

ADVICE

1 힘의 3요소에는 힘의 크기, 힘의 방향, 힘의 작용점이 있다.

2 알짜힘(합력)은 물체에 작용한 모든 힘의 합을 의미한다. 등속 직선 운동에서는 속도가 일정하기 때문에 힘의 평형 상태에 있다. 이럴 경우 힘이 작용하지 않았다고 할 수 있다.

3 관성은 물체 스스로가 자신의 운동 방향과 속도를 유지하려는 성질이다.
㉠ 지하철이 갑자기 출발하면 몸이 뒤로 밀려난다. (관성 법칙)
㉡ 물체에 힘을 가할 때 속도가 점점 빨라진다. (가속도 법칙)
㉢ 책상 위에 종이를 놓고 그 위에 단추를 놓은 다음 종이를 재빠르게 빼면 단추는 가만히 있다. (관성 법칙)

답 1.① 2.① 3.③

4 물체에 오른쪽으로 작용하는 힘이 두 가지가 있었다. 하나는 10N이었고, 또 다른 하나는 7N 이라고 했을 때, 알짜힘의 방향과 크기는?

① 왼쪽, 3N

② 오른쪽, 3N

③ 왼쪽, 17N

④ 오른쪽, 17N

5 물체에 오른쪽으로 12N의 힘이 작용했고 왼쪽으로 16N의 힘이 작용하고 있었다. 이때의 물체가 움직이는 방향과 힘의 크기는?

① 오른쪽, 28N

② 왼쪽, 28N

③ 오른쪽, 4N

④ 왼쪽, 4N

6 마찰이 없는 지면에 4kg인 물체가 $3m/s^2$으로 움직이고 있었다. 다음 보기 중 옳은 것은?

> ⊙ 뉴턴 운동의 제2법칙을 따른다.
> ⓛ 작용하는 힘은 12N이다.
> ⓒ 작용하고 있는 방향으로 4N의 힘을 더 주게 되면 합력은 16N이 된다.

① ⊙ⓛ

② ⓛⓒ

③ ⊙ⓒ

④ ⊙ⓛⓒ

ADVICE

4 10N+7N=17N (오른쪽으로 같은 방향으로 힘이 작용하고 있다. 같은 방향이므로 알짜힘은 더해줘야 한다.)

5 알짜힘(합력) : 물체에 작용한 모든 힘을 합하는 것
16N−12N=4N (왼쪽 방향으로 더 큰 힘이 작용하고 있다. 방향이 다르기 때문에 알짜힘(합력)을 구할 때 서로 빼야 한다.)

6 ⊙ 뉴턴 운동의 제2법칙을 따른다. (가속도의 법칙)
ⓛ 작용하는 힘은 12N이다. (F=ma → 12N=4kg×3m/s²)
ⓒ 작용하고 있는 방향으로 4N의 힘을 더 주게 되면 합력은 16N이 된다. (16N=12N+4N)

답 4.④ 5.④ 6.④

7 마찰이 없는 지면에서 5kg인 물체가 있었다. 물체에 작용하는 힘이 10N이라고 한다. 그렇다면 가속도는 몇 m/s²인가?

① 1   ② 2

③ 3   ④ 4

8 A와 B 물체의 질량이 같고 가속도는 A 물체가 2배가 더 빠르다. 그렇다면 A와 B 물체의 알짜힘의 크기 차이는?

① 2   ② 4

③ 6   ④ 8

9 다음 보기 중 작용−반작용에 대한 설명으로 옳은 것은?

> ㉠ 작용−반작용은 힘의 크기가 서로 같고 방향도 역시 같다.
> ㉡ 뉴턴 운동 제3법칙에 해당한다.
> ㉢ 한 물체에 작용하는 힘이다.

① ㉠   ② ㉡

③ ㉢   ④ ㉠㉡

ADVICE

7 뉴턴 운동 제2법칙(가속도의 법칙)
$F = ma$(가속도 법칙)
$10N = 5kg \times a$
$a = 2m/s^2$

8 뉴턴 운동 제2법칙(가속도의 법칙)
$F = ma$이므로 A의 가속도가 B보다 2배가 더 크므로 알짜힘(합력) 역시 2배가 더 크다.

9 ㉠ 작용−반작용은 힘의 크기가 서로 같고 방향은 반대이다.
㉡ 뉴턴 운동 제3법칙에 해당한다. (작용−반작용 법칙)
㉢ 두 물체에 상호 작용하는 힘이다.

답 — 7.② 8.① 9.②

10 다음 그림은 두 물체의 질량과 가한 힘을 나타낸 것이다. 이 때 가속도의 크기는 몇 m/s²인가?

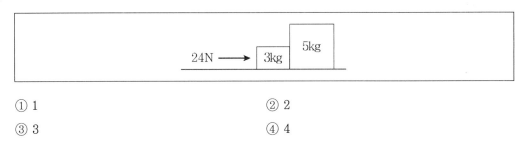

① 1

② 2

③ 3

④ 4

11 다음 그림에서 가속도의 크기는 몇 m/s²인가?(단, 중력가속도는 9.8m/s²으로 간주한다.)

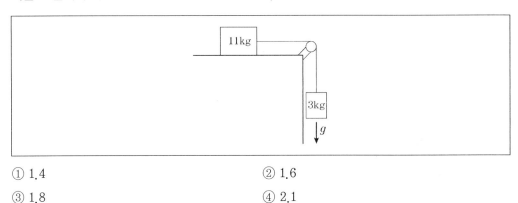

① 1.4

② 1.6

③ 1.8

④ 2.1

━━━━━━━━━━━━━━━━━ **ADVICE** ━━━━━━━━━━━━━━━━━

10 뉴턴 운동 제2법칙(가속도의 법칙)
F(힘)=m(질량)×a(가속도)
24N=(3+5)kg×a (두 물체를 한 물체인 것처럼 생각한다.)
a=3m/s²

11 뉴턴 운동 제2법칙(가속도의 법칙)
F(힘)=m(질량)×a(가속도)
(11+3)kg×a=3kg×9.8m/s²
a=2.1m/s²

답— 10.③ 11.④

12 해수면으로부터 500 m 높이에서 어떤 물체가 공기 저항을 받으며 낙하한다. 해수면에 도달하는 순간 이 물체의 속력이 20 m/s였다. 이 물체의 초기 총 역학적 에너지에 대한 공기 저항에 의해 손실된 역학적 에너지의 비율은? (단, 위치에너지의 기준점은 해수면으로 하며 중력가속도는 10 m/s^{2}이다)

① 60%

② 64%

③ 80%

④ 96%

13 다음 그래프에 대한 설명으로 옳은 것은?

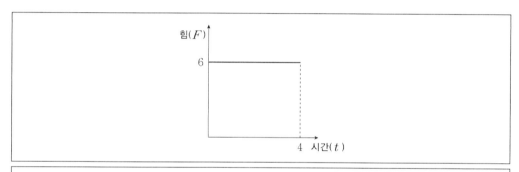

㉠ 충격량의 방향과 운동량의 방향은 반대이다.
㉡ 충격량은 24Ns이다.
㉢ 운동의 변화량은 충격량과 다르다.

① ㉠

② ㉡

③ ㉢

④ ㉠㉡

ADVICE

12 mgh/(mgh+1/2mv^2)=(5000/5200)×100=96%

13 ㉠ 충격량의 방향과 운동량의 방향은 서로 같다. (F⊿t=mv−mv$_0$→I=⊿p)
㉡ 충격량은 24Ns이다. (I=F⊿t)
㉢ 운동의 변화량은 충격량과 같다.

답— 12.④ 13.②

14 다음 그림에 대한 설명 중 옳은 것은? (단, A, B의 질량은 같다.)

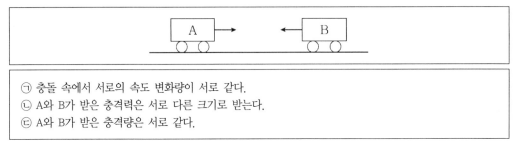

ⓐ 충돌 속에서 서로의 속도 변화량이 서로 같다.
ⓑ A와 B가 받은 충격력은 서로 다른 크기로 받는다.
ⓒ A와 B가 받은 충격량은 서로 같다.

① ㉠　　　　　　　　　　　② ㉡
③ ㉠㉡　　　　　　　　　　④ ㉠㉢

15 마찰이 없는 표면에서 30N의 힘으로 물체를 4m 이동시켰을 때, 한 일은 몇 J인가?

① 120　　　　　　　　　　② 150
③ 180　　　　　　　　　　④ 210

16 서원이가 5kg의 물체를 줄을 매고 수평 방향으로 가지고 가고 있었다. 이 때 작용한 중력이 한 일은 몇 J인가?

① 0　　　　　　　　　　　② 49
③ 98　　　　　　　　　　 ④ 120

ADVICE

14 ㉠ 충돌 속에서 서로의 속도 변화량이 서로 같다.
　　㉡ A와 B가 받은 충격력은 서로 같은 크기로 받는다.
　　㉢ A와 B가 받은 충격량은 서로 같다. (충격량=충격력×시간)

15 물체가 이동한 거리는 이동하고 있는 방향과 동일하게 작용하는 힘을 곱한 것을 힘이 물체에 한 일이라고 말할 수 있다. 만약에 각도가 있어서 일을 구하게 되면 $W=F\cos\theta$를 사용하여 구할 수 있다.
　W(일)=F(힘)×s(이동거리)
　120J=30N×4m

16 수평으로 이동하였기 때문에 중력이라는 힘의 방향과 동일하지 않다. 여기서는 $W=F\cos\theta$를 적용하게 되면 $\cos90°$이기 때문에 0J이 나오게 된다. 결국 수평 방향과 수직 방향에 의해 물체에 한 일이 정해짐을 알 수 있다.

답 — 14.④ 15.① 16.①

17 다음 그림에 대한 설명 중 옳은 것은? (단, 처음엔 두 물체가 가만히 있었다.)

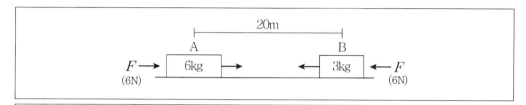

    ㉠ 3초 후 충돌하게 되면 B에 작용하는 일은 54J이다.
    ㉡ 가속도의 크기는 A가 B보다 2배가 더 크다.
    ㉢ 3초 후 충돌하게 되면 A에 운동량의 크기는 20Kgm/s가 된다.

① ㉠   ② ㉡
③ ㉠㉡   ④ ㉠㉢

18 3kg의 물체가 10m 높이에서 떨어지고 있다. 다음 설명 중 맞는 것은? (단, 공기에 의한 마찰은 없다고 가정하고 중력가속도는 $9.8m/s^2$이다.)

    ㉠ 떨어지는 동안 중력 퍼텐셜 에너지는 290J만큼 증가하였다.
    ㉡ 역학적 에너지 보존의 법칙으로 설명할 수 있다.
    ㉢ 운동 에너지는 떨어질수록 증가한다.

① ㉠   ② ㉡
③ ㉠㉡   ④ ㉡㉢

ADVICE

17 ㉠ 3초 후 충돌하게 되면 B에 작용하는 일은 54J이다. (B의 가속도의 크기는 $2m/s^2$이다. 이 때의 거리는 s = $v_0t + 0.5at^2$를 사용하여 9m가 된다. W=Fs이고 54J=6N×9m이다.)
    ㉡ 가속도의 크기는 B가 A보다 2배가 더 크다. (힘은 같고 질량이 2배 차이가 나기 때문이다.)
    ㉢ 3초 후 충돌하게 되면 A에 운동량의 크기는 22kgm/s가 된다. (충돌했을 때, B가 9m 이동하고 A는 11m를 이동하게 된다. p=mv를 사용한다. 22kgm/s=6kg×11/3m/s이다.)

18 ㉠ 떨어지는 동안 중력 퍼텐셜 에너지는 294J만큼 감소하였다. (U=mgh → 294J=3kg×$9.8m/s^2$×10m)
    ㉡ 역학적 에너지 보존의 법칙으로 설명할 수 있다. (운동 에너지와 중력 포텐셜 에너지의 합은 일정하다.)
    ㉢ 운동 에너지는 떨어질수록 증가한다. (중력 포텐셜 에너지가 감소하는 만큼 운동 에너지가 증가한다.)

답 ― 17.① 18.④

19 다음은 원각이가 10N의 힘을 발휘하여 물체를 1m만큼 들어 올린 그림이다. 다음 설명 중 맞는 것은?

ⓐ 원각이가 한 일은 10J이다.
ⓑ 중력 퍼텐셜 에너지는 5J만큼 증가하였다.
ⓒ 물체에 작용하는 합력이 한 일은 10J이다.

① ⓐ
② ⓑ
③ ⓐⓑ
④ ⓐⓒ

20 물체의 질량이 6kg이고 속력이 4m/s였다. 이 때 구한 운동 에너지를 가지고 운동량을 구하면 몇 kgm/s가 되겠는가?

① 12
② 24
③ 36
④ 48

ADVICE

19 ⓐ 원각이가 한 일은 10J이다. (W=Fs → 10J=10N×1m)
ⓑ 중력 퍼텐셜 에너지는 5J만큼 증가하였다. (중력 퍼텐셜 에너지는 10J만큼 감소하였고, 운동 에너지는 10J만큼 증가하였다.)
ⓒ 물체에 작용하는 합력이 한 일은 10J이다. (물체에 작용한 합력의 크기는 0N이다.)

20 K(운동 에너지)$=0.5mv^2=p^2/2m$
$48J=0.5×6kg×(4m/s)^2$
$p^2=48J×2×6kg → p=24kgm/s$

답 — 19.① 20.②

시공간의 새로운 이해

1 다음은 케플러 제2법칙에 해당하는 설명이다. 다음 중 옳은 것은?

> ㉠ 면적 속도 일정 법칙이라고도 한다.
> ㉡ 근일점에서 행성의 속도가 제일 느리고 원일점에서 행성의 속도가 제일 빠르다.
> ㉢ 같은 시간 동안 지나간 면적의 넓이가 같다.

① ㉠

② ㉡

③ ㉡㉢

④ ㉠㉢

2 A 행성이 타원 궤도 운동을 공전 주기가 T로 하고 있다고 한다. 행성의 타원 궤도 긴반지름이 2R이라고 할 때, 주기와 긴반지름 사이의 비례식 관계는?

① $T^2 \propto 4R^3$

② $T^2 \propto 6R^3$

③ $T^2 \propto 8R^3$

④ $T^2 \propto 10R^3$

ADVICE

1 ㉠ 면적 속도 일정 법칙이라고도 한다.
㉡ 근일점에서 행성의 속도가 제일 빠르고 원일점에서 행성의 속도가 제일 느리다.
㉢ 같은 시간 동안 지나간 면적의 넓이가 같다.

2 케플러 제3법칙(조화 법칙)은 태양을 초점으로 하여 타원 궤도 운동을 하는 행성을 보며 주기와 긴반지름을 가지고 비례 관계를 만들 수 있다. 주기의 제곱은 긴반지름의 세 제곱과 비례한다.
$T^2 \propto 8R^3$

답—1.④ 2.③

3 다음 그림은 두 행성 사이를 나타낸 것이다. 다음 보기 중 옳은 것은?

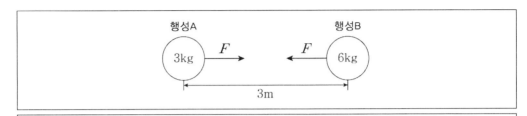

> ㉠ 두 행성 사이에는 만유인력을 적용할 수 있다.
> ㉡ 두 행성 사이에 작용하는 힘은 2G이다.
> ㉢ 거리가 6m가 되면 작용하는 중력은 4배가 된다.

① ㉠㉡　　　　　　　　　　　　② ㉢

③ ㉡㉢　　　　　　　　　　　　④ ㉠㉢

4 행성 주위를 공전하는 위성의 주기가 8배가 되면 타원 궤도 긴반지름은 몇 배가 될 것인가?

① 1.5배　　　　　　　　　　　② 2배

③ 3배　　　　　　　　　　　　④ 4배

ADVICE

3 ㉠ 두 행성 사이에는 만유인력을 적용할 수 있다. (뉴턴의 중력 법칙이라고도 한다.)
㉡ 두 행성 사이에 작용하는 힘은 2G이다. ($F=GmM/r^2 \rightarrow 2G=3kg \times 6kg/3^2m$)
㉢ 거리가 6m가 되면 작용하는 중력은 1/4배가 된다. ($0.5G=3kg \times 6kg/6^2m$)

4 케플러 법칙과 중력 법칙을 서로 같다고 식을 세우게 되면 주기의 제곱은 공전 궤도 긴반지름의 세제곱과 비례하게 된다. ($F=GmM/r^2=mv^2/r$)

답- 3.① 4.④

5 특수 상대성 이론에서 마이컬슨, 몰리 실험을 통해 알게 된 사실은?

① 빛이 입자라는 사실을 알게 되었다.

② 빛의 속력이 일정하다는 사실을 알게 되었다.

③ 에테르라는 매질 물질이 존재하는 하는 것을 알게 되었다.

④ 입자들 사이에 상호 작용하는 힘이 있음을 알게 되었다.

6 특수 상대성 이론에 의한 현상으로 맞지 않는 것은?

① 지면에 있는 사람이 움직이고 있는 우주선 안에 있는 빛을 보면 뒤에 먼저 도달하는 것으로 측정한다.

② 지면에서 잰 시간이 움직이고 있는 우주선 안에서 잰 시간보다 더 길게 된다.

③ 사건의 동시성은 상대성이 아니라 절대성이다.

④ 움직이고 있는 우주선에서 지면에 있는 고유의 길이를 볼 때 측정 거리는 더 짧다.

ADVICE

5 전자기파에 매질이 있을 것이라고 생각했고 그 물질을 에테르라고 생각하였다. 그러나 실험을 한 후에, 에테르라는 매질 물질은 없었음을 알게 된다. 그리고 빛의 속력은 일정하다는 것을 알게 되었다.

6 ① 지면에 있는 사람이 움직이고 있는 우주선 안에 있는 빛을 보면 뒤에 먼저 도달하는 것으로 측정한다. (동시성과 상대성)

② 지면에서 잰 시간이 움직이고 있는 우주선 안에서 잰 시간보다 더 길게 된다. (시간 지연)

③ 사건의 동시성은 절대성이 아니라, 상대성이다.

④ 움직이고 있는 우주선에서 지면에 있는 고유의 길이를 볼 때 측정 거리는 더 짧다. (길이 수축)

답 5.② 6.③

7 다음 그림은 서원이가 우주선을 타고 0.7c의 움직임으로 가고 있었다. 표면에 L_0 길이의 막대기가 있었다. 다음 설명 중 옳은 것은?

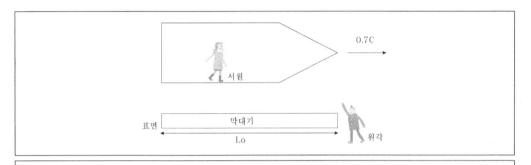

⊙ 시간이 지날수록 서원이는 막대의 길이를 점차 길게 측정하게 된다.
ⓒ 서원이가 본 막대기는 실제 L_0 보다 짧게 관측된다.
ⓒ 서원이는 원각이의 시간이 자신 시간보다 느리게 가는 것으로 측정된다.

① ⊙ⓒ ② ⓒ
③ ⊙ⓒ ④ ⓒⓒ

8 세 우주선이 있다. A 우주선은 0.5c로, B 우주선은 0.6c로, C 우주선은 0.7c로 운동하고 있었다. 우주선 안에 앞쪽에서 뒤쪽으로 빛이 움직였다. 한 번 왕복하는 시간을 측정한 값을 비교했을 때 맞는 것은?

① C<B<A ② B<A<C
③ C<A<B ④ A=B=C

ADVICE

7 ⊙ 시간이 지날수록 서원이는 막대의 길이를 짧게 측정하게 된다. (길이 수축)
ⓒ 서원이가 본 막대기는 실제 L_0보다 짧게 관측된다. (길이 수축)
ⓒ 서원이는 원각이의 시간이 자신 시간보다 느리게 가는 것으로 측정한다. (시간지연 또는 시간팽창)

8 지면에서 측정한 시간이 운동하고 있는 우주선 안에서 측정한 시간 보다 더 길게 측정된다. 속도가 더 빨라질수록 그 시간은 더 느리게 가므로 C가 제일 느리게 측정된다. 이것을 시간의 지연 또는 시간의 팽창이라고 하며, 길이 역시 마찬가지 원리를 적용할 수 있다. 길이에 대해서는 길이 수축이라고 한다.

答— 7.④ 8.①

9 다음 설명 중 옳지 않은 것은?

① 가속좌표계에서 관성력과 중력을 구분할 수 있다.

② F=ma에서 m은 관성질량을 의미한다.

③ 중력에서 m_A와 m_B는 중력 질량이라 할 수 있다.

④ 관성력에서 방향은 가속도의 반대방향이다.

10 블랙홀과 관련된 다음 보기 중 틀린 것은?

① 블랙홀 중심에서 가까울수록 시공간이 더 많이 휘어져 있다.

② 주변에 모든 것을 내보내는 천체이다.

③ 블랙홀 중심에서 멀어질수록 시간이 빠르게 간다.

④ 천체의 중력이 엄청 크기 때문에 일어나는 현상이다.

ADVICE

9 ① 가속좌표계에서 관성력과 중력을 구분할 수 없다. (등가원리라 부른다.)
② F=ma에서 m은 관성질량을 의미한다.
③ 중력에서 m_A와 m_B는 중력 질량이라 할 수 있다.
④ 관성력에서 방향은 가속도의 반대방향이다.

10 ① 블랙홀 중심에서 가까울수록 시공간이 더 많이 휘어져 있다. (멀어질수록 덜 휘어져 있다.)
② 주변에 모든 것을 빨아들이는 천체이다.
③ 블랙홀 중심에서 멀어질수록 시간이 빠르게 간다. (가까울수록 시간은 느리게 간다.)
④ 천체의 중력이 엄청 크기 때문에 일어나는 현상이다.

답— 9.① 10.②

11 다음 그림을 통해 알 수 있는 사실은?

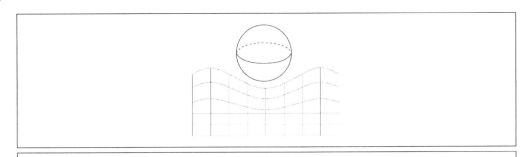

> ㉠ 태양 주위의 행성들은 중력에 의해 운동한다.
> ㉡ 질량에 의해 시공간이 휘어져 있다.
> ㉢ 뉴턴의 중력 법칙으로 설명이 가능하다.

① ㉠
② ㉡
③ ㉢
④ ㉡㉢

12 주위에 은하단이 있다. 은하단 뒤쪽으로 원호를 이루고 있을 때 다음 설명 중 옳은 것은?

> ㉠ 일반 상대성 이론으로 설명이 가능하다.
> ㉡ 중력 렌즈로 인한 상황이다.
> ㉢ 빛의 휘어짐 현상으로 일어난 것이다.

① ㉠㉢
② ㉠㉡
③ ㉡㉢
④ ㉠㉡㉢

ADVICE

11 ㉠ 태양 주위의 행성들은 중력에 의해서가 아니라 태양의 질량으로 휘어진 시공간으로 인해 움직인다.
　㉡ 질량에 의해 시공간이 휘어져 있다.
　㉢ 뉴턴의 중력 법칙으로 설명이 할 수 없고, 일반 상대성 이론으로 설명이 가능하다.

12 ㉠ 일반 상대성 이론으로 설명이 가능하다.
　㉡ 중력 렌즈로 인한 상황이다. (질량이 엄청 큰 천체가 있어 그 주위의 시공간을 휘게 만들어 그 주위를 지나가는 빛이 렌즈처럼 휘어져 들어간다.)
　㉢ 빛의 휘어짐 현상으로 일어난 것이다.

답 — 11.② 12.④

13 대폭발 우주론에 대한 설명으로 틀린 것은?

① 현재 인정되고 있는 이론이다.

② 우주는 계속적으로 팽창하고 있다.

③ 현재 관측되고 있는 우주 배경 복사는 지금도 방출되고 있는 빛에 의한 것이다.

④ 우주의 밀도는 점차 감소하였다.

14 다음 그림에서 알 수 있는 사실은?

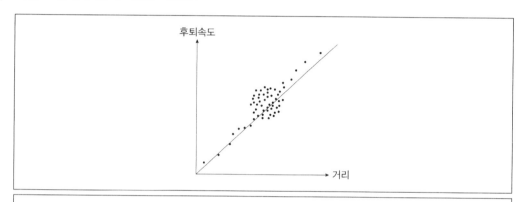

ㄱ 은하가 멀어질수록 적색편의 정도가 커진다.
ㄴ 우주의 나이는 허블 상수를 통해 대입하면 우주의 나이는 37억년임을 알 수 있다.
ㄷ 우주가 지속적으로 팽창하고 있다는 사실을 알 수 있다.

① ㄱㄷ

② ㄱㄴ

③ ㄴㄷ

④ ㄱㄴㄷ

ADVICE

13 ① 현재 인정되고 있는 이론이다. (빅뱅이론)
② 우주는 계속적으로 팽창하고 있다. (은하와 은하 사이의 거리가 멀어지고 있다.)
③ 현재 관측되고 있는 우주 배경 복사는 우주 초기에 원자가 형성되면서 방출된 빛이다.
④ 우주의 밀도는 점차 감소하였다. (질량과 에너지가 생성되지 않고 팽창하고 있다.)

14 ㄱ 은하가 멀어질수록 적색편이 정도가 커진다.
ㄴ 우주의 나이는 허블 상수를 통해 대입하면 우주의 나이는 137억년임을 알 수 있다. ($r/v = 1/H_0$)
ㄷ 우주가 지속적으로 팽창하고 있다는 사실을 알 수 있다.

답— 13.③ 14.①

15 우주 배경 복사에 대한 설명으로 맞는 것은?

> ㉠ 온도 차이가 없이 모든 곳이 일정한 온도를 유지하고 있다.
> ㉡ 모든 방향에서 관측 가능하며, 어떤 곳이든 균일하다.
> ㉢ 빅뱅 우주론의 증거라 볼 수 있다.

① ㉠㉢   ② ㉠㉡

③ ㉡㉢   ④ ㉠㉡㉢

16 다음 우주론 중 해당되지 않는 것은?

① 대폭발 우주론   ② 급팽창 우주론

③ 가속 팽창 우주론   ④ 상대성 우주론

17 기본 상호 작용으로 해당하지 않는 것은?

① 전자기력   ② 인력

③ 약력   ④ 강력

ADVICE

15 ㉠ 온도 차이가 없이 모든 곳이 일정한 온도를 유지하고 있지 않고 불균일하게 이뤄졌다.
　　㉡ 모든 방향에서 관측 가능하며, 어떤 곳이든 균일하다.
　　㉢ 빅뱅 우주론의 증거라 볼 수 있다.

16 ① 대폭발 우주론 : 우주의 팽창이 시작되는 시점에 모든 질량과 에너지가 한 점에 모여 엄청난 밀도와 높은 에너지를 가지고 급격한 팽창을 보였다.
　　② 급팽창 우주론 : 짧은 시간 동안 우주가 엄청난 크기로 팽창하였다.
　　③ 가속 팽창 우주론 : 팽창 속력이 줄었다가 어느 순간을 지나면서 척력이 작용하는 암흑 에너지에 의해 다시 팽창 속력이 증가하였다.

17 ① 전자기력 : 전하를 가진 물체 사이에 작용하는 전기력과 자석 사이에 작용하는 자기력
　　③ 약력 : 약한 상호 작용이라고도 하며, 중성자가 양성자로 바뀔 때 아니면 그 반대일 때, 파이온이 뮤온으로 붕괴되는 과정 등에 관여함
　　④ 강력 : 강한 상호 작용이라고도 하며, 쿼크들 사이와 양성자, 중성자들 사이에 작용함
　　중력 : 질량을 가지고 있는 물체들 사이에 작용하는 힘으로써 네 가지 기본 힘 중 가장 먼저 분리됨

答 15.③ 16.④ 17.②

18 다음 빈 칸에 들어갈 용어로 맞는 것은?

> 강한 상호 작용은 (A)들 사이와 (B)들 사이에 작용하는 힘이다. 가장 강한 힘을 나타내고 있으며 굉장히 짧은 거리에서만 반응한다. 이러한 강력을 매개로 하는 입자는 (C)이며 질량은 0이다.

① 입자, 중성자, 뮤온　　　　　　　　　② 전자, 쿼크, 타우

③ 양성자, 쿼크, 글루온　　　　　　　　④ 쿼크, 핵자, 글루온

19 다음 그림을 통해 설명한 것 중 옳은 것은?

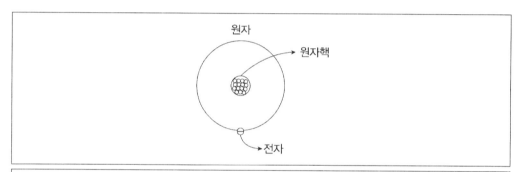

> ㉠ 쿼크의 종류에는 3가지가 있다.
> ㉡ 원자핵 안에 중성자를 이루고 있는 것은 쿼크이다.
> ㉢ 전자와 쿼크의 전하량은 서로 다르다.

① ㉠㉢　　　　　　　　　　　　　　② ㉠㉡

③ ㉡㉢　　　　　　　　　　　　　　④ ㉠㉡㉢

ADVICE

18 강한 상호 작용은 쿼크들 사이와 핵자들 사이에 작용하는 힘이다. 가장 강한 힘을 나타내고 있으며 굉장히 짧은 거리에서만 반응한다. 이러한 강력을 매개로 하는 입자는 글루온이며 질량은 0이다.

19 ㉠ 쿼크의 종류에는 6가지가 있다. 위 쿼크, 아래 쿼크, 맵시 쿼크, 야릇한 쿼크, 꼭대기 쿼크, 바닥 쿼크이다.
　　㉡ 원자핵 안에 중성자를 이루고 있는 것은 쿼크이다.
　　㉢ 전자와 쿼크의 전하량은 서로 다르다. (전자가 e이고, 아래 쿼크가 −1/3e, 위 쿼크가 +2/3e이다.)

답― 18.④　19.③

20 다음 그림에 대한 설명으로 옳은 것은?

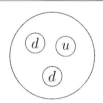

ㄱ d는 아래 쿼크, u는 위 쿼크를 의미한다.
ㄴ 전하를 띠지 않으며, 중성자라고 말할 수 있다.
ㄷ d의 전하량은 −1/3e이고, u의 전하량은 +2/3e이다.

① ㄱㄷ   ② ㄱㄴ

③ ㄴㄷ   ④ ㄱㄴㄷ

ADVICE

20 ㄱ d는 아래 쿼크, u는 위 쿼크를 의미한다.
ㄴ 전하를 띠지 않으며, 중성자라고 말할 수 있다.
ㄷ d의 전하량은 −1/3e이고, u의 전하량은 +2/3e이다.

답— 20.④

04

전자기장

1 다음은 용어에 대한 설명이다. 다음 중 보기 중 틀린 것을 고르면?

① 전하에는 (+)전하와 (−)전하가 있다.

② 마찰 전기에서 (+)전하와 (−)전하의 재질들이 정해져 있다.

③ 전하량의 단위는 C(쿨롬)을 사용하며, 이것은 단위 시간 동안 도선의 한 단면을 1A의 전류가 흐를 때를 의미한다.

④ 기본 전하량은 e를 사용하며, 전자나 양성자의 전하량을 기본 전하량으로 나타내며 1.602×10^{-19}C이다.

2 다음 빈 칸에 들어갈 용어로 적절한 것은?

> 전하 사이의 상호 작용을 (A)이라고 말한다. 같은 전하끼리는 (B)내고 다른 전하끼리는 서로 (C) 당긴다.

① 자기력, 밀어, 끌어 　　　　　② 중력, 끌어, 밀어

③ 전기력, 밀어, 끌어 　　　　　④ 전자기력, 끌어, 밀어

ADVICE

1 ① 전하에는 (+)전하와 (−)전하가 있다.

② 마찰 전기에서 (+)전하와 (−)전하의 재질들이 정해있지 않으며 상대적인 속성을 지닌다.

③ 전하량의 단위는 C(쿨롬)을 사용하며, 이것은 단위 시간 동안 도선의 한 단면을 1A의 전류가 흐를 때를 의미한다.

④ 기본 전하량은 e를 사용하며, 전자나 양성자의 전하량을 기본 전하량으로 나타내며 1.602×10^{-19}C이다.

2 전기력은 전하 사이에서 상호 작용하는 것을 말한다.(+)전하와 (−)전하가 있다.(+)전하와 (+)전하, (−)전하와 (−)전하 사이끼리는 서로를 밀어내며 이것을 척력이라고 말한다. 그리고 (+)전하와 (−)전하 사이에는 서로를 끌어당기는데 이것을 인력이라고 한다.

답 1.② 2.③

3 다음은 고정된 두 전하들 사이에 전하량을 띤 a, b를 둔 것이다. 화살표 길이로 상대적 크기와 방향을 나타냈다. 이 때 전하량은 (+)단위 전하량이라고 할 때 다음 설명 중 틀린 것은?

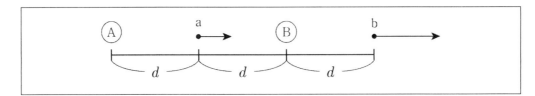

① a와 b의 전기장 세기는 서로 다르다.

② B는 (+)전하를 가지고 있다.

③ A의 전하량이 B의 전하량보다 크다.

④ 전기장의 방향과 전기력의 방향이 반대이다.

4 전기력선의 특징으로 옳지 않은 것은?

① 때론 서로 끊어지거나 상황에 따라 분리될 때도 있다.

② (+)전하에서 나오고, (−)전하로 들어간다.

③ 전기력선 위의 한 점에서 그은 접선과 전기장 방향은 같다.

④ 전기력선의 밀도는 전기장의 세기에 비례한다.

ADVICE

3 ① a와 b의 전기장 세기는 서로 다르다.
② B는 (+)전하를 가지고 있다.
③ A의 전하량이 B의 전하량보다 크다.
④ 전기장의 방향과 전기력의 방향은 서로 같다.

4 ① 서로 끊어지거나 분리되지 않는다.
② (+)전하에서 나오고, (−)전하로 들어간다.
③ 전기력선 위의 한 점에서 그은 접선과 전기장 방향은 같다.
④ 전기력선의 밀도는 전기장의 세기에 비례한다.

답– 3.④ 4.①

5 다음 설명 중 맞는 것은?

① 비저항이 커서 전류가 잘 통하지 않는 물질을 도체라고 부른다.

② 도체 내부의 전기장의 세기는 0이다.

③ 비저항이 작아서 전류가 통하는 물질을 부도체라고 부른다.

④ 절연체 전자들은 자유전자가 굉장히 많다.

6 다음 그림은 금속 막대가 대전되는 상황을 나타낸 것이다. 다음 설명 중 옳은 것은?

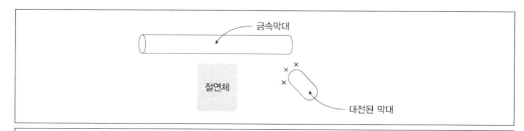

ㄱ 금속 막대가 밀려났다면 대전된 막대와 금속 막대는 전하의 종류가 같다.
ㄴ 자유 전자의 이동이 거의 없다.
ㄷ 도체에서의 정전기 유도 현상이라고 볼 수 있다.

① ㄱㄷ   ② ㄱㄴ

③ ㄴㄷ   ④ ㄱㄴㄷ

5 ① 비저항이 커서 전류가 잘 통하지 않는 물질을 부도체 또는 절연체라고 부른다.
② 도체 내부의 전기장의 세기는 0이다.
③ 비저항이 작아서 전류가 통하는 물질을 도체라고 부른다.
④ 절연체 전자들은 자유전자가 없다.

6 ㄱ 금속 막대가 밀려났다면 대전된 막대와 금속 막대는 전하의 종류가 같다.
ㄴ 자유 전자의 이동이 있다. (도체에서는 자유 전자의 이동이 활발하지만 절연체에서는 자유 전자의 이동이 없다.)
ㄷ 도체에서의 정전기 유도 현상이라고 볼 수 있다.

답— 5.② 6.①

7] 다음 그림을 고정된 두 점전하 사이의 전기력선을 나타낸 것이다. 다음 설명 중 틀린 것은?

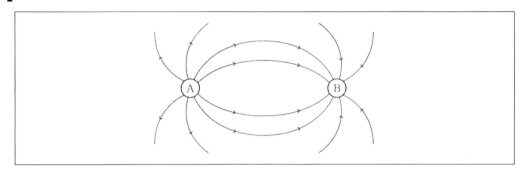

① A는 (+), B는 (−)전하를 띠고 있다.

② 두 전하의 전하량은 같다.

③ 전기장 세기가 0이 되는 곳 두 전하 사이에 있다.

④ 전기력선은 (+)에서 (−) 사이로 들어간다.

8 다음 중 접지에 해당하지 않는 것은?

① 피뢰침   ② 배터리

③ 전원선   ④ 주유기

ADVICE

7 ① A는 (+), B는 (−)전하를 띠고 있다. ((+)전하는 전기력선이 나가고 (−)전하는 전기력선이 들어온다.)

② 두 전하의 전하량은 같다. (전기력선의 밀도를 보고 알 수 있다.)

③ 전기장 세기가 0이 되는 곳은 전하량이 작은 전하의 바깥쪽에 위치하고 있다.

④ 전기력선은 (+)에서 (−) 사이로 들어간다.

8 ① **피뢰침**: 피뢰침은 번개를 맞아도 피해가 가지 않도록 설치한 것이다. 이것은 높은 지점에 설치하여 건물을 접지하여 사전에 예방하는 것이다.

② **배터리**: 충전과 방전을 하는 것이다.

③ **전원선**: 전류가 누설되어 감전되는 것을 방지하기 위하여 접지를 시킨다.

④ **주유기**: 기름이 마찰에 의해 화재가 날 수 있으므로 접지시킴으로써 사전에 예방할 수 있다.

답— 7.③ 8.②

9 다음 빈 칸에 들어갈 적절한 용어로 틀린 것은?

> 자석에서 다른 극끼리는 (A)당기고, 같은 극끼리는 서로 (B)낸다. 자석 주위에 있는 다른 자석은 (C)을 받게 되는데, 그러한 힘으로 만들어지는 공간을 (D)이라고 한다.

① A−끌어 ② B−밀어

③ C−기력선 ④ D−자기장

10 다음 그림은 자석 주위의 자기력선을 나타낸 것이다. 다음 설명 중 옳은 것은?

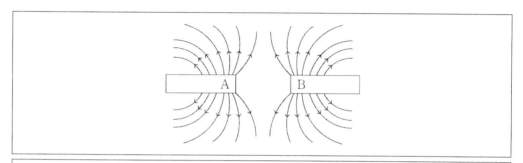

> ㉠ A와 B는 서로 다른 극이다.
> ㉡ 자기력선은 N극에서 나온다.
> ㉢ 자기력선의 밀도가 작을수록 자기장이 약하다.

① ㉢ ② ㉠㉡

③ ㉠㉢ ④ ㉡㉢

ADVICE

9 자석에서 다른 극끼리는 (끌어)당기고, 같은 극끼리는 서로 (밀어)낸다. 자석 주위에 있는 다른 자석은 (자기력)을 받게 되는데, 그러한 힘으로 만들어지는 공간을 (자기장)이라고 한다.

10 ㉠ A와 B는 서로 같은 극이다. (A와 B는 N극으로 서로 같은 극이며 자기력선은 N극에서 나온다.)
ㄴ 자기력선은 N극에서 나온다. (자기력선은 N극에서 나오고, S극으로 들어간다.)
ㄷ 자기력선의 밀도가 작을수록 자기장이 약하다. (자기력선의 밀도가 클수록 자기장이 세다.)

답— 9.③ 10.④

11 다음 그림을 전류의 방향과 원형 자기장을 나타낸 것이다. 다음 설명 중 틀린 것은?

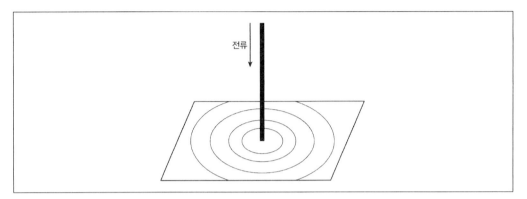

① 자기장은 자석뿐만이 아니라 전류에 의해서도 발생한다.
② 자기장 방향은 반시계 방향이다.
③ 자기장의 세기는 전류가 약할수록 약해진다.
④ 앙페르의 법칙으로 설명이 가능하다.

12 솔레노이드에서 전류의 의한 자기장에 관한 설명으로 틀린 것은?

① 도선의 감은 수가 많아질수록 자기장의 세기는 강해진다.
② 자기부상열차나 핵융합에도 적용될 수 있다.
③ 전류의 세기가 증가할수록 자기장의 세기는 약해진다.
④ 네 손가락으로 감싸 쥐고 있을 때 가리키는 엄지손가락이 자기장의 방향이다.

ADVICE

11 ① 자기장은 자석뿐만이 아니라 전류에 의해서도 발생한다. (덴마크의 과학자 외르스테드가 발견하였다.)
　② 자기장 방향은 시계 방향이다. (전류가 흐르는 방향으로 오른손으로 도선을 감쌀 때, 감싸는 방향이 자기장의 방향이다.)
　③ 자기장의 세기는 전류가 약할수록 약해진다. (전류가 강해지면 자기장의 세기는 강해진다.)
　④ 앙페르의 법칙으로 설명이 가능하다.

12 ① 도선의 감은 수가 많아질수록 자기장의 세기는 강해진다.
　② 자기부상열차나 핵융합에도 적용될 수 있다.
　③ 전류의 세기가 증가할수록 자기장의 세기는 약해진다. (전류의 세기가 강해질수록 자기장의 세기는 강해진다.)
　④ 네 손가락으로 감싸 쥐고 있을 때 가리키는 엄지손가락이 자기장의 방향이다.

답— 11.② 12.③

13 다음 빈 칸에 들어갈 용어로 적절하지 않은 것은?

> 물질이 가지는 자기적인 성질을 (A)이라고 한다. (B)의 운동 상태에 따라 물질의 (A)이 달라진다. 외부 자기장에 의하여 물질 내부의 원자가 나타내는 자기장의 (C)이 바뀌어 물질 전체가 자석의 성질을 갖게 되는 것을 (D)라고 한다.

① A－자성
② B－원자핵
③ C－배열
④ D－자기화

14 다음 설명 중 옳은 것은?

① 지폐가 자석에 의해 끌려오는 것은 지폐 안에 있는 강자성체가 있기 때문이다.
② 물은 상자성체로써 외부 자기장을 제거하면 자성이 없어지는 물질이다.
③ 종이는 외부 자기장에 의한 자기화 비율이 굉장히 높으며 자성을 오래 유지한다.
④ 철은 외부자기장이 없을 때 물질을 구성하는 각 원자들의 총 자기장이 0이 된다.

ADVICE

13 물질이 가지는 자기적인 성질을 (자성)이라고 한다. (전자)의 운동 상태에 따라 물질의 (자성)이 달라진다. 외부 자기장에 의하여 물질 내부의 원자가 나타내는 자기장의 (배열)이 바뀌어 물질 전체가 자석의 성질을 갖게 되는 것을 (자기화)라고 한다.

14 ① 지폐가 자석에 의해 끌려오는 것은 지폐 안에 있는 강자성체가 있기 때문이다.
② 물은 반자성체로써 외부자기장이 없을 때 물질을 구성하는 가 원자들의 총 자기장이 0이 된다.
③ 종이는 외부 자기장을 제거하면 자성이 없어지는 물질이다. (상자성체)
④ 철은 외부 자기장에 의한 자기화 비율이 굉장히 높으며 자성을 오래 유지한다. (강자성체)

답— 13.② 14.①

15 다음 그림은 코일에 감긴 물체이다. 다음 설명 중 옳은 것은?

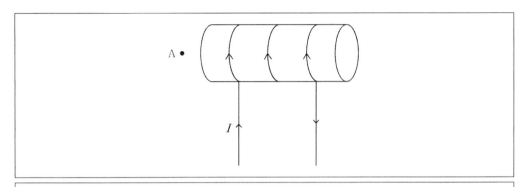

⊙ A의 자기장의 방향은 왼쪽이다.
ⓒ 물체가 상자성 물질이었다면, 시간이 지나면서 점차 자기장의 세기가 약해진다.
ⓒ 물체가 강자성 물질이었다면, 전류가 흐르지 않아도 자기장의 세기는 그대로 유지된다.

① ⓒ
② ⊙ⓒ
③ ⊙ⓒ
④ ⓒⓒ

16 전자가 시계 방향으로 원형 고리를 회전하면 자기장의 방향은?

① 수평 왼쪽
② 수직 아래
③ 수평 오른쪽
④ 수직 위

ADVICE

15 ⊙ A의 자기장의 방향은 왼쪽이다. (오른손 네 손가락을 전류의 방향으로 감싸면 엄지손가락이 왼쪽을 향해 있다.)
ⓒ 물체가 상자성 물질이었다면, 바로 자성이 없어진다. (상자성체의 특징이다.)
ⓒ 물체가 강자성체 물질이었다면, 전류가 흐르지 않아도 자기장의 세기는 그대로 유지된다. (강자성체의 특징이며 시간이 지나도 세기는 유지된다.)

16 전류의 방향은 전자와 반대이기 때문에 전류의 방향을 오른손으로 감싸고 엄지손가락이 가리키는 방향을 보면 수직 위를 가리키고 있음을 알 수 있다.

답— 15.③ 16.④

17 다음 빈 칸에 들어갈 용어로 맞는 것은?

> (A)는 코일 내부를 통과하는 자기선속이 변할 때 코일에 (B)가 흐르는 현상이다. 이 현상에 의해 발생하는 전압은 (C)이라고 한다. 또한 이 현상에 의해 생기는 (B)는 (D)라고 한다.

① A－자기장유도
② B－전자
③ C－유도기전력
④ D－유도전류

18 다음 설명 중 옳은 것을 고르면?

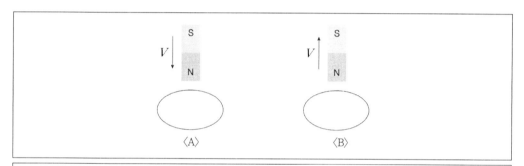

> ㉠ A의 유도전류 방향은 반시계 방향이다.
> ㉡ 도선 중심을 지나는 유도전류의 세기는 B가 더 크다.
> ㉢ B의 유도전류 방향은 시계 방향이다.

① ㉡
② ㉠㉡
③ ㉠㉢
④ ㉡㉢

---

17 (전자기유도)는 코일 내부를 통과하는 자기선속이 변할 때 코일에 (전류)가 흐르는 현상이다. 이 현상에 의해 발생하는 전압은 (유도기전력)이라고 한다. 또한 이 현상에 의해 생기는 (전류)는 (유도전류)라고 한다.

18 ㉠ A의 유도전류 방향은 반시계 방향이다. (도선에 다가갈수록 자기선속이 증가한다. 증가한 자기선속을 방해하는 것이 유도전류이다.
㉡ 도선 중심을 지나는 유도전류의 세기는 같은 속도로 움직이기 때문에 같다.
㉢ B의 유도전류 방향은 시계 방향이다. (도선에 멀어질수록 자기선속이 감소한다.)

답— 17.③ 18.③

물질의 구조와 성질

1 다음은 원자의 스펙트럼에 대한 설명이다. 틀린 것은?

① 빛의 파장에 따라 굴절률이 다르기 때문에 스펙트럼이 나타난다고 볼 수 있다.
② 백색광의 스펙트럼처럼 분포가 연속적으로 나타나는 스펙트럼을 연속스펙트럼이라고 한다.
③ 기체에 높은 전압을 걸면 밝은 선이 연속적으로 나타나는데 이를 선스펙트럼이라고 한다.
④ 기체가 특정 파장의 빛을 흡수하여 연속 스펙트럼에 검정색 선이 나타나는 것을 흡수스 펙트럼이라고 한다.

2 어떤 물리적 양이 연속적으로 변하지 않고 연속적이지 않는 값들만을 가지는 것을 무엇이라고 하는가?

① 양자화   ② 양성화
③ 양극화   ④ 양일화

3 보어의 원자모형에서 에너지가 가장 낮은 상태를 지칭하는 말로 적절한 것은?

① 들뜬상태   ② 바닥상태
③ 높은상태   ④ 낮은상태

ADVICE

1 ① 빛의 파장에 따라 굴절률이 다르기 때문에 스펙트럼이 나타난다.
② 백색광의 스펙트럼처럼 분포가 연속적으로 나타나는 스펙트럼을 연속스펙트럼이라고 한다.
③ 기체에 높은 전압을 걸면 밝은 선이 불연속적으로 나타나는데 이를 선스펙트럼이라고 한다.
④ 기체가 특정 파장의 빛을 흡수하여 연속 스펙트럼에 검정색 선이 나타나는 것을 흡수스펙트럼이라고 한다.

2 어떤 물리적 양이 연속적으로 변하지 않고 연속적이지 않는 값들만을 가지는 것을 양자화라고 한다.

3 에너지 상태가 제일 낮은 상태를 바닥상태라고 하며, 바닥상태보다 높을 때를 들뜬 상태라고 한다.

답— 1.③ 2.① 3.②

4 보어의 원자모형에 대한 설명이다. 이 중 맞는 것은?

① 원자 속의 전자가 연속적인 에너지를 갖는 일정한 궤도에 있을 때 에너지를 방출하며 불안정한 상태로 존재한다.

② 전자가 불안정한 궤도 사이를 이동할 때, 두 궤도의 에너지 차이만큼 빛의 형태로 방출하거나 흡수한다.

③ 양자화된 에너지 상태를 낮은 상태의 에너지부터 나타낸 것을 에너지준위라고 한다.

④ 전자가 에너지를 흡수 또는 방출하면서 두 에너지준위에 머무르는 것을 전자의 전이라고 한다.

5 다음은 보어의 수소 원자모형을 나타낸 것이다. 다음 설명 중 옳은 것은?

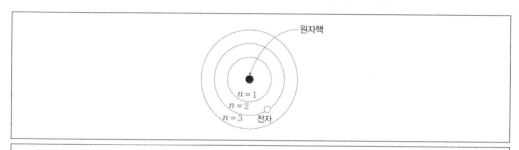

㉠ n=1인 궤도에서 움직이는 전자의 에너지가 가장 크다.
㉡ n=1인 궤도에서 n=2인 궤도로 전자가 전이할 때 에너지를 흡수한다.
㉢ n=3인 궤도에서 n=2인 궤도로 전자가 전이할 때 빛을 방출한다.

① ㉢   ② ㉠㉡

③ ㉠㉢   ④ ㉡㉢

ADVICE

4 ① 양자 조건은 전자가 불연속인 에너지, 특정한 궤도, 에너지를 방출하지 않는 안정한 상태의 존재가 필요하다.
② 진동수 조건은 전자가 궤도 사이를 이동하고, 궤도의 에너지 차이가 있어야 하며 그만큼 빛으로 방출 또는 흡수돼야 한다.
③ 양자화된 에너지 상태를 낮은 상태의 에너지부터 나타낸 것을 에너지준위라고 한다. (에너지 양자화)
④ 전자의 전이는 두 에너지준위를 이동하며 흡수 또는 방출한다.

5 ㉠ n=1인 궤도에서 움직이는 전자의 에너지가 가장 낮다. (바닥상태의 에너지가 제일 낮다.)
㉡ n=1인 궤도에서 n=2인 궤도로 전자가 전이할 때 에너지를 흡수한다. (빛의 흡수와 에너지 흡수는 같은 의미이다.)
㉢ n=3인 궤도에서 n=2인 궤도로 전자가 전이할 때 빛을 방출한다. (빛의 방출과 에너지 방출은 같은 의미이다.)

📝 4.③ 5.④

6 다음은 수은의 스펙트럼이다. 다음 설명 중 옳은 것은?

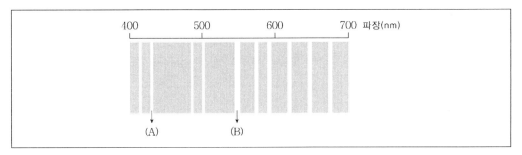

① 수은 에너지준위는 연속적이다.

② 원자의 종류마다 에너지준위의 분포가 같다.

③ 선스펙트럼을 가지고서는 원자의 종류를 알 수 없다.

④ (A)의 에너지가 (B)의 에너지보다 더 크다.

7 다음 설명 중 맞는 것은?

① 고체의 에너지준위의 구조는 차이가 커서 연속적으로 볼 수 있는 에너지준위가 없다.

② 고체에는 띠틈이 존재하지 않는다.

③ 전자들이 존재할 수 있는 에너지띠를 허용된 띠라고 한다.

④ 전자가 존재할 수 있는 에너지 간격을 띠틈이라고 한다.

6 ① 수은 에너지준위는 불연속적이다.

② 원자의 종류마다 에너지준위의 분포가 다르다.

③ 선스펙트럼을 가지고서 원자의 종류를 알 수 있다.

④ (A)의 에너지가 (B)의 에너지보다 더 크다. ($E=hf=hc/\lambda \to h$는 플랑크 상수이고, c는 진공에서의 광속이다. f는 진동수이고 λ는 파장을 의미한다. A의 파장이 B보다 작으므로 에너지가 더 크다고 볼 수 있다.)

7 ① 고체의 에너지준위의 구조는 차이가 작아서 연속적으로 볼 수 있는 에너지준위가 있다. (에너지띠)

② 고체에는 띠틈이 존재한다. (전자가 존재하지 않는다.)

③ 전자들이 존재할 수 있는 에너지띠를 허용된 띠라고 한다.

④ 전자가 존재할 수 없는 에너지 간격을 띠틈이라고 한다. (허용된 띠 사이에 있다.)

답 6.④ 7.③

8 다음 빈 칸에 들어갈 용어로 적절한 것은?

> 원자의 가장 바깥쪽에 있는 전자가 차지하는 에너지띠를 (A)라고 한다.(A)의 에너지를 받아 바로 위에 위치하는 것을 (B)라고 한다.

① 원자가띠, 전도띠   ② 허용된 띠, 전도띠

③ 원자가띠, 이상띠   ④ 허용된 띠, 이상띠

9 다음 설명 중 옳은 것은?

① 온도가 0K일 때, 원자가띠를 채우고 있는 전자들은 고체 내부를 이동하는 것이 가능하다.

② 비교적 많은 전자들이 자유롭게 이동할 수 있는 것을 반도체라고 한다.

③ 상온에서 전자가 거의 없는 것을 절연체 또는 부도체라고 한다.

④ 상온에서 전도띠에 전자가 어느 정도 있는 것을 도체라고 한다.

10 다음 빈 칸에 들어갈 적절한 용어로 틀린 것은?

> 불순물이 거의 없는 반도체를 (A)라고 한다. 원자가 전자가 (B)개인 (C)과 같은 반도체는 (D)가 일정한 영역에 있으면서 이웃한 원자를 결합하는 역할을 한다.

① A−진성반도체   ② B−3

③ C−Si   ④ D−원자가 전자

ADVICE

8 원자의 가장 바깥쪽에 있는 전자가 차지하는 에너지띠를 (원자가띠)라고 한다.(원자가띠)의 에너지를 받아 바로 위에 위치하는 것을 (전도띠)라고 한다.

9 ① 온도가 0K일 때, 원자가띠를 채우고 있는 전자들은 고체 내부를 이동하는 것이 가능하지 않다.
② 비교적 많은 전자들이 자유롭게 이동할 수 있는 것을 도체라고 한다.
③ 상온에서 전자가 거의 없는 것을 절연체 또는 부도체라고 한다. (띠틈이 도체나 반도체에 비해 크다.)
④ 상온에서 전도띠에 전자가 어느 정도 있는 것을 반도체라고 한다.

10 불순물이 거의 없는 반도체를 (진성반도체〈순수 반도체〉)라고 한다. 원자가 전자가 (4)개인 (Si〈실리콘〉) 과 같은 반도체는 (원자가 전자)가 일정한 영역에 있으면서 이웃한 원자를 결합하는 역할을 한다.

답− 8.①   9.③   10.②

11 다음 두 그림은 에너지띠를 나타낸 것이다. 다음 보기 중 옳은 것은?

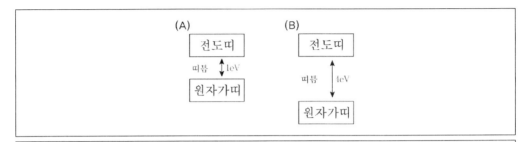

ⓐ 원자가띠에 있던 전자가 전자띠로 갈 때 에너지를 방출한다.
ⓑ A의 전도성이 B의 전도성보다 좋지 않다.
ⓒ 원자가띠에 있는 전자들의 에너지는 모두 같지 않다.

① ㉠
② ㉠㉡
③ ㉢
④ ㉡㉢

12 다음 설명 중 맞는 것은?

① n형 반도체는 알루미늄, 붕소, 인듐 등을 첨가한 반도체이다.
② p형 반도체는 인, 비소, 안티모니 등을 첨가한 반도체이다.
③ n형 반도체는 주로 양공에 의하여 전류가 흐른다.
④ 순수한 반도체에 불순물을 첨가하는 것을 도핑이라고 한다.

━━━━━ ADVICE ━━━━━

11 ㉠ 원자가띠에 있던 전자가 전자띠로 갈 때 에너지를 흡수한다. (띠틈보다 큰 에너지를 얻을 때 그렇게 된다.)
ㄴ A의 전도성이 B의 전도성보다 좋다. (띠틈이 A가 B보다 더 좁기 때문이다.)
ㄷ 원자가띠에 있는 전자들의 에너지는 모두 같지 않다. (에너지띠가 미세한 에너지준위를 각각 가지고 있다.)

12 ① p형 반도체는 알루미늄, 붕소, 인듐 등을 첨가한 반도체이다.
② n형 반도체는 인, 비소, 안티모니 등을 첨가한 반도체이다.
③ p형 반도체는 주로 양공에 의하여 전류가 흐른다.
④ 순수한 반도체에 불순물을 첨가하는 것을 도핑이라고 한다.

🅐— 11.③ 12.④

13 다음 그림을 다이오드에 대한 그림이다. 다음 설명 중 옳은 것은?

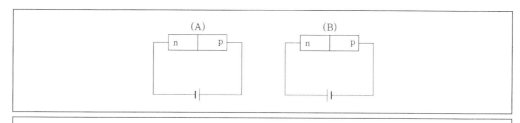

ㄱ A는 순방향으로 전류가 흐른다.
ㄴ B는 역방향으로 전류가 흐르지 않는다.
ㄷ B는 양공과 전자가 공존하는 공간이 접합면에 생긴다.

① ㄱ
② ㄱㄴ
③ ㄱㄷ
④ ㄴㄷ

14 다음은 트랜지스터의 그림이다. 다음 보기의 설명 중 옳은 것은?

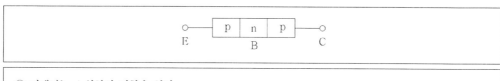

ㄱ 컬렉터는 스위치의 역할을 한다.
ㄴ 베이스의 미세한 신호를 이미터의 강한 신호로 바꾼다.
ㄷ 순방향의 전류가 흐르면 이미터 쪽에서 컬렉터 쪽으로 양공이 확산된다.

① ㄷ
② ㄱㄴ
③ ㄱㄷ
④ ㄴㄷ

ADVICE

13 ㄱ A는 순방향으로 전류가 흐른다. (p-n 접합면에 양공과 전자의 공존이 생겨 전류가 지속적으로 흐를 수 있게 된다.)
  ㄴ B는 역방향으로 전류가 흐르지 않는다. (p-n 접합면에서 양공과 전자의 공존이 이뤄지지 않아 전류가 흐르지 않는다.)
  ㄷ B는 양공과 전자가 공존하는 공간이 접합면에 생기지 않는다. 결국 전류가 흐르지 않는다.

14 ㄱ 베이스의 전류가 일정한 값 이하이거나 이상일 때 스위치의 역할을 한다.
  ㄴ 베이스의 미세한 신호를 컬렉터의 강한 신호로 바꿔 증폭작용을 할 수 있다.
  ㄷ 순방향의 전류가 흐르면 이미터 쪽에서 컬렉터 쪽으로 양공이 확산된다. (트랜지스터의 기본적 작동 원리이다.)

답 13.② 14.①

15 다음 그림은 발광 다이오드에 대한 그림이다. 다음 설명 중 옳은 것은?

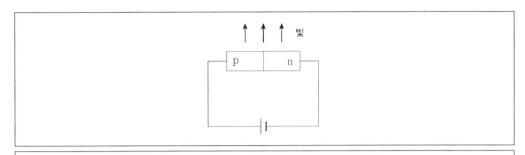

> ㉠ 전류가 순방향으로 흐르고 있다.
> ㉡ 빛의 색깔을 바꾸는 것이 거의 불가능하다.
> ㉢ 수명이 길고 크기가 작고 가벼운 특징을 지니고 있다.

① ㉡
② ㉠㉡
③ ㉠㉢
④ ㉡㉢

16 초전도체는 임계 온도 이하에서 전기 저항이 얼마가 되는가?

① 0
② 1
③ 2
④ 3

ADVICE

15 ㉠ 전류가 순방향으로 흐르고 있다. (전도띠의 바닥에 있는 전자가 원자띠에 있는 양공으로 가면 그 사이의 띠틈만큼 빛이 방출된다.)
　　㉡ 반도체 재질에 따른 에너지 변화로 빛의 색깔을 바꾸는 것이 가능하다.
　　㉢ 수명이 길고 크기가 작고 가벼운 특징을 지니고 있다. (영상 표시나 조명 등에 사용된다.)

16 임계 온도 이하에서 전기 저항이 0이 되는 초전도 현상을 나타내는 물질을 초전도체라고 한다. 고전 물리학보단 양자 역학적으로 설명이 가능한 현상이다.

답— 15.③ 16.①

17 초전도체의 이용사례로 적절하지 않는 것은?

① 자기부상열차 　　　　　　　② 초고감도 센서
③ 핵융합 　　　　　　　　　　④ 반도체

18 다음은 유전체에 대한 설명이다. 맞는 것은?

① 유전 분극이 발생하는 절연체를 유전체라고 한다.
② 유전체에 전기장을 줄 때, 유전 분극이 일어나는 정도를 유사율이라고 한다.
③ 외부 자기장이 없으면 유전 분극은 불안정하다.
④ 강유전체로는 저장 효율이 좋은 축전기를 만들기가 힘들다.

19 다음 빈 칸에 들어갈 용어로 적절하지 않는 것은?

> 초전도체 내부의 자기장이 0이 되는 현상을 (A)라고 한다.(B)으로는 이해할 수 없는 현상이다. 액 정은 분자들이 늘어선 층에 (C)한 방향으로 흐를 수 있다. 이는 층과 층 사이의 (D) 간격이 결정과 같은 특성을 갖게 한다.

① A－마이스너 효과 　　　　② B－고전물리학
③ C－수직 　　　　　　　　　④ D－일정한

ADVICE

17 강력한 전류를 통해 강한 자석을 만든다. 초전도체는 자기부상열차, 핵융합에 이용되고 있다. 또한 전자기적 특성을 이용해서는 초고감도 센서를 만들 수 있다.

18 ① 유전 분극이 발생하는 절연체를 유전체라고 한다.
② 유전체에 전기장을 줄 때, 유전 분극이 일어나는 정도를 유전율이라고 한다.
③ 외부 자기장이 없으면 유전 분극은 어느 정도 안정을 유지할 수 있다.
④ 강유전체로는 저장 효율이 좋은 축전기를 만들기 좋고 압전소자나 메모리 소자 등에 적용될 수 있다.

19 초전도체 내부의 자기장이 0이 되는 현상을 (마이스너 효과)라고 한다.(고전물리학)으로는 이해할 수 없는 현상이다. 액정은 분자들이 늘어선 층에 (평행)한 방향으로 흐를 수 있다. 이는 층과 층 사이의 (일정한) 간격이 결정과 같은 특성을 갖게 한다.

답－ 17.④ 18.① 19.③

20 다음 그림은 액정에 대한 그림이다. 다음 설명 중 옳은 것은?

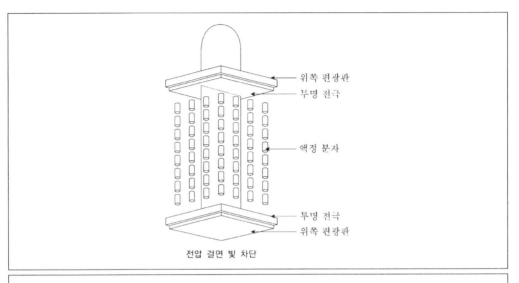

위쪽 편광판
투명 전극

액정 분자

투명 전극
위쪽 편광판

전압 걸면 빛 차단

㉠ 고체의 유동적 성질과 결정의 성질이 반영되어 있다.
㉡ 그림은 현재 기판 사이에 전압이 걸려 있는 상태이다.
㉢ 빛이 현재 차단되어 있는 상태에 있다.

① ㉡
② ㉢
③ ㉠㉢
④ ㉡㉢

20 ㉠ 액체의 유동적 성질과 결정의 성질이 반영되어 있다. (액정 분자는 기판 사이에 연속적으로 비틀어지며 위치한다.)
㉡ 그림은 현재 기판 사이에 전압이 걸려 있는 상태이다. (액정 분자의 방향이 일정하게 정렬되어 있다.)
㉢ 빛이 현재 차단되어 있는 상태에 있다. (위에 있는 편광판을 통해 들어온 빛의 방향이 일정하고, 액정을 통과하므로 아래의 편광편을 통과하지 못한다.)

답 20.④

정보와 통신

1 다음 설명 중 틀린 것은?

① 파동의 종류에는 횡파와 종파가 있다.

② 주기와 진동수는 반비례 관계를 갖는다.

③ 소리는 낮에는 아래로 휘어지고 밤에는 위로 휘어진다.

④ 소리의 3요소로는 크기, 높낮이, 맵시가 있다.

2 다음은 스피커에 대한 설명이다. 다음 설명 중 옳은 것은?

① 코일에 전기 신호를 보내면 코일이 전기장에 의해 진동한다.

② 진동판, 코일, 영구자석으로 구성된다.

③ 소리 신호를 전기 신호로 바꾼다.

④ 전기 신호를 주기적으로 바꿔 주면 코일은 아무런 변화가 없어진다.

ADVICE

1 ① 파동의 종류에는 횡파와 종파가 있다.
② 주기와 진동수는 반비례 관계를 갖는다.
③ 소리는 낮에는 위로 휘어지고 밤에는 아래로 휘어진다.
④ 소리의 3요소로는 크기, 높낮이, 맵시가 있다.

2 ① 코일에 전기 신호를 보내면 코일이 자기장에 의해 힘을 받게 되어 진동한다.
② 진동판, 코일, 영구자석으로 구성된다.
③ 전기 신호를 소리로 바꾼다.
④ 전기 신호를 주기적으로 바꿔 주면 코일도 주기적으로 변하여 진동하게 된다.

답 1.③ 2.②

3 다음은 줄에서의 정상파이다. 다음 설명 중 옳은 것은?

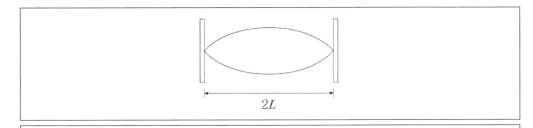

> ㉠ 파장의 길이는 2L이다.
> ㉡ 줄의 양끝에서 두 파동이 같은 방향에서 중첩된다.
> ㉢ 진동수가 커지면 높은 소리가 난다.

① ㉠   ② ㉡
③ ㉢   ④ ㉡㉢

4 진동수가 20kHz 이상의 소리를 가지는 이것이 적용되지 않는 것은?

① 자동차 후방 센서   ② 초음파 진단기
③ 초음파 세척기   ④ 세탁기

ADVICE

3 ㉠ 파장의 길이는 4L이다.
　　㉡ 줄의 양끝에서 두 파동이 반사해서 중첩된다.
　　㉢ 진동수가 커지면 높은 소리가 난다.

4 진동수가 20,000Hz (=20kHz) 이상의 소리를 초음파라고 하며, 초음파 진단기, 초음파 세척기, 자동차 후방센서 등 여러 분야에서 활용되고 있다.

답 3.③ 4.④

5 다음은 음계에 대한 그림이다. 다음 설명 중 옳은 것은?

음정	도	미	솔	시
진동수 비율	1	1.26	1.5	1.89

ㄱ 한 옥타브는 1 : 3의 소리의 진동수 관계를 가지고 있다.
ㄴ 공기 중에서의 A~D의 소리의 속력은 모두 같다.
ㄷ A와 B 사이의 파장은 A가 B보다 1.26배 더 작다.

① ㄱ
② ㄴ
③ ㄷ
④ ㄱㄷ

6 서원이가 말을 하고 원각이는 듣고 있었다. 다음 설명 중 틀린 것은?

① 공기 중의 속력이 일정하면 말할 때마다 파장이 변한다.
② 둘 사이의 대화는 매질을 통해 전달되고 있다.
③ 소리의 진동수와 주기는 일정하다.
④ 낮에 얘기하면 밤보다 좀 더 크게 얘기해야 한다.

ADVICE

5 ㄱ 한 옥타브는 1 : 2의 소리의 진동수 관계를 가지고 있다. (300Hz와 600Hz, 400Hz와 800Hz 등과 같은 것을 말한다.)
　ㄴ 공기 중에서의 A~D의 소리의 속력은 모두 같다.
　ㄷ A와 B 사이의 파장은 A가 B보다 1.26배 더 크다. (파장과 진동수는 파동의 전파 속력이 일정하면 서로 반비례 관계에 있다.)

6 ① 공기 중의 속력이 일정하면 말을 해도 파장이 일정하다.
　② 둘 사이의 대화는 매질을 통해 전달되고 있다. (파동을 전달해 주는 물질이다.)
　③ 소리의 진동수와 주기는 일정하다. (진동수와 주기는 파동과 파원에 영향을 받는다.)
　④ 낮에 얘기하면 밤보다 좀 더 크게 얘기해야 한다. (낮에는 소리가 위로, 밤에는 소리가 아래로 휘어진다.)

답 - 5.② 6.①

7 다음 그림은 금속판에 빛을 비추었을 때의 그림이다. 다음 설명 중 옳은 것은?

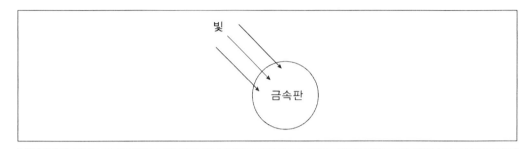

빛

금속판

> ㉠ 광전자가 방출될 시, 빛의 진동수는 문턱진동수보다 작다.
> ㉡ 광전자의 운동 에너지는 빛의 세기와 연관이 있다.
> ㉢ 일함수는 금속의 종류마다 다르다.

① ㉠

② ㉡

③ ㉢

④ ㉠㉡

8 광전효과를 활용한 것으로 볼 수 없는 것은?

① 호흡

② 광다이오드

③ 광합성

④ 태양전지

7 ㉠ 빛이 가진 진동수가 문턱진동수보다 높으면 전자가 방출된다.
　㉡ 광전자의 운동 에너지는 빛의 세기와 연관이 없고 진동수에만 관련이 있다.
　㉢ 일함수는 금속의 종류마다 다르다. ($W = hf_0 \rightarrow h$는 플랑크 상수이고 f_0는 문턱진동수이다.)

8 태양전지, 광다이오드, 광합성은 광전효과와 연관이 있다. 이들은 빛 에너지를 받아 전기 에너지로 전환되며 CCD 등도 이에 속하며 광전효과를 낸다.

답— 7.③ 8.①

9 다음 그림은 빛의 3원색을 나타낸 것이다. 다음 설명 중 옳은 것은?

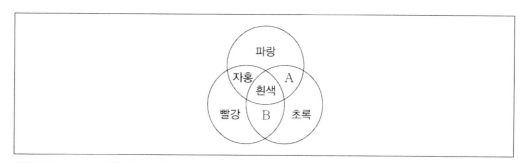

> ㉠ A의 색깔은 녹황색이다.
> ㉡ B의 색깔은 적원뿔 세포와 녹원뿔 세포가 비슷한 강도로 반응한 것이다.
> ㉢ 빛이 합성될수록 원뿔 세포들이 많아진다.

① ㉠㉡
② ㉠㉢
③ ㉡㉢
④ ㉠㉡㉢

10 색의 구현을 통한 영상 장치의 종류가 아닌 것은?

① CRT
② CCD
③ PDP
④ LED

ADVICE

9 ㉠ A의 색깔은 청록색이다.
　㉡ B의 색깔은 적원뿔 세포와 녹원뿔 세포가 비슷한 강도로 반응한 것이다. (빛이 망막에 도달하여 시신경을 통해
　　원뿔 세포가 반응하는 것이다.)
　㉢ 빛이 합성될수록 원뿔 세포들이 많아진다. (원뿔 세포들이 많을수록 밝아진다.)

10 ① CRT : 전자빔이 형광면을 침으로써 영상이 구현되는 것을 말한다.
　③ PDP : 문자나 영상을 나타낼 수 있다.
　④ LED : 노트북이나 컴퓨터 모니터에 많이 쓰이며, 발광 다이오드를 이용한다.

답 9.③ 10.②

11 다음은 전자기파에 대한 설명이다. 다음 설명 중 틀린 것은?

① 전기장과 자기장이 서로 수직을 이루며 퍼져 나가는 파동이다.

② 반사나 굴절 등과 같은 현상도 일어나며 광전효과 같은 입자성도 있는 이중성을 띤다 .

③ 매질이 없는 진행이 불가능하며 진공에서의 속력도 달라진다.

④ 적외선, 가시광선, 자외선 등이 이에 속한다.

12 다음 빈 칸에 들어갈 용어로 적절하지 않은 것은?

> 축전기에 (A)가 흐르면 축전기의 극판 사이에 진동하는 전기장이 (B)을 유도하여 전자기파가 발생한다. 안테나에 전파가 도달하면 속에 전자는 전기력을 받아 전기장의 방향과 (C) 방향으로 진동하게 되고 (D) 전류가 흐른다.

① A-전자   ② B-자기장
③ C-반대   ④ D-교류

11 ① 전기장과 자기장이 서로 수직을 이루며 퍼져 나가는 파동이다. (횡파이다.)

② 반사나 굴절 등과 같은 현상도 일어나며 광전효과 같은 입자성도 있는 이중성을 띤다. (간섭, 회절 현상도 일어난다.)

③ 매질이 없이도 진행이 가능하며 진공에서의 속력도 파장에 관계없이 일정하다.

④ 적외선, 가시광선, 자외선 등이 이에 속한다. (그 외에도 라디오파나 X선 등도 속한다.)

12 축전기에 (전류)가 흐르면 축전기의 극판 사이에 진동하는 전기장이 (자기장)을 유도하여 전자기파가 발생한다. 안테나에 전파가 도달하면 속에 전자는 전기력을 받아 전기장의 방향과 (반대) 방향으로 진동하게 되고 (교류) 전류가 흐른다.

답— 11.③ 12.①

13 다음 그림은 교류회로에서 축전기 그림을 나타낸 것이다. 다음 설명 중 옳은 것은?

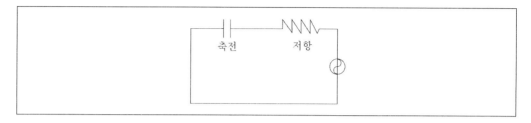

ㄱ 진동수가 커질수록 저항에 흐르는 전류가 커진다.
ㄴ 전기용량이 작아질수록 저항에 흐르는 전류가 작아진다.
ㄷ 진동수와 전기용량이 작아질수록 용량 리액턴스는 커진다.

① ㄱ
② ㄱㄷ
③ ㄴㄷ
④ ㄱㄴㄷ

14 다음 빈 칸에 들어갈 용어로 적절하지 않는 것은?

정보 저장을 하는데 있어서 숫자 0과 1를 가지고 나타내는 신호를 (A) 신호라고 한다. 컴퓨터에서 사용하는 대용량 저장매체는 (B)라고 한다. 레이저의 파장이 약 650nm인 빛을 사용하는 것을 (C)라고 한다. 전원이 없어져도 정보를 유지하는 비휘발성 기억장치를 (D)라고 한다.

① A-아날로그
② B-하드디스크
③ C-DVD
④ D-플래쉬 메모리

ADVICE

13 ㄱ 진동수가 커질수록 저항에 흐르는 전류가 커진다. (진동수가 작아질수록 저항에 흐르는 전류는 작아진다.)
ㄴ 전기용량이 작아질수록 저항에 흐르는 전류가 작아진다. (전기용량이 커질수록 저항에 흐르는 전류는 커진다.)
ㄷ 진동수와 전기용량이 작아질수록 용량 리액턴스는 커진다. (용량 리액턴스는 축전기에 의하여 교류의 흐름을 방해하는 것을 의미한다.)

14 정보 저장을 하는데 있어서 숫자 0과 1를 가지고 나타내는 신호를 (디지털) 신호라고 한다. 컴퓨터에서 사용하는 대용량 저장매체는 (하드디스크)라고 한다. 레이저의 파장이 약 650nm인 빛을 사용하는 것을 (DVD)라고 한다. 전원이 없어져도 정보를 유지하는 비휘발성 기억장치를 (플래쉬 메모리)라고 한다.

答- 13.④ 14.①

15 다음 그림은 교류 회로에서의 코일에 대한 그림이다. 다음 설명 중 옳은 것은?

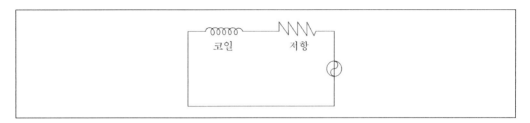

> ㉠ 진동수가 클수록 저항에 흐르는 전류가 작아진다.
> ㉡ 자체유도계수가 클수록 저항에 흐르는 전류가 커진다.
> ㉢ 진동수가 클수록, 자체유도계수가 클수록 코일의 유도 리액턴스는 커진다.

① ㉠   ② ㉡
③ ㉠㉢   ④ ㉡㉢

16 RFID(Radio Frequency Identification)을 활용한 것이 아닌 것은?

① 하이패스   ② 기록측정
③ 전자여권   ④ 자기테이프

ADVICE

15 ㉠ 진동수가 클수록 저항에 흐르는 전류가 작아진다. (진동수가 작을수록 저항에 흐르는 전류가 커진다.)
　㉡ 자체유도계수가 클수록 저항에 흐르는 전류가 작아지고 자체유도계수가 작을수록 저항에 흐르는 전류가 커진다.
　㉢ 진동수가 클수록, 자체유도계수가 클수록 코일의 유도 리액턴스는 커진다. (유도 리액턴스는 코일에 의하여 교류의 흐름을 방해하는 것을 말한다.)

16 RFID는 전파를 이용하여 물체에 관한 정보를 직접 접촉하지 않고 처리할 수 있는 기술이다. 공명 진동수와 공명 현상을 통해 정보를 주고 받게 된다.

답— 15.③ 16.④

17 다음 그림은 LC회로에 대한 그림이다. 다음 설명 중 옳은 것은?

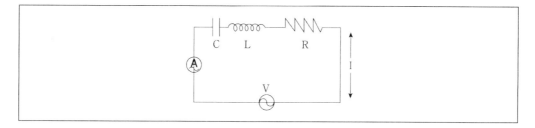

ㄱ 유도 리액턴스와 용량 리액턴스가 같을 때 회로의 저항이 최대가 되어 전류가 흐르지 않는다.
ㄴ 공명 진동수는 코일의 자체유도계수가 클수록, 축전기의 전기용량이 클수록 크다.
ㄷ 회로에 큰 전류가 흐를 때가 공명 진동수와 전원 장치의 진동수가 같을 때이다.

① ㄱ ② ㄴ
③ ㄷ ④ ㄴㄷ

18 다음은 광통신에 대한 설명이다. 다음 중 옳은 것은?

① 광섬유는 중앙 코어를 클래딩이 감싸고 있는 단일 원기둥 모양이다.
② 광통신은 발광 다이오드나 레이저를 이용하여 전기 신호로 전환한다.
③ 한 번 끊어져도 연결하기가 용이하다.
④ 전송 속도가 빠르고 대용량 전송이 가능하다.

ADVICE

17 ㄱ 유도 리액턴스와 용량 리액턴스가 같을 때 회로의 저항이 최소가 되어 전류가 잘 흐른다.
ㄴ 공명 진동수는 코일의 자체유도계수와 축전기의 전기용량이 클수록 작다.
ㄷ 회로에 큰 전류가 흐를 때가 공명 진동수와 전원 장치의 진동수가 같을 때이다. (공명 현상이 일어난다.)

18 ① 광섬유는 중앙 코어를 클래딩이 감싸고 있는 이중 원기둥 모양이다.
② 광통신은 발광 다이오드나 레이저를 이용하여 빛 신호로 전환한다.
③ 한 번 끊어지면 연결하기가 쉽지 않다.
④ 전송 속도가 빠르고 대용량 전송이 가능하다. (도선을 이용한 유선과 비교했을 때 그렇다.)

답— 17.③ 18.④

19 다음 그림은 공기와 물의 경계면에서의 빛의 반사와 굴절에 대한 그림이다. 다음 설명 중 옳은 것은?

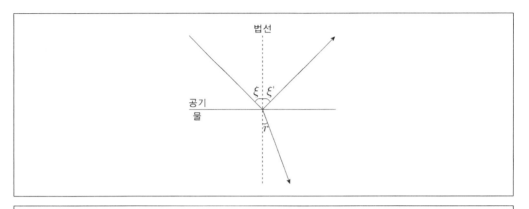

법선

공기
물

ㄱ 입사각과 반사각의 크기는 서로 다르다.
ㄴ 공기에서의 입사각은 물에서의 굴절각보다 크다.
ㄷ 공기에서의 굴절각은 물에서의 굴절각보다 작다.

① ㄱ

② ㄴ

③ ㄷ

④ ㄱㄷ

20 전반사의 이용사례로 적절하지 않는 것은?

① 광통신

② 마이크

③ 내시경

④ 카메라

19 ㄱ 입사각과 반사각의 크기는 서로 같고 입사각이 증가하면 반사각도 증가한다.
　ㄴ 공기에서의 입사각은 물에서의 굴절각보다 크다. (빛의 진동수는 변하지 않는다.)
　ㄷ 공기에서의 굴절각은 물에서의 굴절각보다 크며 임계각보다 큰 각으로 입사된 빛은 경계면에서 모두 반사된다.

20 전반사는 빛이 매질의 경계면에서 모두 반사되는 것을 말한다. 전반사는 빛이 밀한 매질에서 소한 매질로 진행되면서 입사각이 임계각보다 커야 한다.

답— 19.② 20.②

에너지의 발생

1 다음 그림은 도선에 자석을 가까이 대고 있는 그림이다. 다음 설명 중 옳은 것은?

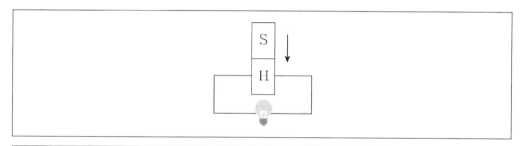

> ㉠ 유도전류의 방향은 시계 방향이다.
> ㉡ 자석이 가까워질수록 전구의 밝기는 더 밝아진다.
> ㉢ 자기선속의 변화가 있다.

① ㉠㉡　　　　　　　　　　② ㉠㉢

③ ㉡㉢　　　　　　　　　　④ ㉠㉡㉢

ADVICE

1 ㉠ 유도전류의 방향은 반시계 방향이다. (자기선속이 증가하고 있기 때문에 유도전류는 그것을 방해하는 방향 쪽으로 나타난다.)
ㅤㅤㄴ 자석이 가까워질수록 전구의 밝기는 더 밝아진다. (자기선속이 증가한다.)
ㅤㅤㄷ 자기선속의 변화가 있다. (가까이가면 자기선속이 많아지고, 자석을 멀리하면 자기선속은 감소한다.)

답— 1.③

2 다음 설명 중 틀린 것을 고르면?

① 수력, 화력, 원자력은 터빈의 전기 에너지가 운동 에너지로 바뀔 때, 전자기유도 현상이 일어난다.

② 수력 발전은 물을 통해 운동 에너지를 전기 에너지로 전환한다.

③ 화력 발전은 화석 연료를 가지고 열 에너지를 통해 전기 에너지로 전환한다.

④ 원자력 발전은 핵연료를 가지고 열 에너지를 전기 에너지로 전환한다.

3 다음 그림은 길이가 같은 구리관과 플라스틱관이다. 다음 설명 중 옳은 것은?

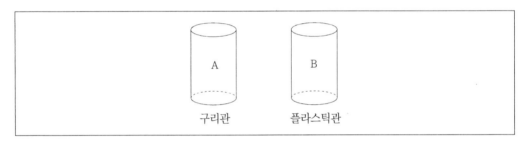

> ㉠ 같은 질량의 자석을 두 관에 통과시키면 A에서 더 빠르다.
> ㉡ 자석을 통과시킬 때 B의 관이 A관보다 더 큰 영향을 준다.
> ㉢ 통과하는 자석에 A관에서 유도전류가 발생하여 영향을 준다.

① ㉠   ② ㉢

③ ㉡㉢   ④ ㉠㉡㉢

ADVICE

2 ① 수력, 화력, 원자력은 터빈의 운동 에너지가 전기 에너지로 바뀔 때, 전자기유도 현상이 일어난다.
② 수력 발전은 물을 통해 운동 에너지를 전기 에너지로 전환한다.
③ 화력 발전은 화석 연료를 가지고 열 에너지를 통해 전기 에너지로 전환한다.
④ 원자력 발전은 핵연료를 가지고 열 에너지를 전기 에너지로 전환한다.

3 ㉠ 같은 질량의 자석을 두 관에 통과시키면 B에서 더 빠르다.
㉡ 자석을 통과시킬 때 A의 관이 B관보다 더 큰 영향을 준다.
㉢ 통과하는 자석에 A관에서 유도전류가 발생하여 영향을 준다.

답 2.① 3.②

4 전자기 유도 현상을 통해 전기 에너지로 전환되는 에너지는 무엇인가?

① 힘 에너지 　　　　　　　　　　② 신생 에너지

③ 역학적 에너지 　　　　　　　　④ 원자력 에너지

5 전기 에너지가 8J이고 저항이 2Ω일 때 전류는 몇 A인가?

① 2 　　　　　　　　　　　　　　② 4

③ 6 　　　　　　　　　　　　　　④ 8

6 다음 보기의 설명 중 옳은 것은?

　㉠ 전압이 6V이고 저항이 3Ω이면 전기 에너지는 2J이다.
　㉡ 전기 에너지가 20J이고 전압이 2V이면 전류는 5A이다.
　㉢ 전류가 4A이고 저항이 2Ω이면 전기 에너지는 32J이다.

---

① ㉠ 　　　　　　　　　　　　　　② ㉡

③ ㉢ 　　　　　　　　　　　　　　④ ㉡㉢

====== ADVICE ======

4 에너지 전환 과정에 있어서 전자기유도 현상을 이용한 발전기들은 역학적 에너지를 전기 에너지로 전환시킨다.

5 P(전력)=I^2(전류) R(저항)
8J=$I^2 \times 2\Omega$
I=2 A
전압은 전하의 전위차라고 볼 수 있다. 전류는 단위 시간이 도선의 단면을 통과하는 전하량이다. 전력은 단위 시간당 소비하는 전기 에너지이다.

6 ㉠ 전압이 6V이고 저항이 3Ω이면 전기 에너지는 12J이다. (P=V^2/R→12J=6^2 V/3Ω)
　㉡ 전기 에너지가 20J이고 전압이 2V이면 전류는 10A이다. (P=VI→10A=20J/2V)
　㉢ 전류가 4A이고 저항이 2Ω이면 전기 에너지는 32J이다. (P=I^2R→32J=4^2 A×2Ω)

답― 4.③ 5.① 6.③

7 다음 그림은 발전소에서 만들어진 전기 에너지가 수송되는 과정이다. 다음 보기 중에서 거치지 않는 곳은?

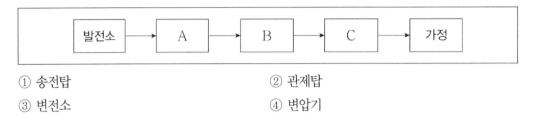

① 송전탑   ② 관제탑
③ 변전소   ④ 변압기

8 다음 설명 중 옳은 것을 고르면?

① 송전선의 전류로 인해 전기 에너지의 일부가 운동 에너지로 전환되어 전력을 일부 잃는다.
② 전력 손실을 줄이기 위해서는 송전선의 굵기를 되도록 얇게 하여 저항을 줄여 전류를 증가시키면 된다.
③ 송전 전력이 일정할 때, 송전 전압을 2배 높여주면 손실 전력은 1/2로 줄어든다.
④ 일정한 전력을 보낼 때, 전력손실이 1/4배가 되려면 저항은 4배가 되어야 한다.

ADVICE

7 발전소에서 만들어진 전기는 몇 번의 변전소를 거친다. 그 과정에서 송전탑과 변압기를 거치고 가정으로 들어가게 된다. 우리가 흔히 가정에서 사용하고 있는 전압은 220V인데 이러한 과정을 거쳐서 사용하게 되는 것이다.

8 ① 송전선의 저항으로 인해 전기 에너지의 일부가 열 에너지로 전환되어 전력을 일부 잃는다.
② 전력 손실을 줄이기 위해서는 송전선의 굵기를 되도록 굵게 하여 저항을 줄이거나 송전선에 흐르고 있는 전류를 감소시켜야 된다.
③ 송전 전력이 일정할 때, 송전 전압을 2배 높여주면 손실 전력은 1/4로 줄어든다.
④ 일정한 전력을 보낼 때, 전력손실이 1/4배가 되려면 저항은 4배가 되어야 한다. ($P = I^2 R$)

답— 7.② 8.④

9 다음은 양 쪽에 1차 코일과 2차 코일을 감은 변압기에 대한 설명이다. 다음 설명 중 옳은 것은?(단, 1차 코일 쪽은 교류 전원이, 2차 코일 쪽에는 저항이 설치되어 있다.)

> ⊙ 1차 코일에 감은 횟수가 감소하면 저항에 걸리는 전압은 커진다.
> ⓛ 1차 코일에 감은 횟수가 증가하면 2차 코일의 저항에 흐르는 전류 값이 커진다.
> ⓒ 1차 코일에 전류의 세기와 방향의 주기적인 변화를 통해 2차 코일에 유도전류가 흐르도록 하는 원리다.

① ⊙   ② ⓛ
③ ⓒ   ④ ⊙ⓒ

10 다음은 변압기에 대한 설명이다. 다음 설명 중 틀린 것은?

① 송전 과정에서 송전 저항이 발생한다.

② 에너지 손실을 줄이기 위해 소비지까지 전압을 높여준다.

③ 전압을 높여주거나 낮춰줄 때 사용한다.

④ 초전도체 케이블을 이용한 송전을 하려고 시도하고 있다.

ADVICE

9 ⊙ 1차 코일에 감은 횟수가 감소하면 저항에 걸리는 전압은 커진다. (N1/N2＝V1/V2)
　　 ⓛ 1차 코일에 감은 횟수가 증가하면 2차 코일의 저항에 흐르는 전류 값이 작아진다.
　　 ⓒ 1차 코일에 전류의 세기와 방향의 주기적인 변화를 통해 2차 코일에 유도전류가 흐르도록 하는 원리다.
　　　 (자기선속이 시간에 따라 변하고 이것이 2차 코일에 전달되어 유도 기전력이 생겨 유도전류가 흐른다.)

10 ① 송전 과정에서 송전 저항이 발생한다.
　　 ② 에너지 손실을 줄이기 위해 높은 전압을 낮은 전압으로 바꿔준다.
　　 ③ 전압을 높여주거나 낮춰줄 때 사용한다.
　　 ④ 초전도체 케이블을 이용한 송전을 하려고 시도하고 있다.

답— 9.④ 10.②

11 다음 그림은 원자핵에 대해 표현한 것이다. 다음 설명 중 맞는 것은?

> ㉠ Z는 원자핵 속에 들어 있는 중성자 수이다.
> ㉡ A를 통해 화학적 성질은 비슷하나 물리적 성질이 다름을 알 수 있다.
> ㉢ A는 원자핵 속에 있는 양성자 수이다.

① ㉠
② ㉡
③ ㉠㉡
④ ㉡㉢

12 원자로에 대한 설명이다. 다음 중 속하지 않는 것은?

① 경수로
② 중수로
③ 우라늄
④ 고속 증식로

ADVICE

11 ㉠ Z는 원자핵 속에 들어 있는 양성자 수이고, 원자번호이다.
　　㉡ A를 통해 화학적 성질은 비슷하나 물리적 성질이 다름을 알 수 있다. (동위원소라고 한다.)
　　㉢ A는 질량 수이며, 양성자 수와 중성자 수의 합이다.

12 ① 경수로 : 중성자의 속력을 느리게 하는 감속재와 냉각재로 경수를 사용하는 원자로이다.
　　② 중수로 : 중성자의 속력을 느리게 하는 감속재와 냉각재로 중수를 사용하는 원자로이다.
　　④ 고속 증식로 : 핵분열 과정에서 고속 중성자를 사용하기 때문에 감속재가 사용되지 않는 원자로이다.

답 11.② 12.③

13 다음은 핵반응식이다. 다음 설명 중 옳은 것은?

$$_w^a A + _x^b B \rightarrow _y^c C + _z^d D + (A)$$

> ㉠ A에 들어갈 용어는 에너지이다.
> ㉡ w+x=y+z이고, 질량 수 보존이 적용된다.
> ㉢ a+b=c+d이고, 전하량 보존이 적용된다.

① ㉠   ② ㉡
③ ㉠㉡   ④ ㉡㉢

14 다음에 빈 칸에 들어갈 용어로 적절하지 않는 것은?

> (A)에서 반응 전후의 질량의 총합을 뺀 것을 (B)이라고 한다.(C)은 질량 수가 큰 원자핵이 크기가
> 비슷한 2개의 원자핵으로 분열된 것이다.(D)은 질량 수가 작은 원자핵이 합쳐져서 질량 수가 큰 원자핵
> 으로 되는 것을 말한다.

① A-핵반응   ② B-질량결손
③ C-핵분열   ④ D-핵변환

ADVICE

13 ㉠ A에 들어갈 용어는 에너지이다. (핵융합이나 핵분열 과정에서 반응 전 질량의 총합보다 반응 후의 질량의
　　총합이 작다. 이 과정에서 에너지가 방출된다.)
　　㉡ w+x=y+z이고, 전하량 보존이 적용된다.
　　㉢ a+b=c+d이고, 질량 수 보존이 적용된다.

14 (핵반응)에서 반응 전후의 질량의 총합을 뺀 것을 (질량결손)이라고 한다.(핵분열)은 질량 수가 큰 원자핵이
크기가 비슷한 2개의 원자핵으로 분열된 것이다.(핵융합)은 질량 수가 작은 원자핵이 합쳐져서 질량 수가 큰 원자핵
으로 되는 것을 말한다.

답 13.① 14.④

15 다음은 방사선 종류에 대한 설명이다. 다음 중 옳은 것은?

① α 선은 투과력이 강하며 전하량이 e이다.

② β 선은 투과력이 약하고 전하량이 $-2e$이다.

③ Υ 선은 투과력이 강하고 전하량이 0이다.

④ 대표적으로 α 선, β 선, Υ 선만이 존재한다.

16 다음 일상에서의 방사선에 대한 설명 중 틀린 것은?

① 자연 방사선은 약 82%, 인공 방사선은 약 18% 정도의 비율이 된다.

② 방사선의 종류에 관계없이 인체에 노출되면 치명적인 손상을 입는다.

③ 사람 1명당 받는 자연 방사선량은 약 2.4mSv 정도이다.

④ 방사선이 인체에 노출되면 DNA가 변형되거나 암이 유발될 수 있다.

ADVICE

15 ① α 선은 투과력이 약하며 전하량이 $+2e$이다. (본질은 헬륨 원자핵이고, 원자량이 큰 원소가 붕괴될 때 나오는 입자가 α 선이다.)

② β 선은 투과력이 보통이며 전하량이 $-e$이다. (베타 붕괴가 있어서 원자 밖으로 나온 전자가 β 선이다.)

③ Υ 선은 투과력이 강하고 전하량이 0이다.

④ 대표적으로 α 선, β 선, Υ 선 등이 존재한다. (방사선은 결국 안정한 상태로 변환되며 방출하는 입자나 전자기파이다.)

16 ① 자연 방사선은 약 82%, 인공 방사선은 약 18% 정도의 비율이 된다.

② 방사선의 종류, 방사선량, 쪼인 시간 등에 따라 미치는 영향력이 다르다.

③ 사람 1명당 받는 자연 방사선량은 약 2.4mSv 정도이다.

④ 방사선이 인체에 노출되면 DNA가 변형되거나 암이 유발될 수 있다.

답— 15.③ 16.②

17 다음 그림은 태양전지의 원리를 나타낸 그림이다. 다음 설명 중 옳은 것은?

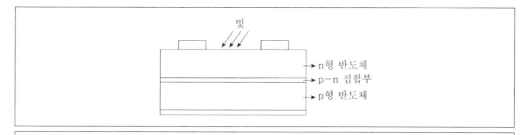

빛

→ n형 반도체
→ p-n 접합부
→ p형 반도체

㉠ p-n 접합부에 전자와 양공 쌍이 생긴다.
㉡ 외부에 회로를 연결하면 전구에 불이 들어온다.
㉢ 생성된 전자는 p형 반도체로, 양공은 n형 반도체로 이동한다.

① ㉠   ② ㉢
③ ㉠㉡   ④ ㉡㉢

18 다음은 신 재생 에너지에 대한 설명이다. 옳은 것은?

① 신 재생 에너지에는 1회용 건전지나 석탄 등이 포함된다.
② 재생 에너지로는 풍력, 수력, 지열 에너지 등이 있다.
③ 앞으로는 화력 발전이 더욱 더 발전할 것이다.
④ 환경이나 효율과 관계없이 발전하는 것이 신 재생 에너지이다.

ADVICE

17 ㉠ p-n 접합부에 전자와 양공 쌍이 생긴다. (빛 에너지를 통해 원자 안에 있는 전자가 띠틈을 넘어 전도띠로 이동한다.)
㉡ 외부에 회로를 연결하면 전구에 불이 들어온다. (n형 반도체는 (−)전극이 p형 반도체는 (+)전극이 된다.)
㉢ 생성된 전자는 n형 반도체로, 양공은 p형 반도체로 이동한다.

18 ① 신 재생 에너지에는 연료전지, 수소 에너지 등이 포함된다.
② 재생 에너지로는 풍력, 수력, 지열 에너지 등이 있다. (자연을 최대한 활용하거나, 환경훼손을 하지 않는 에너지 등이다.)
③ 앞으로는 환경오염이 거의 없는 에너지나 재생이 가능한 에너지가 발전될 것이다.
④ 환경이나 효율과 밀접하게 서로 연관하며 발전하는 것이 신 재생 에너지이다.

🔑 17.③ 18.②

19 다음 그림은 연료전지의 원리를 나타내는 그림이다. 다음 설명 중 옳은 것은?

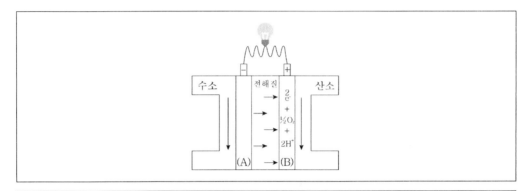

ㄱ (A)에서 $H_2 \rightarrow 2H^+ + 2e^-$ 의 반응이 일어난다.
ㄴ (B)에서 발생되는 것은 산소와 수소기체이다.
ㄷ 이러한 연료전지는 현재 상용화되고 있지는 않다.

① ㄱ   ② ㄷ
③ ㄱㄴ   ④ ㄱㄷ

20 다음은 여러 발전에 대한 설명이다. 다음 중 틀린 것은?

① 태양광 발전은 친환경적이며 소규모 발전에 좋다.
② 풍력 발전은 바람을 이용하여 전기 에너지로 바꾼다.
③ 조력 발전은 조수 간만의 차를 이용하며 발전 단가가 저렴하다.
④ 조류 발전은 파도의 힘을 바탕으로 한다.

ADVICE

19 ㄱ (A)에서 $H_2 \rightarrow 2H^+ + 2e^-$ 의 반응이 일어난다. (반면에 (+)전극에서는 $2H^+ + 2e^- + 0.5O_2 \rightarrow H_2O +$ 열 반응이 일어난다.)
ㄴ (B)에서 발생되는 것은 물과 열이다.
ㄷ 이러한 연료전지는 휴대용 전원, 연료전지 자동차, 발전용 전원 등에 이용되고 있다.

20 ① 태양광 발전은 친환경적이며 소규모 발전에 좋다. (날씨의 영향을 많이 받는 편이다.)
② 풍력 발전은 바람을 이용하여 전기 에너지로 바꾼다. (바람의 속력과 회전 날개 등에 영향을 받는다.)
③ 조력 발전은 조수 간만의 차를 이용하며 발전 단가가 저렴하다. (조수 간만의 차이가 커야 효율이 높다.)
④ 조류 발전은 바닷물의 흐름을 이용해 발전하는 방식이다.

답 19.① 20.④

힘의 이용

※ 다음은 지레와 관련된 그림이다. 【1~2】

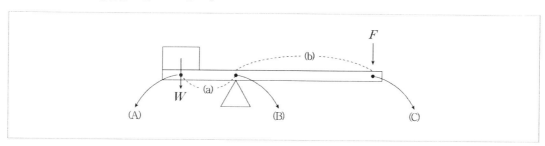

1 다음 보기의 설명 중 옳은 것은?

> ㉠ (A)는 작용점, (B)는 받침점이다.
> ㉡ (A)와 (B)는 (C)를 회전축으로 각각 지렛대를 누른다.
> ㉢ (C)는 힘점을 나타낸다.

① ㉠   ② ㉢
③ ㉠㉡   ④ ㉠㉢

ADVICE

1 ㉠ (A)는 작용점, (B)는 받침점이다.
   ㉡ (A)와 (C)는 (B)를 회전축으로 각각 지렛대를 누른다.
   ㉢ (C)는 힘점을 나타낸다.

답— 1.④

2 지렛대는 수평을 이루고 있다.(b)의 길이가 (a)의 길이보다 3배가 길다고 한다. 그렇다면 W와 F의 비는 어떻게 되는가?

① 3 : 1　　　　　　　　　　　② 6 : 1

③ 1 : 3　　　　　　　　　　　④ 1 : 6

3 지레가 사용되는 사례 중 아닌 것은?

① 가위　　　　　　　　　　　② 병따개

③ 책받침　　　　　　　　　　④ 핀셋

4 지레에 대한 설명 중 옳은 것은?

① 지레를 사용하면 일의 양에서 이득을 본다.

② 지레를 사용하면 힘에 대한 이득은 전혀 없다.

③ 지레가 평형상태에서 받침점을 옮겨도 평형상태는 유지된다.

④ 지레에는 작용점, 받침점, 힘점에 무게와 힘이 영향을 준다.

ADVICE

2 F(힘점에 누르는 힘)×b(힘점에서 받침점까지의 거리)
　=W(물체의 무게)×a(물체에서 받침점까지의 거리)
　W/F=b/a (b=3a)
　W : F=3 : 1

3 가위, 병따개, 핀셋은 작용점, 힘점, 받침점을 이용하며, 지레의 원리를 활용한 것들이다.

4 ① 지레를 사용하면 힘이 작용하는 거리가 멀어지기 때문에 일에 대한 이득은 볼 수 없다.
　② 지레를 사용하면 힘점에 작용하는 작은 힘일지라도 이득을 볼 수 있다.
　③ 지레가 평형상태에서 받침점을 옮기면 평형상태가 무너지고 한 쪽으로 기울어지게 된다.
　④ 지레에는 작용점, 받침점, 힘점에 무게와 힘이 영향을 준다.

답— 2.① 3.③ 4.④

5 다음 그림은 평형대에 대한 그림이다. 다음 보기의 설명 중 옳은 것은?

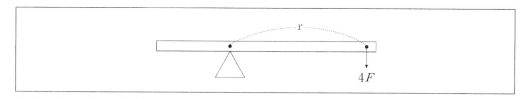

⊙ 힘 4F에 의한 돌림힘은 4Fr이다.
ⓒ r이 짧아지면 더 큰 F의 크기가 필요하다.
ⓒ 반대 방향에서 F를 주더라도 축에 대해 돌림힘의 방향은 같다.

① ⓒ
② ⓒ
③ ⊙ⓒ
④ ⊙ⓒ

6 다음 빈 칸에 들어갈 용어로 적절하지 않은 것은?

물체의 모든 부분에 작용하는 중력을 더한 알짜힘의 작용점을 (A)이라고 한다. 물체의 운동에서 각기 부분의 (B)이 집중된 점을 (C)이라고 한다. 이것은 물체의 (D)과 연관되어 있다.

① A-무게중심
② B-질량 합
③ C-질량중심
④ D-힘의 평형

5 ⊙ 힘 4F에 의한 돌림힘은 4Fr이다. (τ =Fr → 4Fr=4F×r)
   ⓒ r이 짧아지면 더 큰 F의 크기가 필요하다. (r이 길어지면 더 작은 F의 크기가 필요하다.)
   ⓒ 반대 방향에서 F를 주게 되면 축에 대해 돌림힘의 방향은 서로 반대가 된다.

6 물체의 모든 부분에 작용하는 중력을 더한 알짜힘의 작용점을 (무게중심)이라고 한다. 물체의 운동에서 각기 부분의 (질량 합)이 집중된 점을 (질량중심)이라고 한다. 이것은 물체의 (회전운동)과 연관되어 있다.

답— 5.③ 6.④

7 축바퀴을 이용한 사례가 아닌 것은?

① 문 손잡이
② 드라이버
③ 자동차 핸들
④ 재단가위

8 다음 그림은 원으로 된 축바퀴를 나타낸 것이다. 다음 보기의 설명 중 옳은 것은?(단, 물체의 무게는 W이다.)

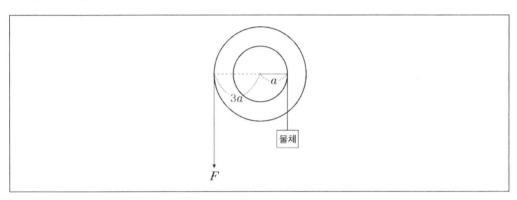

> ㉠ 큰 바퀴의 돌림힘이 작은 바퀴의 돌림힘보다 크다.
> ㉡ W=3F의 관계가 성립된다.
> ㉢ F로 당긴 줄의 길이와 물체가 움직인 길이는 서로 같다.

① ㉡
② ㉢
③ ㉠㉢
④ ㉡㉢

7 축바퀴는 하나의 회전축에 각기 다른 반지름을 가진 두 바퀴가 이어져 있는 도구이다.

8 ㉠ 큰 바퀴의 돌림힘과 작은 바퀴의 돌림힘은 서로 같고 방향은 서로 반대이다.
　㉡ W=3F의 관계가 성립된다. (W×a=F×b)
　㉢ F로 당긴 줄의 길이와 물체가 움직인 길이는 서로 다르며 반지름의 길이가 1 : 3이므로 움직이는 거리 역시 1 : 3을 보이게 된다. 작은 바퀴가 더 많이 움직임을 알 수 있다.

答— 7.④ 8.①

9 다음은 무게 중심과 안정에 대한 설명이다. 다음 중 옳은 것은?

① 무게 중심이 높을수록 안정적이다.

② 안정성을 바탕으로 한 가만히 있는 물체는 힘의 평형을 유지하기 힘들다.

③ 선반을 바치고 있는 보조 막대나 타워 크레인 등이 실생활에서 볼 수 있는 사례들 중 하나이다.

④ 무게 중심이 낮을수록 넘어지면 다시 일어서기가 힘들다.

10 다음 그림은 시소를 탄 두 사람에 대한 그림이다. 시소는 지금 평형을 이루고 있다. 다음 보기의 설명 중 옳은 것은?

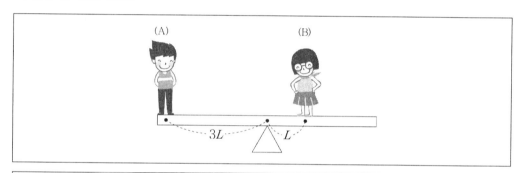

ㄱ A와 B의 무게의 비는 3 : 1이다.
ㄴ 물체에 작용하는 돌림힘의 합은 0이다.
ㄷ B가 2L이 되어도 평행을 이룬다면 A와 B의 무게의 비는 2 : 3이 될 것이다.

① ㄱㄴ   ② ㄱㄷ

③ ㄴㄷ   ④ ㄱㄴㄷ

ADVICE

9 ① 무게 중심이 낮을수록 안정적이다.
② 안정성을 바탕으로 한 가만히 있는 물체는 힘의 평형을 유지하기 쉽다.
③ 선반을 바치고 있는 보조 막대나 타워 크레인 등이 실생활에서 볼 수 있는 사례들 중 하나이다. (힘의 평형과 돌림힘의 평형을 생각한 것들이다.)
④ 무게 중심이 낮을수록 넘어지면 다시 일어서기가 쉽다.

10 ㄱ A와 B의 무게의 비는 1 : 3이다.
ㄴ 물체에 작용하는 돌림힘의 합은 0이다. (돌림힘의 평형이라고 말하며 회전 운동 상태의 변화가 없다.)
ㄷ B가 2L이 되어도 평행을 이룬다면 A와 B의 무게의 비는 2 : 3이 될 것이다. (W×a＝F×b)

답— 9.③ 10.③

11 다음 빈 칸에 들어갈 용어로 적절한 것은?

> 액체나 기체처럼 흐를 수 있는 물체를 (A)라고 한다. 단위 면적당 누르는 힘을 (B)이라고 한다. 단위 부피당 질량을 (C)라고 부른다. 표준 물질의 질량과 어떤 물질의 질량의 비를 (D)이라고 한다.

① A－유량
② B－중력
③ C－밀도
④ D－부력

12 다음 그림은 비커에 물체를 넣은 것이고, 두 비커에 있는 물의 높이가 같아졌다. 물체를 넣기 전 비커 안에 있는 물의 높이 상태는? (단, 두 물체의 질량은 같고, 부피는 A의 물체가 B의 물체의 2배이다.)

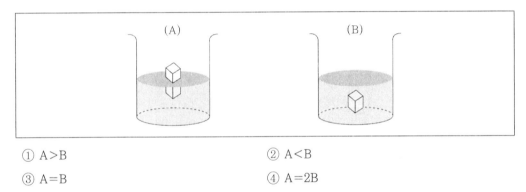

① A＞B
② A＜B
③ A＝B
④ A＝2B

11 액체나 기체처럼 흐를 수 있는 물체를 (유체)라고 한다. 단위 면적당 누르는 힘을 (압력)이라고 한다. 단위 부피당 질량을 (밀도)라고 부른다. 표준 물질의 질량과 어떤 물질의 질량의 비를 (비중)이라고 한다.

12 늘어난 부피를 통해 부력의 크기를 구할 수 있다. 부력은 중력의 반대 방향이다. 깊이가 같은 곳일수록 압력은 모두 같고, 깊이가 깊을수록 압력은 커진다.

답－11.③ 12.①

13 물체를 비커에 담긴 물에 넣었다. 비커에 지름은 20cm이고, 물체를 누르는 힘은 3N이라고 했을 때, 압력은 몇 Pa이 되는가?(단, $\pi = 3$)

① 1

② 10

③ 100

④ 1000

14 다음 그림은 비커에 있는 물에 물체를 넣었을 때를 나타낸 것이다. 부피가 $3m^3$만큼 늘었을 때 부력의 크기는 몇 N이 되는가? (단, 중력가속도는 $10m/s^2$이다.)

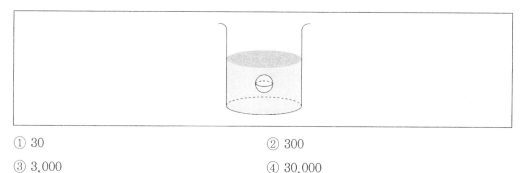

① 30

② 300

③ 3,000

④ 30,000

ADVICE

13 $P = F/A$

$3N/(0.1m \times 0.1m \times 3) = 100Pa$

압력은 단위 면적 당 누르는 힘이다. 단위로는 Pa(파스칼)이고 kPa이나 hPa의 단위도 사용한다. 1kPa=1000Pa, 1hPa =100Pa이다. 대기압은 보통 1,013hPa을 1기압으로 간주한다. 수압 같은 경우에는 10m 당 대략 1기압씩 증가한다.

14 $F = \rho$(유체 밀도) V(물이 밀어낸 부피) g(중력가속도)

$1,000kg/m^3 \times 3m^3 \times 10m/s^2 = 30,000N$(∵ 물의 밀도=$1,000kg/m^3$)

가만히 있는 유체 내부 압력은 유체 표면에서의 깊이에 따라 변한다. 유체 표면에서의 깊이가 같은 곳은 압력이 모두 같다. 또한 깊이가 깊은 곳일수록 압력이 커진다.

🖙 13.③ 14.④

15 다음 그림은 비커에 담긴 물의 표면에 두 물체에 대한 것이다. 다음 설명 중 옳은 것은?

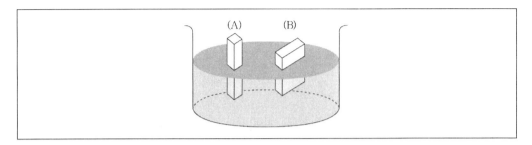

┌───┐
│ ㉠ A, B 두 물체에 작용하는 압력은 같다.   │
│ ㉡ 부력의 크기를 구하려고 한다면 물의 밀도와 물의 늘어난 부피만 알면 된다. │
│ ㉢ 부력의 방향은 중력의 방향의 반대이다.   │
└───┘

① ㉠   ② ㉢

③ ㉠㉢   ④ ㉡㉢

16 아르키메데스나 파스칼의 법칙이 적용된 사례가 아닌 것은?

① 선풍기   ② 물놀이 튜브

③ 열기구   ④ 자동차 브레이크 장치

ADVICE

15 ㉠ A, B 두 물체에 작용하는 압력은 같다. (깊이가 같은 곳은 압력도 같다.)
　　㉡ 부력의 크기를 구하려고 한다면 물의 밀도와 물의 늘어난 부피와 중력가속도를 알면 된다.
　　㉢ 부력의 방향은 중력의 방향의 반대이다. (물체 주변의 유체가 물체에 영향을 주는 힘의 알짜힘이다.)

16 유체에 잠겨버린 물체는 잠겨버린 부분의 부피에 해당하는 유체의 무게로 부력을 받고 그 물체는 부력의 크기만큼
　　가벼워진다. 폐쇄된 용기에 담겨진 비압축성 유체에 의한 압력의 변화는 유체의 모든 곳과 유체를 담고 있는 용기의
　　벽까지 그 세기가 줄어들지 않고 전달된다.

답— 15.③ 16.①

에너지의 이용

※ 다음 그래프는 시간에 따른 물체의 온도 변화이다. [1~2]

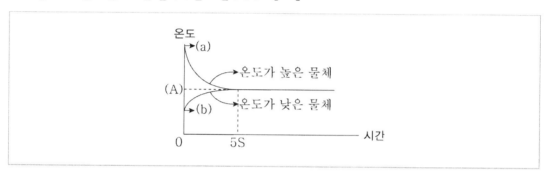

1 두 물체의 열용량이 같고 (a)의 온도는 20도였고 (b)의 온도는 10도였을 때, 열평형 온도는 얼마인가?

① 10

② 15

③ 20

④ 25

ADVICE

1 열용량은 비열과 물체의 질량에 대한 곱이다. 열량은 열용량과 온도 변화에 대한 곱이다. 열용량이 같기 때문에 온도 변화가 같아야 하므로 20−15=15−10의 수식관계가 적용돼야 한다.

답– 1.②

2 다음 보기 중 옳은 것은?

> ㉠ (A)는 열평형 온도를 뜻한다.
> ㉡ 5초가 한참 지난 후에는 열평형 상태의 그래프가 바뀐다.
> ㉢ 물체의 상태와 온도가 변화하는 것은 열 에너지 때문이다.

① ㉠

② ㉡

③ ㉠㉡

④ ㉠㉢

3 다음 빈 칸에 들어갈 적절한 용어가 아닌 것은?

> 분자 사이의 인력에 의한 (A)를 무시하는 기체를 (B)라고 한다. 기체 분자의 운동 에너지와 (A)의 총합을 (C)라고 하며 (D)에 비례한다.

① A-퍼텐셜 에너지

② B-실제기체

③ C-내부 에너지

④ D-절대온도

ADVICE

2 ㉠ (A)는 열평형 온도를 뜻한다.
　㉡ 5초가 한참 지난 후에는 열평형 상태의 그래프는 바뀌지 않고 일정하다.
　㉢ 물체의 상태와 온도가 변화하는 것은 열 에너지 때문이다.

3 분자 사이의 인력에 의한 (퍼텐셜 에너지)를 무시하는 기체를 (이상기체)라고 한다. 기체 분자의 운동 에너지와 (퍼텐셜 에너지)의 총합을 (내부 에너지)라고 하며 (절대온도)에 비례한다.

답— 2.④ 3.②

4 다음 그래프는 압력과 부피에 대한 것이다. 다음 설명 중 옳은 것은? (단, 온도는 일정하다.)

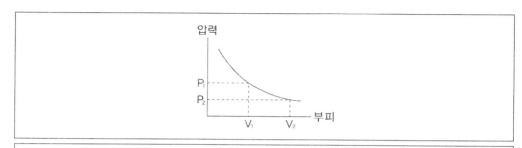

    ㉠ 샤를의 법칙을 적용할 수 있다.
    ㉡ $P_1V_1 = P_2V_2$라고 나타낼 수 있다.
    ㉢ 압력이 줄어든 만큼 부피는 증가하고 압력이 증가한 만큼 부피는 줄어든다.

① ㉠   ② ㉢
③ ㉠㉡   ④ ㉡㉢

5 다음은 온도와 열에 대한 설명이다. 다음 설명 중 옳은 것은?

① 절대온도는 섭씨온도에 273을 더해야 한다.
② 열은 온도가 낮은 물체에서 높은 물체로 이동한다.
③ 두 물체 사이에 온도가 같아져 열의 이동이 활발해질 때를 열평형 상태라고 한다.
④ 섭씨온도는 100도를 1K 간격으로 눈금을 표시한 것이다.

ADVICE
---

4 ㉠ 보온의 법칙을 적용할 수 있다.
    ㉡ $P_1V_1 = P_2V_2$라고 나타낼 수 있다.
    ㉢ 압력이 줄어든 만큼 부피는 증가하고 압력이 증가한 만큼 부피는 줄어든다.

5 ① 절대온도는 섭씨온도에 273도를 더해야 한다. (최저 온도 −273도를 0K으로 정한 것이다.)
    ② 열은 온도가 높은 물체에서 낮은 물체로 이동한다.
    ③ 두 물체 사이에 온도가 같아져 열의 이동이 없어질 때를 열평형 상태라고 한다.
    ④ 섭씨온도는 100도를 1도 간격으로 눈금을 표시한 것이고 절대온도는 섭씨온도와 눈금간격은 같다.

답 4.④ 5.①

6 따뜻한 물에 물체를 넣었더니 일정 시간이 지난 후 열평형 상태가 되었다. 물 4kg이 있었는데 온도가 25도에서 15도로 내려갔다. 2kg의 물체는 온도가 5도에서 15도로 올라갔다. 그렇다면 물체의 비열은 몇kcal/kgK인가?

① 1   ② 2

③ 3   ④ 4

7 다음 열역학 법칙에 대한 설명으로 옳은 것은?

① 열역학 0법칙이라는 것은 없다.

② 열역학 1법칙은 기체 내부의 에너지와 외부에 한 일이 상황마다 다르다.

③ 열역학 2법칙은 열은 스스로가 고온에서 저온으로 이동한다.

④ 열역학 3법칙은 절대온도 0K에서 절대엔트로피는 0이 아니다.

ADVICE

6 $Q = cm \varDelta T$

$1\text{kcal/kgK} \times 4\text{kg} \times (25-15) = x\,\text{kcal/kgK} \times 2\text{kg} \times (15-5)$

$x = 2\text{kcal/kgK}$

비열은 단위 질량 당 1K 높이는데 필요한 열량이며 열용량은 어떤 물질을 1K 높이는데 필요한 열량이다.

7 ① 열역학 0법칙은 가, 나 두 물체가 열평형을 이루고 있고, 가, 다 두 물체가 열평형을 이루고 있다면 나, 다 도 열평형을 이룬다.

② 열역학 1법칙은 공급한 열 에너지는 증가한 내부 에너지와 외부 에너지의 한 일의 합과 같다.

③ 열역학 2법칙은 열은 스스로가 고온에서 저온으로 이동한다. (엔트로피 법칙이라고도 한다.)

④ 열역학 3법칙은 절대온도 0K에서 절대엔트로피는 0이다.

답 - 6.② 7.③

8 열역학 과정에서 압력이 일정할 때 다음 설명 중 옳은 것은?

① 열을 가하여 기체의 부피가 팽창하며 일을 한다.

② 부피가 팽창하면 일정했던 압력은 변한다.

③ 기체의 온도가 높아져서 기체의 분자 평균 속력이 빨라져도 내부 에너지에는 변화가 없다.

④ 기체의 공급된 열은 기체가 외부에 한 일과 같다.

9 다음 그림은 풍선이다. 보기의 설명 중 옳은 것은?(단, '외부와의 열출입은 없다'고 가정한다.)

㉠ 풍선이 상승하면 풍선이 점점 커지면서 내부 에너지가 감소한다.
㉡ 이것을 단열압축이라고 한다.
㉢ 풍선에 작용하는 압력이 점차 커진다.

① ㉠㉡　　　　　　　　　　② ㉠㉢
③ ㉡㉢　　　　　　　　　　④ ㉠㉡㉢

ADVICE

8 ① 열을 가하여 기체의 부피가 팽창하며 일을 한다. (등압과정이라고 한다.)
② 부피가 팽창해도 압력은 일정하다.
③ 기체의 온도가 높아져서 기체의 분자 평균 속력이 빨라지면 내부 에너지가 증가한다.
④ 기체의 공급된 열은 내부 에너지의 증가와 기체가 외부에 한 일의 합과 같다.

9 ㉠ 풍선이 상승하면 풍선이 점점 커지면서 내부 에너지가 감소한다. (부피가 점점 커진다.)
㉡ 이것을 단열팽창이라고 한다.
㉢ 풍선에 작용하는 압력이 점차 커진다. (분자들의 평균 속력이 증가하여 충돌 횟수가 증가한다.)

답- 8.① 9.②

10 열역학 과정에서 부피가 일정할 때 다음 설명 중 옳은 것은?

① 기체에 열을 가하면 기체의 온도가 증가하고 압력은 감소한다.

② 기체가 외부에 하는 일은 0이다.

③ 공급된 열 중 일부는 내부 에너지 증가에 쓰인다.

④ 부피가 일정할 때의 과정을 등압과정이라고 한다.

11 다음 그림은 열기관을 나타낸 것이다. 다음 설명 중 옳은 것은?

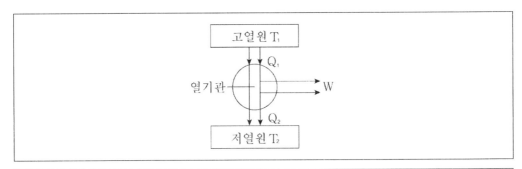

㉠ $W = Q_1 - Q_2$이다.
㉡ 열기관의 효율은 항상 1에 가깝다.
㉢ 고온 쪽에서 저온 쪽으로의 열의 이동 없이는 모두 일로 바뀔질 수 없다.

① ㉠   ② ㉢

③ ㉠㉢   ④ ㉡㉢

ADVICE

10 ① 기체에 열을 가하면 기체의 온도가 증가하고 압력도 증가한다.
   ② 기체가 외부에 하는 일은 0이다. (부피가 일정하게 유지되기 때문에 부피변화가 없다.)
   ③ 공급된 열 모두가 내부 에너지 증가에 쓰인다.
   ④ 부피가 일정할 때의 과정을 등적과정이라고 한다.

11 ㉠ $W = Q_1 - Q_2$이다. ($e = W/Q_1 = Q_1 - Q_2/Q_1 = 1 - Q_2/Q_1$)
   ㉡ 열기관의 효율은 항상 1보다 작다.
   ㉢ 고온 쪽에서 저온 쪽으로의 열의 이동 없이는 모두 일로 바뀔질 수 없다. (열역학 제2법칙)

답— 10.② 11.③

12 다음은 열의 이동에 대한 설명이다. 다음 설명 중 옳은 것은?

① 전도는 주로 고체에서 흔히 일어나는 현상이다.

② 대류는 진공에서도 열 에너지가 이동한다.

③ 복사는 온도 변화에 따른 밀도차로 기체 분자들이 이동하는 것이다.

④ 태양 에너지는 대류에 속한다.

13 다음은 물의 상태 변화에 대한 그래프이다. 다음 보기의 설명 중 옳은 것은?

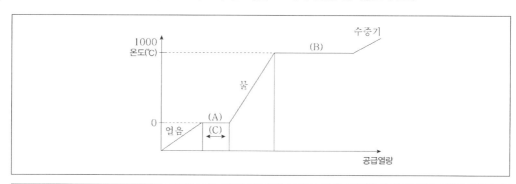

ㄱ (A)는 액화이다.
ㄴ (B)는 기화이다.
ㄷ (C)는 물질의 상태가 변할 때 흡수하거나 방출하는 열이다.

① ㄱ   ② ㄴ

③ ㄱㄴ   ④ ㄴㄷ

ADVICE

12 ① 전도는 주로 고체에서 흔히 일어나는 현상이다. (금속에서는 자유전자로 인해 열전달이 빨리 된다.)
② 대류는 액체나 기체 분자를 통한 열 에너지 전달이 일어나며 온도에 따라 속도가 달라진다.
③ 복사는 전자기파 형태로 방출되며 진공 상태에서도 열전달이 이루어질 수 있다.
④ 태양 에너지는 복사에 속한다.

13 ㄱ (A)는 융해이다.
ㄴ (B)는 기화이다. (액체에서 기체로 상태가 변하는 상태이다. 그 사이에 잠열을 흡수한다.)
ㄷ (C)는 물질의 상태가 변할 때 흡수하거나 방출하는 열이다. (고체에서 액체로 변하는 과정에서 잠열을 흡수한다.)

答 12.① 13.④

14 다음은 기상현상에 대한 설명이다. 다음 설명 중 옳은 것은?

① 기상현상의 에너지원은 바다에서 나오는 열이다.

② 열 에너지의 흡수나 방출은 대기나 물의 순환을 통해 이루어진다.

③ 저위도에서 고위도로 갈수록 기온이 올라간다.

④ 겨울마다 수증기가 증발하여 태풍이 만들어져 자주 올라온다.

15 다음은 고체, 액체, 기체의 변화과정을 나타낸 것이다. 다음 보기의 설명 중 옳은 것은?

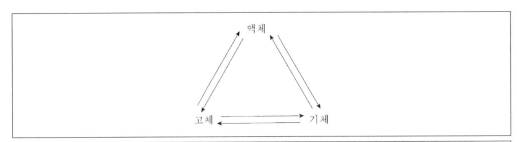

ⓐ 고체에서 기체로, 기체에서 고체로 승화된다.
ⓑ 기체에서 액체로 변할 때 잠열을 방출한다.
ⓒ 액체에서 고체로 변할 때 잠열을 흡수한다.

① ㉠   ② ㉢

③ ㉠㉡   ④ ㉡㉢

ADVICE

14 ① 기상현상의 에너지원은 태양 에너지이다.
② 열 에너지의 흡수나 방출은 대기나 물의 순환을 통해 이루어진다. (에너지 전환과정이다.)
③ 저위도에서 고위도로 갈수록 기온이 내려간다. 지구에 도달하는 태양 복사에너지는 저위도가 고위도가 더 많다.
④ 여름마다 수증기가 증발하여 태풍이 만들어져 자주 올라온다. 여름에 수증기의 증발이 더 많다.

15 ㉠ 고체에서 기체로, 기체에서 고체로 승화된다. (열을 흡수하거나, 방출할 때를 말한다.)
㉡ 기체에서 액체로 변할 때 잠열을 방출한다. (반대로 잠열을 흡수할 때는 액체가 기체로 변하는 과정이다.)
㉢ 액체에서 고체로 변할 때 잠열을 방출하고, 고체에서 액체로 변할 때는 잠열을 흡수한다.

답— 14.② 15.③

16 전동기의 활용사례로 옳지 않는 것은?

① 형광등   ② 컴퓨터

③ DVD   ④ 오디오

17 다음은 조명기구에 대한 설명이다. 다음 설명 중 옳은 것은?

① 백열전구는 에너지 효율이 좋기 때문에 앞으로도 계속 쓰일 예정이다.

② 형광등은 백열전구에 비해 효율이 안 좋다.

③ 발광 다이오드는 p-n 접합 다이오드에 전류를 흘려 빛을 발생한다.

④ 발광 다이오드는 형광등에 비해 에너지 효율이 떨어진다.

18 다음은 전열기에 대한 설명이다. 다음 설명 중 옳은 것은?

① 열 에너지를 전기 에너지로 바꾸는 장치이다.

② 헤어드라이어는 전류의 자기 작용을 이용한다.

③ 전기주전자는 열선의 열을 통해 물을 식힌다.

④ 전기난로는 발생하는 열로 인해 주위의 온도가 떨어진다.

ADVICE

16 전동기는 전류의 자기 작용을 활용하여 회전하는 운동을 하는 장치로써, 소형 가전제품이나 휴대전화 등이 이에 속한다.

17 ① 백열전구는 에너지 효율이 낮기 때문에 앞으로는 쓰이지 않고 사용이 금지되는 쪽으로 가고 있다.
② 형광등은 백열전구에 비해 효율이 좋다.
③ 발광 다이오드는 p-n 접합 다이오드에 전류를 흘려 빛을 발생한다. (양공과 전자를 형성하며 전위차를 이용한다.)
④ 발광 다이오드는 형광등에 비해 에너지 효율이 높고 앞으로 많이 사용될 것이다.

18 ① 전기 에너지를 열 에너지로 바꾸는 장치이다.
② 헤어드라이어는 전류의 자기 작용을 이용한다. (열선을 통해 전동기를 사용하여 따뜻한 바람을 생산한다.)
③ 전기주전자는 열선의 열을 통해 물을 따뜻하게 한다.
④ 전기난로는 발생하는 열로 인해 주위의 온도가 높아진다.

답— 16.① 17.③ 18.②

PART 02

화학

화학의 언어

1 하버-보슈 법에 관한 설명이다. 다음 설명 중 옳은 것은?

① 저압, 저온에서 잘 일어난다.

② 암모니아를 대량 생산할 수 있다.

③ 공기 중의 질소를 산소와 반응시킨다.

④ 질소 비료는 식량 생산을 하는데 있어 문제를 남겼다.

2 화석 연료에 대한 설명이다. 다음 설명 중 옳은 것은?

① 주성분 원소는 탄소와 수소이다.

② 석유는 화력 발전소의 연료가 된다.

③ 천연가스는 화학제품의 원료로 쓰인다.

④ 지구 온난화를 방지한다.

ADVICE

1 ① 고압, 고온에서 잘 일어난다.
   ② 암모니아를 대량 생산할 수 있다.(공업적으로 대량생산이 이루어짐으로써 획기적인 변화를 가지고 왔다.)
   ③ 공기 중의 질소를 수소와 반응시킨다.
   ④ 질소 비료는 식량 생산을 하는데 크게 이바지하였다.

2 ① 주성분 원소는 탄소와 수소이다.(지질 시대의 생물체가 오랫동안 묻혀서 생성되었다.)
   ② 석탄은 화력 발전소의 연료가 된다.
   ③ 석유는 화학제품의 원료로 쓰인다.
   ④ 지구 온난화를 가속화한다.

답 1.② 2.①

3 다음 보기의 설명 중 옳은 것은?

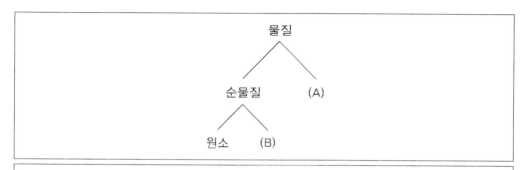

ㄱ (A)에는 소금물이나 공기 등이 포함된다.
ㄴ (B)에는 황산이나 에테인 등이 포함된다.
ㄷ 에탄은 원소이다.

① ㄱ   ② ㄷ
③ ㄱㄴ   ④ ㄱㄷ

4 다음 중 옳지 않은 것은?

① CH_4 – 메테인   ② H_2SO_4 – 황산

③ H_2O – 물   ④ NH_3 – 염산

3 ㄱ (A)에는 소금물이나 공기 등이 포함된다. ((A)는 혼합물이다.)
ㄴ (B)에는 황산이나 에테인 등이 포함된다. ((B)는 화합물이다.)
ㄷ 에탄은 화합물이다.

4 ① CH_4 – 메테인
② H_2SO_4 – 황산
③ H_2O – 물
④ NH_3 – 암모니아

답 – 3.③ 4.④

5 다음은 염화나트륨에 대한 그림이다. 다음 보기의 설명 중 옳은 것은?

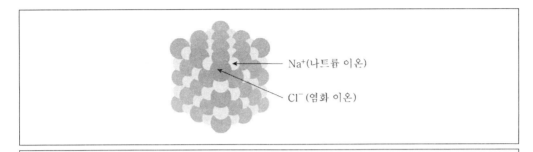

Na⁺(나트륨 이온)
Cl⁻(염화 이온)

⊙ 현재 분자로 존재하고 있다.
ⓛ 화학식으로는 NaCl로 표기할 수 있다.
ⓒ 규칙적으로 결합하고 있다.

① ⊙   ② ⓛ
③ ⊙ⓛ   ④ ⓛⓒ

6 다음은 화학식량에 대한 설명이다. 다음 설명 중 옳은 것은?

① 탄소를 기준으로 질량을 14로 정하고 있다.
② 원자의 절대적 질량으로 단위가 정해져 있다.
③ 원자번호가 같고 화학적 성질은 비슷하지만 질량이 다른 원소를 동위 원소라고 한다.
④ 실험식량은 최소 공배수의 비로 나타낸다.

ADVICE

5 ⊙ 현재 이온으로 존재하고 있다.
   ⓛ 화학식으로는 NaCl로 표기할 수 있다.
   ⓒ 규칙적으로 결합하고 있다.

6 ① 탄소를 기준으로 질량을 12로 정하고 있다.
   ② 원자의 상대적 질량으로 단위가 없다.
   ③ 원자번호가 같고 화학적 성질은 비슷하지만 질량이 다른 원소를 동위 원소라고 한다.
   ④ 실험식량은 간단한 정수비로 나타낸다.

답─ 5.④ 6.③

7 다음은 몰에 대한 개념이다. 다음 설명 중 옳은 것은?

① 6.02×10^{23}개의 입자수이다.

② 이온에는 적용되지 않는다.

③ 화합물 구성에 있어서는 적용하기 어렵다.

④ 몰과 질량, 부피와 관계를 적용하기 쉽지 않다.

※ 다음은 0℃, 1기압에서 이산화탄소 기체가 22.4L가 있다. 【8~11】

8 이산화탄소의 분자수는?

① 3.01×10^{23}개   ② 6.02×10^{23}개

③ 9.03×10^{23}개   ④ 12.04×10^{23}개

9 이산화탄소의 질량은?

① 11g   ② 22g

③ 33g   ④ 44g

ADVICE

7 ① 6.02×10^{23}개의 입자수이다.
② 이온에도 적용된다.
③ 화합물 구성에 있어서는 적용할 수 있다.
④ 몰과 질량, 부피와 관계를 적용할 수 있다.

8 ① 3.01×10^{23}개
② 6.02×10^{23}개 (CO_2는 1몰의 입자를 갖는다.)
③ 9.03×10^{23}개
④ 12.04×10^{23}개

9 ① 11g
② 22g
③ 33g
④ 44g (탄소는 12g, 산소는 16g이다.)

답 7.① 8.② 9.④

10 탄소의 몰수는?

① 1몰 ② 2몰

③ 3몰 ④ 4몰

11 산소의 질량은?

① 16g ② 24g

③ 32g ④ 40g

※ 다음은 0℃, 1기압에서 에테인 기체 11.2L가 있다. 【12~14】

12 에테인의 몰수는?

① 0.5몰 ② 1몰

③ 1.5몰 ④ 2몰

ADVICE

10 이산화탄소 1몰에는 탄소가 1몰 들어 있다.

11 이산화탄소 1몰에는 산소가 2몰 들어 있고, 산소 2몰의 질량은 16 + 16 = 32g이다.

12 ① 0.5몰(11.2L로써 22.4L에 비해 절반이 줄었다.)
② 1몰
③ 1.5몰
④ 2몰

답 10.① 11.③ 12.①

13 에테인의 질량은?

① 5g

② 10g

③ 15g

④ 20g

14 탄소 원자의 개수는?

① 3.01×10^{23}개

② 6.02×10^{23}개

③ 9.03×10^{23}개

④ 12.04×10^{23}개

15 다음 원소에 대한 불꽃 반응색으로 적절하지 않은 것은?

① 리튬-빨간색

② 칼륨-보라색

③ 나트륨-청록색

④ 스트론튬-붉은색

ADVICE

13 ① 5g
② 10g
③ 15g (에테인은 C_2H_6이다.)
④ 20g

14 에테인 0.56몰에 포함된 탄소의 몰수는 1몰이므로 1몰에 해당하는 입자 수인 6.02×10^{23}개이다.

15 ① 리튬-빨간색
② 칼륨-보라색
③ 나트륨-노란색
④ 스트론튬-붉은색

답- 13.③ 14.② 15.③

02 원자의 구조

1 다음 그림은 원자에 대한 그림이다. 다음 보기의 설명 중 옳은 것은?

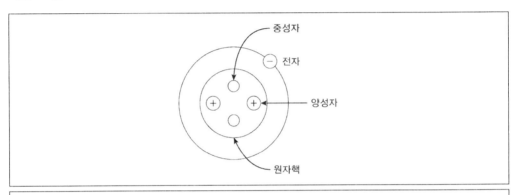

㉠ 양성자는 전하를 띠지 않는다.
㉡ 중성자는 그 원소의 원자 번호와 같다.
㉢ 전자는 전기적으로 중성에서는 양성자 수와 같다.

① ㉠　　　　　　　　　　　　　② ㉡
③ ㉢　　　　　　　　　　　　　④ ㉡㉢

1 ㉠ 중성자는 전하를 띠지 않는다.
　㉡ 양성자는 그 원소의 원자 번호와 같다.
　㉢ 전자는 전기적으로 중성에서는 양성자 수와 같다. (양성자와 전하량은 같고 부호는 반대이다.)

답 1.③

2 전자에 대한 설명이다. 다음 보기의 설명 중 옳은 것은?

> ㉠ (+)극에서 (−)극으로 흐르는 빛을 발견하고 음극선이라고 했다.
> ㉡ 톰슨은 음극선이 질량을 가지며 (−)전하를 띤 것을 발견하였다.
> ㉢ 톰슨은 안타깝게도 원자 모형을 발견하지 못했다.

① ㉠

② ㉡

③ ㉢

④ ㉠㉢

3 원자핵에 대한 설명이다. 다음 보기의 설명 중 옳은 것은?

> ㉠ α입자가 크게 휘어지거나 튕겨 나오는 현상을 보고 알게 되었다.
> ㉡ 원자 질량의 대부분을 차지하면서 크기가 매우 큰 입자이다.
> ㉢ 러더퍼드는 원자핵이 전자 주위를 돌고 있음을 알게 되었다.

① ㉠

② ㉡

③ ㉠㉡

④ ㉠㉢

ADVICE

2 ㉠ (−)극에서 (+)극으로 흐르는 빛을 발견하고 음극선이라고 했다.
　㉡ 톰슨은 음극선이 질량을 가지며 (−)전하를 띤 것을 발견하였다. (몇 가지 실험을 통하여 알아냈다.)
　㉢ 톰슨은 원자 모형을 제시하였다.

3 ㉠ α입자가 크게 휘어지거나 튕겨 나오는 현상을 보고 알게 되었다. (α입자의 산란 실험을 통해 알게 되었다.)
　㉡ 원자 질량의 대부분을 차지하면서 크기가 작은 입자이다.
　㉢ 러더퍼드는 전자가 원자핵 주위를 돌고 있음을 알게 되었다.

답— 2.② 3.①

4 양성자와 중성자에 대한 설명이다. 다음 보기의 설명 중 옳은 것은?

> ㉠ 양성자는 (−)전하를 띠고 있다.
> ㉡ 골트슈타인은 기체 방전관에서 양극선을 발견하였다.
> ㉢ 중성자는 전하를 띠고 있지 않다.

① ㉠
② ㉡
③ ㉠㉡
④ ㉡㉢

5 다음 그림은 원자 표시에 대한 것이다. 다음 설명 중 옳지 않은 것은?

① (A)는 질량수를 의미한다.
② (B)는 원자번호를 의미한다.
③ 이 원소는 탄소이다.
④ 동위 원소가 있다면 중성자 수가 달라져서 그렇다.

ADVICE

4 ㉠ 양성자는 (+)전하를 띠고 있다.
㉡ 골트슈타인은 기체 방전관에서 양극선을 발견하였다. ((+)전하를 가지고 있다.)
㉢ 중성자는 전하를 띠고 있지 않다. (채드윅은 베릴륨을 통해 발견하였다.)

5 ① (A)는 질량수를 의미한다.
② (B)는 원자번호를 의미한다.
③ 이 원소는 질소이다. (원자번호 7번이다.)
④ 동위 원소가 있다면 중성자 수가 달라져서 그렇다.

답 ─ 4.④ 5.③

6 다음은 원자핵과 전자에 대한 그림이다. 다음 보기의 설명 중 옳은 것은?

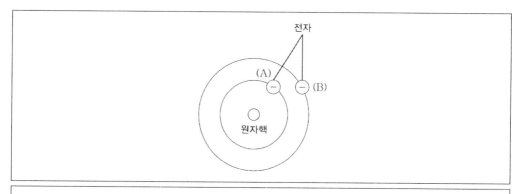

ⓖ (A)와 양성자 사이에는 전기적인 반발력이 작용한다.
ⓛ (A)와 (B) 사이에서는 전기적인 인력이 작용한다.
ⓒ 원자핵에 강한 핵력이 작용한다.

① ㉠

② ㉢

③ ㉠㉡

④ ㉡㉢

7 핵융합에 대한 설명이다. 다음 설명 중 옳은 것은?

① 단일의 원자핵이 스스로 커지며 무거운 원자핵이 되는 것이다.

② 태양에서 질소 양성자들의 핵융합으로 헬륨 원자핵이 형성된다.

③ 핵융합은 흡수되는 에너지이다.

④ 중심핵의 수소가 모두 소진되면 중력을 통한 수축이 일어난다.

ADVICE

6 ㉠ (A)와 양성자 사이에는 전기적인 인력이 작용한다.
㉡ (A)와 (B) 사이에서는 전기적인 반발력이 작용한다.
㉢ 원자핵에 강한 핵력이 작용한다. (원자핵을 구성하는 강한 힘이다.)

7 ① 2개 이상의 원자핵이 결합하여 무거운 원자핵이 되는 것이다.
② 태양에서 수소 양성자들의 핵융합으로 헬륨 원자핵이 형성된다.
③ 핵융합은 방출되는 에너지이다.
④ 중심핵의 수소가 모두 소진되면 중력을 통한 수축이 일어난다. (중심 온도가 상승한다.)

답— 6.② 7.④

8 원소의 기원과 생성 과정에 대한 설명이다. 다음 설명 중 옳은 것은?

① 원자가 가장 작은 단위이다.
② 우주가 따뜻해지면서 수소와 헬륨의 밀도가 증가했다.
③ 별 내부의 탄소의 융합을 통해 많은 원소들이 생성되었다.
④ 초신성 폭발을 통해 무거운 원소들이 나타났다.

9 다음 그림은 원자 모형의 변천 과정을 순서대로(A→B→C→D→E) 나타낸 것이다. 이에 대한 설명으로 옳지 않은 것은?

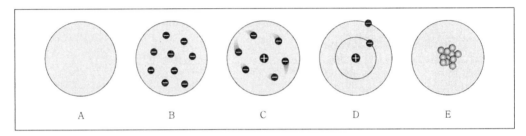

A   B   C   D   E

① A에서 B는 전자의 발견 때문이다.
② B에서 C는 원자핵의 발견 때문이다.
③ D 원자 모형은 수소원자의 선 스펙트럼을 잘 설명할 수 있다.
④ D에서 E는 양성자의 발견 때문이다.

ADVICE

8 ① 쿼크 입자가 발견되었다. 지금도 더 발견 중에 있다.
② 우주가 차가워지면서 수소와 헬륨의 밀도가 증가했다.
③ 별 내부의 수소의 융합을 통해 많은 원소들이 생성되었다.
④ 초신성 폭발을 통해 무거운 원소들이 나타났다.(철보다 무거운 원소들이 나왔다.)

9 돌턴(A) - 톰슨(B) - 러더퍼드(C) - 보어(D) - 현대(E)의 변천사를 거쳤다. E는 양자역학을 토대로 제시된 모형이다.

답—8.④ 9.④

10 다음은 보어의 원자 모형에 대한 그림이다. 다음 설명 중 옳은 것은?

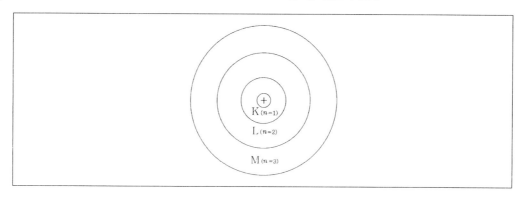

① 전자껍질의 에너지 준위는 주양자수 등으로 결정된다.

② 바닥상태는 에너지 준위가 가장 높을 때이다.

③ 전자가 다른 껍질로 전이될 때 에너지가 방출되거나 흡수된다.

④ 빛 에너지와 파장은 비례한다.

11 보어의 원자 모형과 수소 원자의 선 스펙트럼에 대한 보기의 설명 중 옳은 것은?

> ㉠ 선 스펙트럼은 전자가 에너지 준위가 높은 쪽으로 전이돼서 그렇다.
> ㉡ 수소 원자의 전자껍질이 가지고 있는 에너지 준위가 불연속적일수록 전자가 가지는 에너지는 연속적이다.
> ㉢ 수소 원자의 전이에 따른 스펙트럼 계열이 나타난다.

① ㉢   ② ㉠㉡

③ ㉠㉢   ④ ㉡㉢

ADVICE

10 ① 전자껍질의 에너지 준위는 주양자수만으로 결정된다.

② 바닥상태는 에너지 준위가 가장 낮을 때이다.

③ 전자가 다른 껍질로 전이될 때 에너지가 방출되거나 흡수된다. (두 전자 사이의 에너지 차이만큼 방출되거나 흡수된다.)

④ 빛 에너지와 파장은 반비례한다.

11 ㉠ 선 스펙트럼은 전자가 에너지 준위가 낮은 쪽으로 전이돼서 그렇다.

㉡ 수소 원자의 전자껍질이 가지고 있는 에너지 준위가 불연속적일수록 전자가 가지는 에너지는 불연속적이다.

㉢ 수소 원자의 전이에 따른 스펙트럼 계열이 나타난다. (라이먼, 발머, 파센 계열이 있다.)

답 — 10.③ 11.①

※ 다음은 오비탈에 대한 그림이다. 【12~13】

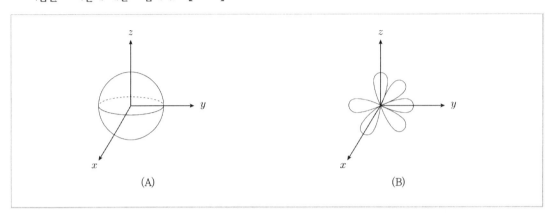

(A)   (B)

12 s오비탈에 대한 설명 중 옳은 것은?

① 아령 모양으로 나타난다.

② 방향과 연관되어 핵으로부터 거리가 같으면 전자가 존재할 확률이 있다.

③ 1s오비탈이 2s오비탈보다 크기가 작다.

④ 에너지 준위는 1s오비탈이 2s오비탈 보다 높다.

13 p오비탈에 대한 설명 중 옳은 것은?

① 구 모양으로 나타난다.

② 방향에 관계없이 핵으로부터 거리에 따라 전자가 있을 확률이 있다.

③ 3개의 오비탈이 존재한다.

④ 2p오비탈은 3p오비탈보다 에너지 준위가 높다.

ADVICE

12 ① 공 모양으로 나타난다.
② 방향과 관계없이 핵으로부터 거리가 같으면 전자가 존재할 확률이 있다.
③ 1s오비탈이 2s오비탈보다 크기가 작다. (모양은 같다.)
④ 에너지 준위는 1s오비탈이 2s오비탈보다 낮다.

13 ① 아령 모양으로 나타난다.
② 방향에 연관되어 핵으로부터 거리에 따라 전자가 있을 확률이 있다.
③ 3개의 오비탈이 존재한다. (L전자껍질부터 존재한다.)
④ 2p오비탈은 3p오비탈보다 에너지 준위가 낮다.

답— 12.③ 13.③

※ 다음은 바닥상태에서의 전자배치에 대한 그림이다. 【14~15】

	1S	2S
(A)	↑↓	↑↓

	1S	2S			
(B)	↑↓	↑↓	↑	↑	

14 파울리 배타 원리에 대한 보기의 설명으로 옳은 것은?

> ㉠ 1개의 오비탈에는 2개 이상의 전자가 채워질 수도 있다.
> ㉡ 스핀 방향이 서로 반대이다.
> ㉢ 전자가 3개 이상일 때 스핀 방향이 같아진다.

① ㉠   ② ㉡
③ ㉠㉢   ④ ㉡㉢

15 훈트 규칙에 대한 보기의 설명으로 옳은 것은?

> ㉠ 홀전자수가 적어지도록 전자가 채워진다.
> ㉡ 에너지 준위가 같으면 전자가 각 오비탈에 1개씩 먼저 배치된다.
> ㉢ 여러 개의 전자가 같이 들어가면 더욱 안정적으로 된다.

① ㉠   ② ㉡
③ ㉠㉡   ④ ㉡㉢

ADVICE

14 ㉠ 1개의 오비탈에는 2개 이상의 전자가 채워질 수 없다.
　　㉡ 스핀 방향이 서로 반대이다. (2개의 전자가 한 쌍을 이룬다.)
　　㉢ 전자가 3개 이상일 수 없다.

15 ㉠ 홀전자수가 많아지도록 전자가 채워진다.
　　㉡ 에너지 준위가 같으면 전자가 각 오비탈에 1개씩 먼저 배치된다. (전자 간의 반발력이 작아져 안정적으로 된다.)
　　㉢ 2개 전자가 같이 들어가면 더욱 안정적으로 된다.

답— 14.② 15.②

주기율과 주기적 성질

1 주기율에 대한 설명이다. 다음 설명 중 옳은 것은?

① 원소를 원자번호로 나열한다.

② 성질이 다른 원소가 주기적으로 나타난다.

③ 탄소는 원자번호가 5번이다.

④ 원자가 전자 수는 아무런 관련이 없다.

2 주기율의 발견과정에 대한 설명이다. 다음 설명 중 옳은 것은?

① 라부아지에는 성질이 비슷한 원소를 3개씩 묶었다.

② 되베라이너는 옥타브설을 주장하였다.

③ 멘델레예프는 최초의 주기율표를 만들었다.

④ 모즐리는 주기적 성질이 중성자와 관련이 있다는 것을 알게 되었다.

ADVICE

1 ① 원소를 원자번호로 나열한다.
② 성질이 비슷한 원소가 주기적으로 나타난다.
③ 탄소는 원자번호가 6번이다.
④ 원자가 전자 수는 원소의 화학적 성질에 영향을 준다.

2 ① 되베라이너는 성질이 비슷한 원소를 3개씩 묶었다.
② 뉼렌즈는 옥타브설을 주장하였다.
③ 멘델레예프는 최초의 주기율표를 만들었다.
④ 모즐리는 주기적 성질이 양성자와 관련이 있다는 것을 알게 되었다.

답— 1.① 2.③

3 주기율표의 주기에 대한 보기의 설명 중 옳은 것은?

> ㉠ 세로줄로 1 ~ 8주기까지 있다.
> ㉡ 같은 주기 원소는 전자껍질 수가 같다.
> ㉢ 화학적 성질이 비슷한 것끼리 배치했다.

① ㉠
② ㉡
③ ㉢
④ ㉡㉢

4 주기율표의 족에 대한 보기의 설명 중 옳은 것은?

> ㉠ 가로줄로 1 ~ 17족까지 존재한다.
> ㉡ 같은 족끼리는 화학적 성질이 서로 다르다.
> ㉢ 18족은 안정적 전자배치를 가지고 있다.

① ㉠
② ㉡
③ ㉢
④ ㉠㉡

ADVICE

3 ㉠ 가로줄로 1 ~ 7주기까지 있다.
　㉡ 같은 주기 원소는 전자껍질 수가 같다. (바닥상태부터 채워진 전자로 인해 그렇다.)
　㉢ 화학적 성질이 비슷한 것끼리 배치한 것은 족의 특성이다.

4 ㉠ 세로줄로 1 ~ 18족까지 존재한다.
　㉡ 같은 족끼리는 화학적 성질이 서로 비슷하다.
　㉢ 18족은 안정적 전자배치를 가지고 있다. (비활성 기체라고도 한다.)

답 3.② 4.③

주기＼족	1	2	3 ~ 12	13	14
1	H				
2	Li	Be		B	C
3	Na	Mg		Al	Si
4	K	Ca			
⋮					

5 알칼리 금속에 대한 보기의 설명 중 옳은 것은?

> ㉠ 양이온이 되기 쉽다.
> ㉡ 14족 원소들이 이에 속한다.
> ㉢ 전자를 얻는다.

① ㉠　　　　　　　　　　② ㉡

③ ㉢　　　　　　　　　　④ ㉡㉢

6 할로겐 원소에 대한 보기의 설명 중 옳은 것은?

> ㉠ 음이온이 되기 쉽다.
> ㉡ 2족 원소들이 이에 속한다.
> ㉢ 전기 전도성이 낮다.

① ㉠　　　　　　　　　　② ㉢

③ ㉠㉢　　　　　　　　　④ ㉡㉢

ADVICE

5 ㉠ 양이온이 되기 쉽다. (열전도성이나 전기 전도성이 우수하다.)
　㉡ 1족 원소들이 이에 속한다.
　㉢ 전자를 잃는다.

6 ㉠ 음이온이 되기 쉽다. (전자를 쉽게 얻는다.)
　㉡ 17족 원소들이 이에 속한다.
　㉢ 전기 전도성이 낮다. (열전도성도 낮다.)

답— 5.① 6.③

7 준금속 원소에 대한 보기의 설명 중 옳은 것은?

> ㉠ 금속보다 전기 전도성이 크다.
> ㉡ 금속과 비금속의 구분이 정확하지 않다.
> ㉢ 붕소는 최외각에 전자가 3개 존재한다.

① ㉠

② ㉡

③ ㉠㉢

④ ㉡㉢

8 원자 반지름에 대한 설명이다. 보기의 설명 중 옳은 것은?

> ㉠ 원자 껍질의 수가 원자 반지름에 영향을 준다.
> ㉡ 유효 핵전하가 클수록 원자 반지름이 작아진다.
> ㉢ 오비탈 모형에서 원자 크기를 정확히 잴 수 있게 되었다.

① ㉠

② ㉠㉡

③ ㉠㉢

④ ㉡㉢

ADVICE

7 ㉠ 금속보다 전기 전도성이 낮다.
㉡ 금속과 비금속의 구분이 정확하지 않다.
㉢ 붕소는 최외각에 전자가 3개 존재한다.

8 ㉠ 원자 껍질의 수가 원자 반지름에 영향을 준다. (전자와 핵 사이에 거리가 멀어진다.)
㉡ 유효 핵전하가 클수록 원자 반지름이 작아진다. (핵과 전자 사이에 전기적 인력이 증가한다.)
㉢ 오비탈 모형에서 원자 크기를 정확히 잴 수 없다.

답— 7.④ 8.②

9 다음은 원자 번호에 따른 원자가 전자 수에 대한 그림이다. 다음 보기의 설명 중 옳은 것은?

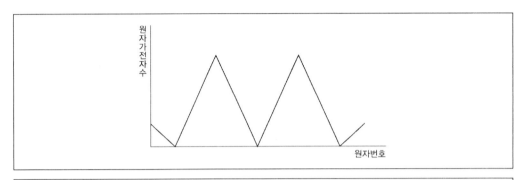

⊙ 같은 주기 내에서 원자번호가 커질수록 원자가 전자수가 증가한다.
⊙ 같은 족에서 원자번호가 커질수록 원자가 전자수가 증가한다.
⊙ 원자가 전자 수와 화학적 성질은 관련이 깊다.

① ⊙ ② ⊙
③ ⊙ ④ ⊙⊙

10 양이온과 음이온 반지름에 대한 설명으로 옳은 것은?

① 양이온의 반지름은 원자의 반지름보다 작다.
② 같은 족에서 원자 번호가 증가할수록 이온 반지름이 작아진다.
③ 음이온의 반지름은 원자의 반지름과 같다.
④ 같은 주기에서 양이온이 음이온보다 크다.

ADVICE

9 ⊙ 같은 주기 내에서 원자번호가 커질수록 원자가 전자수가 증가한다.
ⓛ 같은 족에서 원자번호가 커져도 원자가 전자수는 변하지 않는다.
ⓒ 원자가 전자 수와 화학적 성질은 관련이 깊다.

10 ① 양이온의 반지름은 원자의 반지름보다 작다. (전자를 내어 주는 것이 쉽다.)
② 같은 족에서 원자 번호가 증가할수록 이온 반지름이 커진다.
③ 음이온의 반지름은 원자의 반지름보다 크다.
④ 같은 주기에서 양이온이 음이온보다 작다.

답— 9.④ 10.①

11 전자 수가 같은 이온의 이온 반지름에 대한 설명으로 옳은 것은?

① 전자수가 같은 양이온과 음이온은 양성자수가 같다.
② 전자수가 같은 양이온과 음이온은 원소의 주기가 같다.
③ 전자배치는 불안정성을 향해 나아간다.
④ 원자 번호가 클수록 이온 반지름이 작아진다.

12 이온화 에너지 변화에 대한 보기의 설명 중 옳은 것은?

> ㉠ 전자 1개를 넣는데 필요한 에너지이다.
> ㉡ 이온화 에너지가 클수록 전자를 떼어내기 어려워진다.
> ㉢ 이온화 에너지가 작을수록 음이온이 되기 쉬워진다.

① ㉠   ② ㉡
③ ㉠㉢   ④ ㉡㉢

ADVICE

11 ① 전자수가 같은 양이온과 음이온은 양성자수가 같지 않다.
　② 전자수가 같은 양이온과 음이온은 원소의 주기가 같지 않다.
　③ 전자배치는 안정성을 향해 나아간다.
　④ 원자 번호가 클수록 이온 반지름이 작아진다. (전기적 인력이 커지기 때문이다.)

12 ㉠ 전자 1개를 떼어내는데 필요한 에너지이다.
　㉡ 이온화 에너지가 클수록 전자를 떼어내기 어려워진다. (전기적 인력이 높기 때문이다.)
　㉢ 이온화 에너지가 작을수록 양이온이 되기 쉬워진다.

답— 11.④ 12.②

13 순차적 이온화 에너지에 대한 보기의 설명으로 옳은 것은?

> ㉠ 전자 여러 개를 한 번에 떼어내는데 필요한 에너지이다.
> ㉡ 전자를 떼어낼수록 전자의 수가 증가한다.
> ㉢ 에너지 값이 급격하게 증가하는 지점이 있다.

① ㉡   ② ㉢

③ ㉠㉢   ④ ㉡㉢

14 다음은 원자 반지름과 이온 반지름을 비교한 그림이다. 다음 보기의 설명 중 옳은 것은?

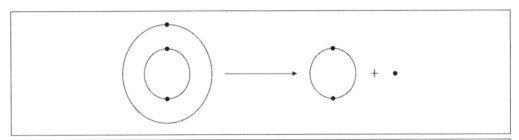

> ㉠ 다른 족들에 비해 이온화 에너지가 낮은 편이다.
> ㉡ 알칼리 금속에 속한다.
> ㉢ 원소는 마그네슘이다.

① ㉡   ② ㉢

③ ㉠㉡   ④ ㉠㉢

ADVICE

13 ㉠ 전자 한 개를 하나씩 떼어내는데 필요한 에너지이다.
    ㉡ 전자를 떼어낼수록 전자의 수가 감소한다.
    ㉢ 에너지 값이 급격하게 증가하는 지점이 있다. (안정성을 원하기 때문이다.)

14 ㉠ 다른 족들에 비해 이온화 에너지가 낮은 편이다. (양이온이 되기 쉽다.)
    ㉡ 알칼리 금속에 속한다. (1족 원소이다.)
    ㉢ 원소는 리튬이다.

답— 13.② 14.③

15 다음은 이온화 에너지에 대한 그림이다. 다음 보기의 설명 중 옳은 것은?

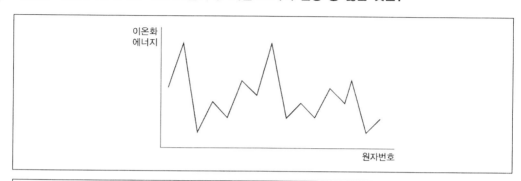

> ㉠ 같은 족에서는 원자 번호가 높아질수록 이온화 에너지가 감소한다.
> ㉡ 같은 주기에서는 원자 번호가 낮아질수록 이온화 에너지가 감소한다.
> ㉢ 족이나 주기에서 원자 번호가 높아질수록 주기적 특성이 없어진다.

① ㉡　　　　　　　　　　　② ㉢
③ ㉠㉡　　　　　　　　　　④ ㉠㉡㉢

16 다음은 원자 반지름의 주기적 변화에 대한 것이다. 다음 보기의 설명 중 옳은 것은?

> ㉠ 전자껍질로 인해 나트륨보다 리튬의 반지름이 더 크다.
> ㉡ 전자의 유효 핵전하로 인해 베릴륨보다 붕소가 반지름이 더 작다.
> ㉢ 붕소보다 알루미늄의 반지름이 더 크다.

① ㉡　　　　　　　　　　　② ㉢
③ ㉡㉢　　　　　　　　　　④ ㉠㉡㉢

ADVICE

15 ㉠ 같은 족에서는 원자 번호가 높아질수록 이온화 에너지가 감소한다. (전자껍질 수가 증가한다.)
　　㉡ 같은 주기에서는 원자 번호가 낮아질수록 이온화 에너지가 감소한다. (전자수가 작아져 전기적 인력이 감소한다.)
　　㉢ 족이나 주기에서 주기적 특성이 있다.

16 ㉠ 전자껍질로 인해 리튬보다 나트륨의 반지름이 더 크다.
　　㉡ 같은 주기에서 양성자 수가 늘어나면 유효 핵전하도 커진다. 원자 반지름은 반비례해 작아지므로 베릴륨보다 붕소가 반지름이 더 작다.
　　㉢ 붕소보다 알루미늄의 반지름이 더 크다. (전자껍질로 인한 반지름 차이가 있다.)

답 ― 15.③　16.③

17 다음 그림을 통해 보기의 설명 중 옳은 것은?

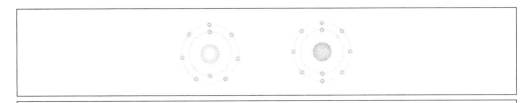

    ㉠ (A)는 산소이다.
    ㉡ (B)는 굉장히 안정적이다.
    ㉢ (A)는 음이온이 되기 쉽다.

① ㉠   ② ㉢
③ ㉠㉢   ④ ㉡㉢

18 다음은 원자의 전자배치를 나타낸 그림이다. 다음 보기의 설명 중 옳은 것은?

    ㉠ (A)는 양이온이 되기 쉽다.
    ㉡ (B)는 규소이다.
    ㉢ (A)의 이온 반지름이 (B)의 이온 반지름보다 작다.

① ㉠   ② ㉡
③ ㉠㉢   ④ ㉡㉢

ADVICE

17 ㉠ (A)는 플루오르이다.
    ㉡ (B)는 굉장히 안정적이다. ((B)는 Ne이다.)
    ㉢ (A)는 음이온이 되기 쉽다. (할로젠 원소이다.)

18 ㉠ (A)는 양이온이 되기 쉽다. ((A)는 나트륨이고, 1족 원소이다.)
    ㉡ (B)는 염소이다.
    ㉢ (A)의 이온 반지름이 (B)의 이온 반지름보다 작다. ((A)는 전자를 잃고 (B)는 전자를 얻는다.)

답 17.④ 18.③

19 전기음성도에 대한 설명 중 옳은 것은?

① 결합이 깨진 원자가 전자쌍을 끌어당기는 정도이다.

② 모든 족에서 전기음성도를 측정할 수 있다.

③ 산소의 전기음성도는 3.5이다.

④ 질소의 전기음성도가 가장 크다.

20 전기 음성도의 주기적 변화에 대한 보기의 설명 중 옳은 것은?

> ㉠ 같은 족에서는 원자 번호가 감소할수록 전기 음성도는 증가한다.
> ㉡ 같은 주기에서는 원자 번호가 감소할수록 전기 음성도는 감소한다.
> ㉢ 플루오르로 갈수록 전기 음성도는 감소한다.

① ㉡

② ㉢

③ ㉠㉡

④ ㉡㉢

ADVICE

19 ① 결합한 원자가 전자쌍을 끌어당기는 정도이다.
　② 18족을 제외하고 전기음성도를 측정할 수 있다.
　③ 산소의 전기음성도는 3.5이다. (플루오르가 4.0으로 가장 크다.)
　④ 플루오르가 전기음성도가 가장 크다.

20 ㉠ 같은 족에서는 원자 번호가 감소할수록 전기 음성도는 증가한다.
　㉡ 같은 주기에서는 원자 번호가 감소할수록 전기 음성도는 감소한다.
　㉢ 플루오르로 갈수록 전기 음성도는 증가한다.

답— 19.③ 20.③

화학 결합

1 탄소의 동소체 구조에 대한 설명으로 옳은 것은?

① 다이아몬드 구조는 층상 구조로 되어 있다.

② 흑연은 정사면체 모양의 그물 구조이다.

③ 풀러렌은 삼각형과 사각형으로 이루어진 모양이다.

④ 탄소 나토튜브는 원통형 구조를 지닌다.

2 다음 빈 칸에 들어갈 용어로 적절하지 않은 것은?

> 탄소 원자의 결합 상태에 따라 (A)과 (B)을 갖는 다양한 형태를 지닌다. 탄소 원자는 원자가 전자 수가 (C)개 이며 탄소 원자만으로 구성된 (D)가 존재한다.

① A－대칭성   ② B－규칙성

③ C－6개   ④ D－동소체

ADVICE

1 ① 흑연 구조는 층상 구조로 되어 있다.
② 다이아몬드는 정사면체 모양의 그물 구조이다.
③ 풀러렌은 오각형과 육각형으로 이루어진 모양이다.
④ 탄소 나토튜브는 원통형 구조를 지닌다. (벌집 모양으로 길게 나열되어 있다.)

2 탄소 원자의 결합 상태에 따라 (대칭성)과 (규칙성)을 갖는 다양한 형태를 지닌다. 탄소 원자는 원자가 전자 수가 (4)개이며 탄소 원자만으로 구성된 (동소체)가 존재한다.

답－ 1.④ 2.③

3 그래핀에 대한 설명이다. 다음 설명 중 옳은 것은?

① 저온에서 투명 테이프를 통해 흑연에서 발견하였다.

② 2차 평면 구조를 지니고 있다.

③ 아직까지 화학적으로 불안정하다.

④ 전기 전도성을 잃기 쉽다.

4 다음은 DNA에 대한 그림이다. 다음 설명 중 옳은 것은?

① 수소 결합을 통한 이중 나선 구조를 이루고 있다.

② 유전자 정보가 염기쌍 바깥쪽에 위치한다.

③ 아데닌은 구아닌과 결합하고 있다.

④ 복제가 쉽지 않다.

ADVICE

3 ① 상온에서 투명 테이프를 통해 흑연에서 발견하였다.
② 2차 평면 구조를 지니고 있다. (육각형의 벌집 모양으로 나열되어 있다.)
③ 물리, 화학적으로 안정하다.
④ 전기 전도성을 잘 유지한다.

4 ① 수소 결합을 통한 이중 나선 구조를 이루고 있다.
② 유전자 정보가 염기쌍 안쪽에 위치한다.
③ 아데닌은 티민과 결합하고 있다.
④ 복제가 잘 이루어진다.

답— 3.② 4.①

5 다음 이온 결합에 대한 설명으로 옳지 않은 것을 고르면?

① 구성 입자들은 규칙적으로 배열하여 결정을 이룬다.

② 녹는점과 끓는점이 높아 상온에서 고체 상태로 존재한다.

③ 양이온의 총 전하량과 음이온의 총 전하량이 같아지도록 결합한다.

④ 이온 결합 화합물은 충격에 의해 쉽게 깨지고 물에 녹아도 전류가 흐르지 않는다.

6 공유 결합과 전자에 대한 설명이다. 다음 설명 중 옳은 것은?

① 전기 전도성이 크다.

② 비금속과 금속 원소 사이에서 결합한다.

③ 공유 결합 물질로는 물과 이산화탄소 등이 있다.

④ 공유 결합에는 전자가 관여하기 힘들다.

7 물의 전기 분해에 대한 설명이다. 다음 보기의 설명 중 옳은 것은?

> ⊙ (+)극에서는 수소 기체가 발생한다.
> ⓒ (−)극에서는 산소 기체가 발생한다.
> ⓒ 결합을 할 시에 전자가 관여한다.

① ⊙   ② ⓒ
③ ⓒ   ④ ⓒⓒ

ADVICE

5 ④ 이온 결합 화합물이 물에 녹으면 양이온과 음이온으로 나뉘어 전류가 흐른다.

6 ① 전기 전도성이 없다.
② 비금속과 비금속 원소 사이에서 결합한다.
③ 공유 결합 물질로는 물과 이산화탄소 등이 있다. (원자 사이에 전자를 공유하게 된다.)
④ 공유 결합에는 전자가 관여한다.

7 ⊙ (+)극에서는 산소 기체가 발생한다.
ⓒ (−)극에서는 수소 기체가 발생한다.
ⓒ 결합을 할 시에 전자가 관여한다.

답— 5.④ 6.③ 7.③

※ 다음은 옥텟규칙에 따른 전자배치의 그림이다. 【8~9】

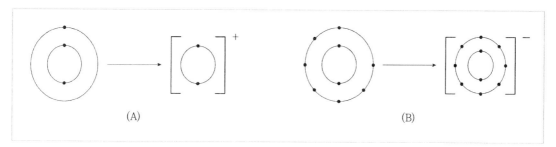

(A)   (B)

8 다음 보기의 설명 중 옳은 것은?

> ㉠ (A)는 헬륨과 전자배치가 같아진다.
> ㉡ (B)는 아르곤과 전자배치가 같아진다.
> ㉢ 안정화되려는 경향을 가진다.

① ㉠   ② ㉡

③ ㉢   ④ ㉠㉢

8   ㉠ (A)는 헬륨과 전자배치가 같아진다. ((A)는 리튬이고 안정적으로 되려는 경향성이 있다.)
    ㉡ (B)는 플루오르이고 네온과 전자배치가 같아진다.
    ㉢ 안정화되려는 경향을 가진다.

답 8.④

9 이를 통해 알 수 있는 사실은?

> ㉠ 모든 18족 원소들의 바깥쪽 원소들은 전자가 8개이다.
> ㉡ 옥텟규칙은 이온, 공유 결합시에 중요한 지침이 된다.
> ㉢ 비활성 기체는 불안정하다.

① ㉠　　　　　　　　　　　　② ㉡

③ ㉢　　　　　　　　　　　　④ ㉠㉡

10 양이온의 형성에 대한 보기의 설명 중 옳은 것은?

> ㉠ 원자가 전자를 잃는다.
> ㉡ 전자를 잃고 불안정한 상태가 된다.
> ㉢ 1족 원소들에서 잘 나타난다.

① ㉠　　　　　　　　　　　　② ㉠㉡

③ ㉠㉢　　　　　　　　　　　④ ㉡㉢

─────────────── ADVICE ───────────────

9 ㉠ 대부분의 18족 원소들의 바깥쪽 원소들은 전자가 8개이지만, 헬륨은 2개이다.
　　㉡ 옥텟규칙은 이온, 공유 결합시에 중요한 지침이 된다.
　　㉢ 비활성 기체는 안정하다.

10 ㉠ 원자가 전자를 잃는다. (양이온이 되기 쉽다.)
　　㉡ 전자를 잃고 안정한 상태가 된다.
　　㉢ 1족 원소들에서 잘 나타난다. (알칼리 원소들에서 잘 일어난다.)

답— 9.② 10.③

11 음이온의 형성에 대한 보기의 설명 중 옳은 것은?

> ⊙ 15족 원소들에게서 잘 드러난다.
> ⓒ 원자가 전자를 얻는다.
> ⓔ 전자를 얻고 안정적인 상태가 된다.

① ⓒ   ② ⊙ⓒ
③ ⊙ⓔ   ④ ⓒⓔ

12 다음은 이온 결합에 대한 그림이다. 다음 보기의 설명 중 옳은 것은?

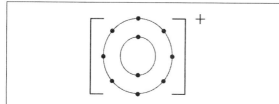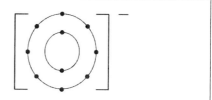

> ⊙ 금속원소와 금속원소 사이에서 발생한다.
> ⓒ 전기적 반발력에 의해 생성된다.
> ⓔ 그림은 나트륨과 플루오르 사이에서 발생했다.

① ⓔ   ② ⊙ⓒ
③ ⊙ⓔ   ④ ⓒⓔ

---

11 ⊙ 17족 원소들에게서 잘 드러난다.
　　ⓒ 원자가 전자를 얻는다. (음이온이 되기 쉽다.)
　　ⓔ 전자를 얻고 안정적인 상태가 된다. (할로젠 원소들에서 일어나기 쉽다.)

12 ⊙ 금속원소와 비금속원소 사이에서 발생한다.
　　ⓒ 전기적 인력에 의해 생성된다.
　　ⓔ 그림은 나트륨과 플루오르 사이에서 발생했다.

답— 11.④ 12.①

13 이온 결합 물질의 화학식과 이름에 대한 설명 중 옳은 것은?

① 양이온은 '~화 이온'이라고 부른다.

② 음이온은 '~이온'이라고 부른다.

③ 이온 결합 물질은 총 전하량이 0이다.

④ 평면구조로 서로를 둘러싸고 있다.

14 다음 이온식과 이름으로 적절한 것은?

① 리튬 이온-Li^-

② 염화 이온-Cl^+

③ 칼륨 이온-K^-

④ 마그네슘 이온-Mg^{2+}

15 다음 화합물의 이름과 화학식이 적절하지 않은 것은?

① 이산화탄소-CO_2

② 염화나트륨-$NaCl$

③ 질산은-$AgNO_3$

④ 탄산칼슘-$CaCO_2$

ADVICE

13 ① 음이온은 '~화 이온'이라고 부른다.

② 양이온은 '~이온'이라고 부른다.

③ 이온 결합 물질은 총 전하량이 0이다. (양이온과 음이온의 총 전하량의 총합이다.)

④ 입체구조로 서로를 둘러싸고 있다.

14 ① 리튬 이온-Li^+

② 염화 이온-Cl^-

③ 칼륨 이온-K^+

④ 마그네슘 이온-Mg^{2+}

15 ① 이산화탄소-CO_2

② 염화나트륨-$NaCl$

③ 질산은-$AgNO_3$

④ 탄산칼슘-$CaCO_3$

답— 13.③ 14.④ 15.④

16 이온 결합 물질의 성질에 대한 설명으로 옳은 것은?

① 결정이 쉽게 부서지는 편이다.

② 물에 잘 녹지 않는 편이다.

③ 녹는점과 끓는점이 낮다.

④ 고체 상태에서 전기 전도성이 크다.

17 공유 결합의 형성에 대한 설명이다. 다음 보기의 설명 중 옳은 것은?

> ㉠ 금속원소의 전자쌍을 서로 공유한다.
> ㉡ 질소 분자는 삼중 결합을 하고 있다.
> ㉢ 결합을 통해 안정적으로 되려고 한다.

① ㉡

② ㉠㉡

③ ㉡㉢

④ ㉠㉡㉢

ADVICE

16 ① 결정이 쉽게 부서지는 편이다. (이온들 사이에 반발력이 크다.)

② 물에 잘 녹는 편이다.

③ 녹는점과 끓는점이 높다.

④ 액체 상태에서 전기 전도성이 크다.

17 ㉠ 비금속원소의 전자쌍을 서로 공유한다.

㉡ 질소 분자는 삼중 결합을 하고 있다.

㉢ 결합을 통해 안정적으로 되려고 한다. (안정성을 원한다.)

답— 16.① 17.③

※ 다음은 공유 결합의 표시에 대한 그림이다. 【18~19】

$$:\overset{\cdot\cdot}{\underset{\cdot\cdot}{F}}:\overset{\cdot\cdot}{\underset{\cdot\cdot}{F}}:$$
(A)

$$H:\overset{\cdot\cdot}{\underset{\cdot\cdot}{F}}:$$
(B)

18 다음 보기의 설명 중 옳은 것은?

ㄱ (A)의 구조식은 F-F이다.
ㄴ (B)의 공유전자쌍은 두 쌍이다.
ㄷ 루이스 점자점식을 따른다.

① ㄴ
② ㄷ
③ ㄱㄷ
④ ㄱㄴㄷ

19 이를 통해 공유 결합 물질의 성질로 옳은 것은?

① 대부분 원자 상태로 존재한다.
② 녹는점이 굉장히 높다.
③ 끓는점이 낮은 편이다.
④ 전기 전도성이 크다.

─────────────── ADVICE ───────────────

18 ㄱ (A)의 구조식은 F-F이다. (단일 결합으로 이루어져 있다.)
ㄴ (B)의 공유전자쌍은 한 쌍이다.
ㄷ 루이스 점자점식을 따른다. (원소 주위의 전자를 점으로 표시한다.)

19 ① 대부분 분자 상태로 존재한다.
② 녹는점이 낮다.
③ 끓는점이 낮은 편이다. (분자 사이의 인력이 약한 편이다.)
④ 전기 전도성이 없다.

답— 18.③ 19.③

20 이온 결합 물질과 공유 결합 물질을 비교한 것이다. 다음 보기의 설명 중 옳은 것은?

> ㉠ 이온 결합 물질은 전기적 인력이 작용한다.
> ㉡ 공유 결합 물질은 분자 사이의 인력이 강한 편이다.
> ㉢ 이온 결합 물질은 공유 결합 물질에 비해 녹는점과 끓는점이 높은 편이다.

① ㉠   ② ㉢

③ ㉠㉡   ④ ㉠㉢

ADVICE

20 ㉠ 이온 결합 물질은 전기적 인력이 작용한다. (양이온과 음이온으로 구성되어 있다.)
㉡ 공유 결합 물질은 분자 사이의 인력이 약한 편이다.
㉢ 이온 결합 물질은 공유 결합 물질에 비해 녹는점과 끓는점이 높은 편이다. (전기적 인력이 작용한다.)

🅐— 20.④

분자의 구조

※ 다음 그림은 전자쌍 배열에 대한 것이다. 【1~2】

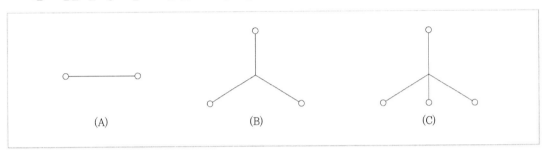

1 다음 보기의 설명 중 옳은 것은?

> ㉠ (A)에는 수소 분자가 속한다.
> ㉡ (B)는 전자쌍의 반발력이 가장 크다.
> ㉢ (C)는 정사면체 모양을 하고 있다.

① ㉠　　　　　　　　　　　② ㉡
③ ㉢　　　　　　　　　　　④ ㉠㉢

ADVICE

1 ㉠ (A)에는 수소 분자가 속한다. ((A)는 직선형 구조이다.)
　 ㉡ (B)는 평면 삼각형 구조이고 전자쌍의 반발력은 최소화되어 있다.
　 ㉢ (C)는 정사면체 모양을 하고 있다. ((C)는 안정화되어 있다.)

답— 1.④

2 이를 통해 알 수 있는 사실은?

① 안정해지려는 구조로 이루어져 있다.

② 전자쌍 대부분은 (+)전하를 가지고 있다.

③ 전자쌍 수에 관계없이 배열은 같다.

④ 전자쌍들은 가능한 한 가까이 있으려고 한다.

※ 다음은 분자 구조에 대한 그림이다. 【3~5】

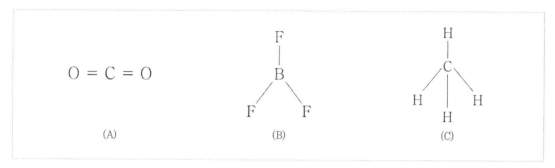

(A)   (B)   (C)

3 (A)에 대한 보기의 설명 중 옳은 것은?

> ㉠ 물이나 에탄올이 이런 구조를 가진다.
> ㉡ 직선형 구조를 가지며 안정성을 띤다.
> ㉢ 전자쌍 사이의 거리는 가까워지기 위해 노력한다.

① ㉠   ② ㉡

③ ㉢   ④ ㉠㉡

ADVICE

2 ① 안정해지려는 구조로 이루어져 있다. (전자쌍 반발력의 최소화를 위해서이다.)
② 전자쌍 대부분은 (−)전하를 가지고 있다.
③ 전자쌍 수에 따라 배열은 달라진다.
④ 전자쌍들은 가능한 서로 멀리 있으려고 한다.

3 ㉠ 물이나 에탄올은 직선형 구조를 가지지 않는다.
㉡ 직선형 구조를 가지며 안정성을 띤다. (180의 각도를 가진다.)
㉢ 전자쌍 사이의 거리는 멀어지기 위해 노력한다.

답— 2.① 3.②

4 (B)에 대한 보기의 설명 중 옳은 것은?

> ㉠ 산소나 질소 분자가 이에 속한다.
> ㉡ 전자쌍의 반발력이 강하다.
> ㉢ 평면 삼각형 구조를 지니고 있다.

① ㉠   ② ㉡
③ ㉢   ④ ㉡㉢

5 (C)에 대한 보기의 설명 중 옳은 것은?

> ㉠ 중심 원자에 비공유 전자쌍이 존재하지 않는다.
> ㉡ 정사각뿔 구조를 지니고 있다.
> ㉢ 각 원자의 성질에 따라 결합각이 약간씩 달라질 수도 있다.

① ㉠   ② ㉡
③ ㉠㉢   ④ ㉡㉢

ADVICE

4 ㉠ 산소나 질소 분자는 직선형에 속한다.
　 ㉡ 전자쌍의 반발력이 최소화되어 있다.
　 ㉢ 평면 삼각형 구조를 지니고 있다. (전자쌍의 반발력이 최소화되기 위한 구조를 지닌다.)

5 ㉠ 중심 원자에 비공유 전자쌍이 존재하지 않는다.
　 ㉡ 정사면체 구조를 지니고 있다.
　 ㉢ 각 원자의 성질에 따라 결합각이 약간씩 달라질 수도 있다.

답— 4.③ 5.③

6 분자 구조의 예측에 대한 설명으로 옳은 것은?

① 전자쌍 반발을 통한 결합각을 예상하기란 어렵다.
② 비공유 전자쌍에 따른 삼각뿔이나 굽은형 모양이 있을 수 있다.
③ 중심 원자의 종류를 몰라도 예측이 가능하다.
④ 비공유 전자쌍 수와는 관계가 없다.

7 공유 결합과 전기 음성도에 대한 설명이다. 다음 설명 중 옳은 것은?

① 산소를 기준으로 하여 상대적으로 비교한다.
② 같은 족에서는 원자 번호가 작아질수록 전기 음성도는 작아진다.
③ 전기 음성도가 크면 공유 전자쌍을 강하게 당긴다.
④ 전기 음성도가 작을수록 공유 전자쌍이 더욱 치우친다.

8 쌍극자 모멘트에 대한 설명이다. 다음 설명 중 옳은 것은?

① 전기 음성도가 작은 쪽으로 화살표 표시를 한다.
② 전하량과 두 전하 사이의 결합각의 곱으로 나타낸다.
③ 극성의 크기 정도를 나타낸다.
④ 전기 음성도가 상대적으로 큰 값을 (+)로 나타낸다.

ADVICE

6 ① 전자쌍 반발을 통한 결합각을 예측할 수 있다.
② 비공유 전자쌍에 따른 삼각뿔이나 굽은형 모양이 있을 수 있다. (전자쌍 반발의 원리를 따른다.)
③ 중심 원자의 종류를 알아야 예측이 가능하다.
④ 비공유 전자쌍 수와 관계가 있다.

7 ① 플루오르를 기준으로 하여 상대적으로 비교한다.
② 같은 족에서는 원자 번호가 작아질수록 전기 음성도는 커진다.
③ 전기 음성도가 크면 공유 전자쌍을 강하게 당긴다. (공유 결합을 한 원자가 공유 전자쌍을 끌어당기는 척도이다.)
④ 전기 음성도가 클수록 공유 전자쌍이 더욱 치우친다.

8 ① 전기 음성도가 큰 쪽으로 화살표 표시를 한다.
② 전하량과 두 전하 사이의 거리의 곱으로 나타낸다.
③ 극성의 크기 정도를 나타낸다. (극성 분자에서 알 수 있다.)
④ 전기 음성도가 상대적으로 큰 값을 (−)로 나타낸다.

답 6.② 7.③ 8.③

9 다음은 결합의 극성에 대한 그림이다. 다음 보기의 설명 중 옳은 것은?

H – Br   F – F

(A)   (B)

㉠ (A)는 극성결합의 형태를 띠고 있다.
㉡ (B)는 불안정한 상태에 있다.
㉢ 전기 음성도 차이가 작아질수록 (A)와 같은 형태가 된다.

① ㉠   ② ㉢
③ ㉠㉢   ④ ㉡㉢

10 다음 그림은 100개 이상의 아미노산으로 구성된 어떤 폴리펩타이드의 구조이다. 이 폴리펩타이드에 대한 설명으로 옳지 않은 것은?

$$R_1 \quad R_2 \quad R_{n-1} \quad R_n$$

㉠ H | H | H | H |
H–N–C–C–N–C–C–N–C–C–N–C–OH
H O H O H O H O ㉡

① 펩타이드 결합으로 연결되어 있다.
② ㉠은 아미노기, ㉡은 카복시기이다.
③ 아미노산의 배열에 따라 기능이 결정된다.
④ 소화효소에 의해 아미노산으로 분해되면 물이 생성된다.

ADVICE

9 ㉠ (A)는 극성결합의 형태를 띠고 있다. (전기 음성도가 서로 다르다.)
㉡ (B)는 안정한 상태에 있다.
㉢ 전기 음성도 차이가 작아질수록 (B)와 같은 형태가 된다.

10 두 개의 아미노산이 펩티드 결합을 통해서 물이 생성된다.

답— 9.① 10.④

※ 다음 그림은 무극성 분자와 극성 분자에 대한 것이다. 【11~12】

(A)

(B)

11 다음 보기의 설명 중 옳은 것은?

> ㉠ (A)와 같은 분자에는 암모니아와 같은 것들이 있다.
> ㉡ (B)는 극성 분자이다.
> ㉢ 쌍극자 모멘트를 통해 극성과 무극성 분자를 알아낼 수 있다.

① ㉡
② ㉢
③ ㉠㉢
④ ㉡㉢

12 무극성 분자와 극성 분자의 특징에 대한 보기의 설명 중 옳은 것은?

> ㉠ 극성 분자는 무극성 분자에 잘 녹는다.
> ㉡ 무극성 분자는 극성 분자에 비해 녹는점과 끓는점이 낮은 편이다.
> ㉢ 극성 분자는 전기적 성질이 없다.

① ㉡
② ㉠㉡
③ ㉠㉢
④ ㉡㉢

ADVICE

11 ㉠ (A)와 같은 분자는 무극성 분자이고, 암모니아는 극성 분자이다.
　㉡ (B)는 극성 분자이다.
　㉢ 쌍극자 모멘트를 통해 극성과 무극성 분자를 알아낼 수 있다.

12 ㉠ 극성 분자는 극성 분자에 잘 녹는다.
　㉡ 무극성 분자는 극성 분자에 비해 녹는점과 끓는점이 낮은 편이다. (극성 분자는 원자 사이의 인력이 있다.)
　㉢ 극성 분자는 전기적 성질이 있어 음전하와 양전하가 각각 (−)극와 (+)극 사이로 배열한다.

답— 11.④ 12.①

13 탄소 화합물의 다양성에 대한 보기의 설명 중 옳은 것은?

> ㉠ 탄소 원자 하나에 최대 5개까지 결합할 수 있다.
> ㉡ 화합물의 종류가 굉장히 드문 편이다.
> ㉢ 산소나 질소 등과 공유 결합을 이룰 수 있다.

① ㉠　　　　　　　　　　　　② ㉡
③ ㉢　　　　　　　　　　　　④ ㉡㉢

14 다음은 탄화수소의 분류에 대한 그림이다. 다음 보기의 설명 중 옳은 것은?

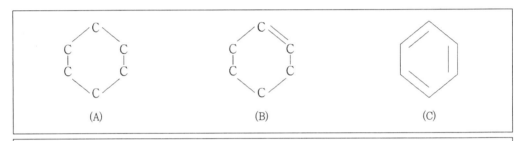

> ㉠ (A)는 사이클로헥세인이다.
> ㉡ (B)는 사이클로펜탄이다.
> ㉢ (C)는 1.5중 결합이라고도 불리며 벤젠을 나타내고 있다.

① ㉠　　　　　　　　　　　　② ㉡
③ ㉢　　　　　　　　　　　　④ ㉠㉢

ADVICE

13 ㉠ 탄소 원자 하나에 최대 4개까지 결합할 수 있다.
　　㉡ 화합물의 종류가 굉장히 많은 편이다.
　　㉢ 산소나 질소 등과 공유 결합을 이룰 수 있다. (그 외에도 황이나 인 등이 결합할 수 있다.)

14 ㉠ (A)는 사이클로헥세인이다.
　　㉡ (B)는 사이클로헥센이다.
　　㉢ (C)는 1.5중 결합이라고도 불리며 벤젠을 나타내고 있다.

답— 13.③　14.④

※ 다음은 사슬 모양 탄화수소에 대한 그림이다. 【15~16】

$$H-\overset{\overset{\displaystyle H}{|}}{\underset{\underset{\displaystyle H}{|}}{C}}-\overset{\overset{\displaystyle H}{|}}{\underset{\underset{\displaystyle H}{|}}{C}}-H$$

(A)

$$\overset{H}{\underset{H}{>}}C=C\overset{H}{\underset{H}{<}}$$

(B)

$$H-C\equiv C-H$$

(C)

15 보기의 설명 중 옳은 것은?

> ㉠ (A)는 평면 구조를 이루고 있다.
> ㉡ (B)는 결합각이 약 120도 정도이다.
> ㉢ (C)는 입체 구조로 되어 있다.

① ㉠   ② ㉡
③ ㉠㉡   ④ ㉠㉢

16 이를 통해 알 수 있는 것은?

① 단일 결합을 통해 평면 구조를 이루고 있다.

② 이온 결합을 이루고 있는 것도 있다.

③ 결합수가 많아질수록 결합각은 커진다.

④ 비공유 전자쌍이 존재한다.

ADVICE

15 ㉠ (A)는 에테인이고 입체 구조를 이루고 있다.
　 ㉡ (B)는 결합각이 약 120도 정도이다. ((B)는 에텐이다.)
　 ㉢ (C)는 에타인이고 평면 구조로 되어 있다.

16 ① 단일 결합을 통해 입체 구조를 이루고 있다.
　 ② 공유 결합을 이루고 있다.
　 ③ 결합수가 많아질수록 결합각은 커진다. (탄소 원자에 결합된 원자의 수가 줄어든다.)
　 ④ 모든 전자가 공유하고 있다.

답— 15.② 16.③

※ 다음은 고리 모양 탄화수소에 대한 그림이다. [17~18]

(A)   (B)   (C)

17 보기의 설명 중 옳은 것은?

㉠ (A)는 입체 구조를 이루고 있다.
㉡ (B)는 사이클로뷰테인이다.
㉢ (C)는 평면 구조를 이루고 있다.

① ㉠   ② ㉢
③ ㉠㉡   ④ ㉠㉢

18 이를 통해 알 수 있는 것은?

① 결합각이 작을수록 안정하다.
② 이중 결합을 가지고 있는 것도 있다.
③ 탄소 원자를 중심으로 3개의 원자들이 붙는다.
④ 사면체의 입체구조를 지닌다.

ADVICE

17 ㉠ (A)는 사이클로프로페인이고 입체 구조를 이루고 있다.
　　㉡ (B)는 사이클로뷰테인이다. (결합각이 약 90도 정도이다.)
　　㉢ (C)는 사이클로펜테인이고 입체 구조를 이루고 있다.

18 ① 결합각이 클수록 안정하다.
　　② 단일 결합을 이루고 있다.
　　③ 탄소 원자를 중심으로 4개의 원자들이 붙는다.
　　④ 사면체의 입체구조를 지닌다. (탄소 원자에 4개의 원자가 붙어 있다.)

답— 17.③ 18.④

※ 다음 그림은 탄화수소 분자 구조에 대한 것이다. [19~20]

```
      H   H   H   H                              H   H   H
      |   |   |   |                              |   |   |
  H - C - C - C - C - H                      H - C - C - C - H
      |   |   |   |                              |   |   |
      H   H   H   H                              H   |   H
                                                 H - C - H
                                                     |
                                                     H
          (A)                                       (B)
```

19 보기의 설명 중 옳은 것은?

> ㉠ (A)는 아이소뷰테인이다.
> ㉡ (B)는 노말뷰테인이다.
> ㉢ (B)가 (A)보다 끓는점이 높다.

① ㉠   ② ㉢

③ ㉠㉡   ④ ㉡㉢

20 이를 통해 알 수 있는 사실은?

> ㉠ 분자식은 같으나 구조식이 다르다.
> ㉡ 물리적 성질이 서로 같다.
> ㉢ 평면 구조를 지니고 있다.

① ㉠   ② ㉡

③ ㉢   ④ ㉡㉢

ADVICE

19 ㉠ (A)는 노말뷰테인이다.
　　 ㉡ (B)는 아이소뷰테인이다.
　　 ㉢ (B)가 (A)보다 끓는점이 높다.

20 ㉠ 분자식은 같으나 구조식이 다르다.
　　 ㉡ 물리적 성질이 서로 다르다.
　　 ㉢ 입체 구조를 지니고 있다.

답— 19.② 20.①

산화와 환원

※ 다음은 산화 · 환원 반응에 대한 식이다. 【1~2】

$$2H_2+O_2 \rightarrow 2H_2O$$

(A)

$$6CO_2+12H_2O \rightarrow C_6H_{12}O_6+6O_2+6H_2O$$

(B)　　　(C)

1 보기의 설명으로 옳은 것은?

> ㉠ (A)는 환원 반응이다.
> ㉡ (B)는 산화 반응이다.
> ㉢ (C)는 산화 반응이다.

① ㉠

② ㉡

③ ㉢

④ ㉠㉡

ADVICE

1 ㉠ (A)는 산화 반응이다.
　㉡ (B)는 환원 반응이다.
　㉢ (C)는 산화 반응이다.

답－1.③

2 이를 통해 알 수 있는 사실은?

> ㉠ 산화·환원 반응은 동시성을 지니고 있다.
> ㉡ 환원은 산소를 얻는 과정이다.
> ㉢ 산화는 산소를 잃은 과정이다.

① ㉠

② ㉡

③ ㉢

④ ㉠㉢

※ 다음은 산소의 이동에 따른 산화·환원 반응식이다. 【3~4】

> (A) $2C(s) + O_2(g) \rightarrow 2CO(g)$
>
> (B) $Fe_2O_3(s) + 3CO(g) \rightarrow 2Fe(l) + 3CO_2(g)$

3 보기의 설명 중 옳은 것은?

> ㉠ (A)에서 탄소는 환원 반응을 하고 있다.
> ㉡ (B)에서 일산화탄소는 산화 반응을 하고 있다.
> ㉢ (A)에서 산화철은 산화 반응을 한다.

① ㉠

② ㉡

③ ㉢

④ ㉡㉢

ADVICE

2 ㉠ 산화·환원 반응은 동시성을 지니고 있다.
㉡ 환원은 산소를 잃는 과정이다.
㉢ 산화는 산소를 얻는 과정이다.

3 ㉠ (A)에서 탄소는 산화 반응을 하고 있다.
㉡ (B)에서 일산화탄소는 산화 반응을 하고 있다.
㉢ (A)에서 산화철은 환원 반응을 한다.

답— 2.① 3.②

4 이를 통해 알 수 있는 사실은?

① 철의 제련 과정을 알아볼 수 있다.

② 반응의 분리성을 살펴볼 수 있다.

③ 부식이나 연소는 이와는 다른 반응에 속한다.

④ 철의 제련 과정에 있어서 낮은 온도가 필요하다.

5 다음은 산화−환원 반응과 관련된 실험이다. 이에 대한 설명으로 옳은 것은?

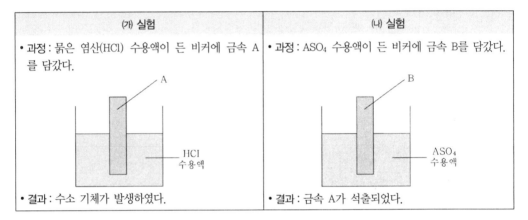

(가) 실험	(나) 실험
• 과정 : 묽은 염산(HCl) 수용액이 든 비커에 금속 A를 담갔다.	• 과정 : ASO_4 수용액이 든 비커에 금속 B를 담갔다.
• 결과 : 수소 기체가 발생하였다.	• 결과 : 금속 A가 석출되었다.

① (가) 실험에서 A는 환원된다.

② (가) 실험에서 수소 기체 1몰이 생성될 때 이동한 전자는 1몰이다.

③ (나) 실험에서 전자는 A 이온에서 B로 이동한다.

④ B는 수소보다 산화되기 쉽다.

ADVICE

4 ① 철의 제련 과정을 알아볼 수 있다. (용광로에서 철의 제련이 이루어진다.)
② 반응의 동시성을 살펴볼 수 있다.
③ 부식이나 연소도 산화 · 환원 반응에 속한다.
④ 철의 제련 과정에 있어서 높은 온도가 필요하다.

5 (가)실험을 통해 수소 기체가 발생하고 (나)실험을 통해 금속 A가 석출되기 때문에 B는 수소보다 산화되기 쉽다.

답 — 4.① 5.④

※ 다음은 전자의 이동에 의한 산화·환원에 대한 것이다. 【6~7】

$$Mg + Cu^{2+} \rightarrow Mg^{2+} + Cu$$

6 다음 보기의 설명 중 옳은 것은?

> ㉠ 전자를 얻는 반응은 산화 과정이다.
> ㉡ 마그네슘은 구리에 비해 반응성이 크다.
> ㉢ 구리는 산화 반응을 하고 있다.

① ㉠   ② ㉡
③ ㉢   ④ ㉠㉢

7 이를 통해 알 수 있는 사실은?

① 마그네슘은 전자를 얻는다.

② 구리는 전자를 잃어 양이온이 된다.

③ 전자를 얻고, 잃는 과정은 동시에 나타난다.

④ 전자를 잃는 수와 얻는 수가 서로 다르다.

ADVICE

6 ㉠ 전자를 얻는 반응은 환원 과정이다.
　　㉡ 마그네슘은 구리에 비해 반응성이 크다. (양이온이 되기 쉽다.)
　　㉢ 구리는 환원 반응을 하고 있다.

7 ① 마그네슘은 전자를 잃는다.
　　② 구리는 전자를 얻는다.
　　③ 전자를 얻고, 잃는 과정은 동시에 나타난다.
　　④ 전자를 잃는 수와 얻는 수가 같다.

답— 6.② 7.③

8 금속의 반응성과 산화 · 환원 반응에 대한 설명으로 옳은 것은?

① 반응성이 작을수록 양이온이 되기 쉽다.

② 은은 나트륨에 비해 산화되기 쉽다.

③ 금은 알루미늄에 비해 전자를 잃기 쉽다.

④ 철은 구리에 비해 양이온이 되기 쉽다.

9 할로젠의 반응성과 산화 · 환원 반응에 대한 설명으로 옳은 것은?

① 요오드보다 브롬의 반응성이 더 작다.

② 플로오르보다 브롬이 환원되기 쉽다.

③ 원자번호가 클수록 음이온이 되기 어렵다.

④ 염소가 브롬보다 전자를 얻기 어렵다.

ADVICE

8 ① 반응성이 클수록 양이온이 되기 쉽다.
　② 은은 나트륨에 비해 산화되기 어렵다.
　③ 금은 알루미늄에 비해 전자를 잃기 어렵다.
　④ 철은 구리에 비해 양이온이 되기 쉽다. (철의 반응성이 구리보다 더 크다.)

9 ① 요오드보다 브롬의 반응성이 더 크다.
　② 플로오르보다 브롬이 환원되기 어렵다.
　③ 원자번호가 클수록 음이온이 되기 어렵다.
　④ 염소가 브롬보다 전자를 얻기 쉽다.

답— 8.④　9.③

※ 다음은 전기 음성도 차이에 의한 산화 · 환원에 대한 그림이다. [10~11]

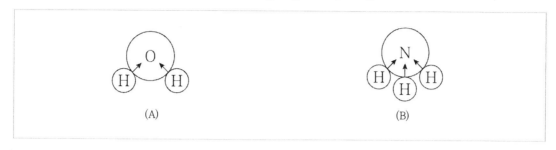

(A)   (B)

10 다음 보기의 설명 중 옳은 것은?

㉠ (A)에서 산소는 산화된다.
㉡ (B)에서 수소는 환원된다.
㉢ (A)와 (B)는 공유 결합을 하고 있다.

① ㉠   ② ㉢
③ ㉠㉢   ④ ㉡㉢

11 이를 통해 알 수 있는 사실은?

① 전기 음성도가 큰 원자 쪽으로 공유 전자쌍이 치우친다.
② 전기 음성도가 낮은 원자는 대부분 음전하를 띤다.
③ 전기 음성도가 큰 원자는 산화된다.
④ 전자의 이동으로 설명할 수 있다.

ADVICE

10 ㉠ (A)에서 산소는 환원된다.
㉡ (B)에서 수소는 산화된다.
㉢ (A)와 (B)는 공유 결합을 하고 있다. (비금속끼리의 결합을 이루고 있다.)

11 ① 전기 음성도가 큰 원자 쪽으로 공유 전자쌍이 치우친다.
② 전기 음성도가 낮은 원자는 대부분 양전하를 띤다.
③ 전기 음성도가 큰 원자는 환원된다.
④ 전자의 이동이 뚜렷하지 않다.

답— 10.② 11.①

12 철의 부식에 대한 설명으로 옳은 것은?

① 전기 전도성이 높아진다.

② 산화되어 녹을 형성한다.

③ 공기 중의 산소와 물이 반응하면 부식 속도가 느려진다.

④ 부식되는 동안 전자의 이동이 없다.

13 철의 부식 방지에 대한 설명으로 옳은 것은?

① 산소와 물에 최대한 노출시킨다.

② 합금을 최대한 방지한다.

③ 페인트나 기름칠을 최대한 자제한다.

④ 철보다 반응성이 큰 금속을 붙여 놓는다.

ADVICE

12 ① 전기 전도성이 낮아진다.
② 산화되어 녹을 형성한다. (붉은색의 녹이 형성된다.)
③ 공기 중의 산소와 물이 반응하면 부식 속도가 빨라진다.
④ 부식되는 동안 전자의 이동이 있다.

13 ① 산소와 물에 최대한 노출시키지 않는다.
② 합금 형태로 방지할 수 있다.
③ 페인트나 기름칠을 한다.
④ 철보다 반응성이 큰 금속을 붙여 놓는다. (금속의 반응성을 활용한다.)

답— 12.② 13.④

14 산화수에 대한 설명으로 옳은 것은?

① H_2O에서 산소의 산화수는 +2이다.

② 수소의 산화수는 −2이다.

③ 이온 결합은 중성 원자 상태에서 전자를 얻고 잃고를 가지고 정한다.

④ 공유 결합에서 암모니아의 질소 산화수는 +1이다.

15 산화수 규칙에 대한 설명이다. 다음 설명 중 옳은 것은?

① 원소를 이루는 원자의 산화수는 +1이다.

② 화합물의 산화수의 총합은 −1이다.

③ KH에서 수소의 산화수는 −1이다.

④ 물에서 산소의 산화수는 −1이다.

16 산화수의 주기성에 대한 설명이다. 다음 설명 중 옳은 것은?

① 각 원자마다 산화수가 정해져 있다.

② 알칼리 금속의 산화수는 화합물에서 +2이다.

③ 탄소의 가장 큰 산화수는 +4가 될 수도 있다.

④ 금속 원소는 전기 음성도에 따라 산화수가 달라진다.

ADVICE

14 ① H_2O에서 산소의 산화수는 −2이다.
② 수소의 산화수는 +1이다. 단 금속 원소에서는 −1이다.
③ 이온 결합은 중성 원자 상태에서 전자를 얻고 잃고를 가지고 정한다. (이온의 전하가 기준이 된다.)
④ 공유 결합에서 암모니아의 질소 산화수는 −3이다.

15 ① 원소를 이루는 원자의 산화수는 0이다.
② 화합물의 산화수의 총합은 0이다.
③ KH에서 수소의 산화수는 −1이다. (금속 원소와 화합물을 이룬다.)
④ 물에서 산소의 산화수는 −2이다.

16 ① 각 원자마다 산화수는 변할 수 있다.
② 알칼리 금속의 산화수는 화합물에서 +1이다.
③ 탄소의 가장 큰 산화수는 +4가 될 수도 있다. (가장 작은 산화수는 −4가 될 수 있다.)
④ 비금속 원소는 전기 음성도에 따라 산화수가 달라진다.

답— 14.③ 15.③ 16.③

※ 다음은 산화·환원에 대한 반응식이다. 【17~18】

$$\overset{\text{(B)}}{\underset{\text{(A)}}{C_6H_{12}O_6 + 6O_2 \rightarrow 6CO_2 + 6H_2O}}$$

17 보기의 설명 중 옳은 것은?

> ㉠ (A)는 산화수가 감소하였다.
> ㉡ (B)는 산화수가 증가하였다.
> ㉢ 산화수가 변하지 않으면 산화·환원 반응이라 볼 수 없다.

① ㉠   ② ㉢
③ ㉠㉡   ④ ㉠㉢

18 이를 통해 알 수 있는 사실은?

① 산화수를 통해 산화·환원 반응이 동시에 일어남을 알 수 있다.
② 산화수가 증가하면 환원 반응이다.
③ 증가한 산화수와 감소한 산화수에는 차이가 있다.
④ 산화수를 통한 산화·환원 반응을 알아내기 쉽지 않다.

ADVICE

17 ㉠ (A)는 산화수가 증가하였다.
㉡ (B)는 산화수가 감소하였다.
㉢ 산화수가 변하지 않으면 산화·환원 반응이라 볼 수 없다. (산화·환원 반응을 구별해 낸다.)

18 ① 산화수를 통해 산화·환원 반응이 동시에 일어남을 알 수 있다. (동시성이 있다.)
② 산화수가 증가하면 산화 반응이다.
③ 증가한 산화수와 감소한 산화수는 같다.
④ 산화수를 통한 산화·환원 반응을 알아낼 수 있다.

답— 17.② 18.①

19 다음 설명 중 옳은 것은?

① (A)의 화합물은 환원제로 볼 수 있다.

② (B)의 화합물은 산화제로 볼 수 있다.

③ 산화·환원 반응에서는 산화제와 환원제가 늘 존재한다.

④ 산화제와 환원제는 정해져 있다.

20 산화와 환원에 대한 설명이다. 다음 설명 중 옳지 않은 것은?

① 산소의 이동 유무로 판단할 수 있다.

② 전자의 이동으로 알아볼 수 있다.

③ 때론 동시성이 존재하지 않는다.

④ 산화수의 변화로 분별할 수 있다.

ADVICE

19 ① (A)의 화합물은 산화제로 볼 수 있다.
② (B)의 화합물은 환원제로 볼 수 있다.
③ 산화·환원 반응에서는 산화제와 환원제가 늘 존재한다. (동시성을 띤다.)
④ 산화제와 환원제는 반응에 따라 달라질 수 있다.

20 ① 산소의 이동 유무로 판단할 수 있다.
② 전자의 이동으로 알아볼 수 있다.
③ 동시성이 있다.
④ 산화수의 변화로 분별할 수 있다.

답— 19.③ 20.③

07

산과 염기 및 일상에서의 화학

1 산의 특징으로 옳은 것은?

① 짠맛이 난다.

② 금속과 반응하여 산소기체가 발생한다.

③ 탄산칼슘과 반응하여 수소가 발생한다.

④ 푸른색 리트머스 종이를 갖다 대면 붉은색으로 변한다.

2 산의 이온화에 대한 설명이다. 다음 보기의 설명 중 옳은 것은?

① 물에 녹이면 양이온과 음이온이 발생한다.

② 산소가 발생한다.

③ 산의 종류에 따른 성질이 다른 것은 양이온 때문이다.

④ 전류는 흐르지 않는다.

ADVICE

1 ① 신맛이 난다.
② 금속과 반응하여 수소기체가 발생한다.
③ 탄산칼슘과 반응하여 이산화탄소가 발생한다.
④ 푸른색 리트머스 종이를 갖다 대면 붉은색으로 변한다. (지시약으로 알아볼 수 있다.)

2 ① 물에 녹이면 양이온과 음이온이 발생한다.
② 수소 이온을 내놓는다.
③ 산의 종류에 따른 성질이 다른 것은 음이온 때문이다.
④ 전류는 흐른다.

답— 1.④ 2.①

3 이온화와 전해질에 대한 설명이다. 다음 설명 중 옳은 것은?

① 설탕은 이온화되어 전류가 잘 흐른다.

② 소금은 수용액에서 비전해질이다.

③ 전해질은 전류가 잘 흐른다.

④ 염소 이온이 기준이 된다.

4 염기의 특징으로 옳은 것은?

① 단맛이 난다.

② 페놀프탈레인 색깔이 붉은색으로 변한다.

③ 피부에 묻으면 부드럽다.

④ 금속과 잘 반응한다.

5 염기의 이온화에 대한 설명이다. 다음 보기의 설명 중 옳은 것은?

> ㉠ 종류에 따른 성질이 다른 이유는 음이온 때문이다.
> ㉡ 수산화 이온을 내놓는다.
> ㉢ 할로젠은 물에 녹아 염기성을 나타낸다.

① ㉠

② ㉡

③ ㉢

④ ㉠㉡

ADVICE

3 ① 소금은 이온화되어 전류가 잘 흐른다.
② 소금은 수용액에서 전해질이다.
③ 전해질은 전류가 잘 흐른다. (양이온과 음이온이 전류의 흐름을 가져온다.)
④ 수소 이온이 기준이 된다.

4 ① 쓴맛이 난다.
② 페놀프탈레인 색깔이 붉은색으로 변한다. (지시약으로 구분한다.)
③ 피부에 묻으면 미끈하다.
④ 금속과 잘 반응하지 않는다.

5 ㉠ 종류에 따른 성질이 다른 이유는 양이온 때문이다.
㉡ 수산화 이온을 내놓는다. (염기를 나타내게 한다.)
㉢ 알칼리는 물에 녹아 염기성을 나타낸다.

답— 3.③ 4.② 5.②

6 다음은 염산과 황산에 대한 설명이다. 다음 설명 중 옳은 것은?

① 염산은 냄새가 나지 않고 색깔을 지닌다.

② 진한 황산은 휘발성 액체이다.

③ 진한 염산이 진한 암모니아수와 반응하면 붉은 연기가 나타난다.

④ 묽은 황산은 비료나 플라스틱 등에 쓰인다.

7 다음은 질산과 아세트산에 대한 설명이다. 다음 설명 중 옳은 것은?

① 질산은 냄새가 나지 않고 색깔이 없다.

② 아세트산의 농도가 높으면 피부에 피해를 줄 수도 있다.

③ 질산은 햇빛에 놔두어도 괜찮다.

④ 아세트산은 무색, 무취이다.

8 다음은 수산화나트륨과 수산화칼슘에 대한 설명이다. 다음 설명 중 옳은 것은?

① 수산화나트륨은 물에 녹으면 열이 발생한다.

② 수산화칼슘은 파란색의 고체이다.

③ 수산화나트륨은 공기 중의 질소를 흡수하여 탄산나트륨 가루가 만들어진다.

④ 수산화칼슘 포화 수용액은 일산화탄소 검출에 이용된다.

ADVICE

6 ① 염산은 냄새가 자극적이고 색깔을 지니지 않는다.
　② 진한 황산은 비휘발성 액체이다.
　③ 진한 염산이 진한 암모니아수와 반응하면 흰색 연기가 나타난다.
　④ 묽은 황산은 비료나 플라스틱 등에 쓰인다. (의약품 등에도 쓰인다.)

7 ① 질산은 냄새가 자극적이고 색깔이 없다.
　② 아세트산의 농도가 높으면 피부에 피해를 줄 수도 있다. (부식을 일으킨다.)
　③ 질산은 햇빛에 놔두면 안 되고 갈색병에 보관한다.
　④ 아세트산은 독특한 냄새를 지닌다.

8 ① 수산화나트륨은 물에 녹으면 열이 발생한다. (흰색의 반투명 고체이다.)
　② 수산화칼슘은 흰색의 고체이다.
　③ 수산화나트륨은 공기 중의 이산화탄소를 흡수하여 탄산나트륨 가루가 만들어진다.
　④ 수산화칼슘 포화 수용액은 이산화탄소 검출에 이용된다.

답 — 6.④ 7.② 8.①

9 일상에서 쓰이는 염기가 아닌 것은?

① 암모니아   ② 수산화나트륨

③ 염화마그네슘   ④ 트라이메틸아민

10 산과 염기의 생성에 대한 설명으로 옳은 것은?

① 산은 산화·환원 반응으로 나타난다.

② 염기는 전기 음성도의 차이가 없다.

③ 산은 산화 반응만이 존재한다.

④ 염기는 전해질에서 전자의 이동이 거의 없다.

11 pH와 지시약에 대한 설명이다. 다음 설명 중 옳은 것은?

① 수산화 이온 농도 지수이다.

② pH는 5를 기준으로 산성과 염기성으로 나눈다.

③ 0에 가까울수록 염기성에 가깝다.

④ pH 미터를 통한 정밀한 분석이 가능하다.

ADVICE

9 ① 암모니아
② 수산화나트륨
④ 트라이메틸아민

10 ① 산은 산화·환원 반응으로 나타난다.
② 염기는 전기 음성도의 차이가 있다.
③ 산은 산화·환원 반응이 존재한다.
④ 염기는 전해질에서 전자 이동이 있다.

11 ① 수소 이온 농도 지수이다.
② pH는 7을 기준으로 산성과 염기성으로 나눈다.
③ 0에 가까울수록 산성에 가깝다.
④ pH 미터를 통한 정밀한 분석이 가능하다. (산성·중성·염기성을 구분할 수 있다.)

답— 9.③ 10.① 11.④

12 중화 반응에 대한 설명이다. 다음 설명 중 옳은 것은?

① 중화 반응을 하면 열이 발생하지 않는다.

② 수소 이온과 수산화 이온의 반응을 1 : 1로 한다.

③ 중화 반응 이후의 혼합 용액의 성분은 늘 같다.

④ 산성이나 염기성이 되지 않고 반응 이후에도 늘 중성이다.

13 중화점에 대한 설명이다. 다음 설명 중 옳은 것은?

① 중화점에서 색깔 변화가 생기지 않는다.

② 중화점에서의 온도가 최고점에 다다른다.

③ 중화점 이후에도 온도는 계속 올라간다.

④ 수용액에서의 이온들은 변화가 없다.

14 아미노산과 핵산에 대한 설명이다. 다음 설명 중 옳은 것은?

① 단백질에 아미노산이 10종류가 들어간다.

② 핵산은 긴 막대기 모양의 분자이다.

③ 아미노산은 양쪽성을 가지고 있다.

④ DNA는 2중 타원형 구조로 되어 있다.

ADVICE

12 ① 중화 반응을 하면 열이 발생한다.
② 수소 이온과 수산화 이온의 반응을 1 : 1로 한다. (물이 생성된다.)
③ 중화 반응 이후의 혼합 용액의 성분은 남은 이온에 따라 달라진다.
④ 산성이나 염기성이 될 수 있다.

13 ① 중화점에서 색깔 변화가 생긴다.
② 중화점에서의 온도가 최고점에 다다른다. (중화열이 발생한다.)
③ 중화점 이후에도 온도는 내려간다.
④ 수용액에서의 이온들은 변화가 있다.

14 ① 단백질에 아미노산이 20종류가 들어간다.
② 핵산은 긴 사슬 모양의 분자이다.
③ 아미노산은 양쪽성을 가지고 있다. (산과 염기에 다 반응한다.)
④ DNA는 2중 나선 구조로 되어 있다.

답— 12.② 13.② 14.③

※ 아레니우스의 정의로 나타낸 식이다. 【15~16】

(A) $HCl_{(aq)} \rightarrow H^+_{(aq)} + Cl^-_{(aq)}$

(B) $KOH_{(aq)} \rightarrow K^+_{(aq)} + OH^-_{(aq)}$

15 보기의 설명으로 옳은 것은?

> ㉠ (A)는 산이 물에 녹은 것을 나타낸다.
> ㉡ (B)는 염기가 물에 녹은 것을 나타낸다.
> ㉢ 염화 이온은 산을, 칼륨 이온은 염기성을 나타낸다.

① ㉠   ② ㉡

③ ㉢   ④ ㉠㉡

16 이를 통해 알 수 있는 사실은?

① 수소 이온을 내놓지 않는 것 또한 설명 가능하다.

② 수용액이 아니면 설명할 수 없다.

③ 수산화 이온을 내놓는 물질에만 적용가능하다.

④ 수용액이 아닌 모든 상황에서도 설명이 가능하다.

ADVICE

15 ㉠ (A)는 산이 물에 녹은 것을 나타낸다.
ㄴ (B)는 염기가 물에 녹은 것을 나타낸다.
ㄷ 수소 이온은 산을, 수산화 이온은 염기성을 나타낸다.

16 ① 수소 이온을 내놓지 않는 것은 설명이 가능하지 않다.
② 수용액이 아니면 설명할 수 없다.
③ 수소 이온과 수산화 이온을 내놓는 물질에만 적용가능하다.
④ 수용액이 아닌 모든 상황에서 설명이 가능한 것은 아니다.

답 — 15.④ 16.②

※ 브뢴스테드-로우리 정의로 나타낸 식이다. 【17~18】

$$HCl + H_2O \rightarrow Cl^- + H_3O^+$$

17 보기의 설명으로 옳은 것은?

> ㉠ 물이 양성자를 주고 있다.
> ㉡ 물은 염기를 나타낸다.
> ㉢ 염산이 양성자를 받고 있다.

① ㉠ ② ㉡

③ ㉢ ④ ㉠㉢

18 이를 통해 알 수 있는 사실은?

① 양성자를 주고 받지 않는 것 외에도 설명이 가능하다.

② 수용액 상태에서 적용된다.

③ 양성자를 주는 것은 산이다.

④ 아레니우스 정의보다 개념이 협소하다.

ADVICE

17 ㉠ 물이 양성자를 받고 있다.
㉡ 물은 염기를 나타낸다.
㉢ 염산이 양성자를 주고 있다.

18 ① 양성자를 주고 받지 않는 것 외에는 설명이 가능하지 않다.
② 수용액 상태가 아니어도 적용할 수 있다.
③ 양성자를 주는 것은 산이다.
④ 아레니우스 정의보다 확장된 개념이다.

답— 17.② 18.③

$$NH_3 + H^+ \rightarrow NH_4^+$$

19 보기의 설명으로 옳은 것은?

> ㉠ 산과 염기의 공유 결합에서 설명이 가능하다.
> ㉡ 암모니아는 전자쌍을 받는다.
> ㉢ 수소는 전자쌍을 준다.

① ㉠   ② ㉡

③ ㉢   ④ ㉡㉢

20 이를 통해 알 수 있는 사실은?

① 루이스는 염기는 수용액에서 수소 이온을 내놓는 물질이다.

② 루이스 정의는 옥텟규칙과 관련이 없다.

③ 루이스 산은 전자쌍을 준다.

④ 아레니우스와 브뢴스테드－로우드보다 확장된 개념이다.

ADVICE

19 ㉠ 산과 염기의 공유 결합에서 설명이 가능하다.
  ㉡ 암모니아는 전자쌍을 준다.
  ㉢ 수소는 전자쌍을 받는다.

20 ① 루이스는 염기는 전자쌍을 주는 물질이다.
  ② 루이스 정의는 옥텟규칙과 관련이 있다.
  ③ 루이스 산은 전자쌍을 받는다.
  ④ 아레니우스와 브뢴스테드－로우드보다 확장된 개념이다.

답– 19.① 20.④

PART 03

생명과학

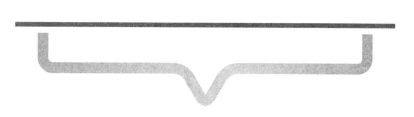

생명과학의 이해

1 다음 빈 칸에 들어갈 용어로 적절하지 않은 것은?

생명 현상을 유지하기 위해 일어나는 화학 반응을 (A)라고 한다. (B)과 (C)으로 나누어질 수 있는데, 일어날 때마다 (D)이/가 관여한다.

① A-물질대사
② B-동화작용
③ C-이화작용
④ D-빛

2 다음 보기의 설명 중 옳은 것은?

㉠ 발생과 생장은 완전한 개체가 되는 과정이다.
㉡ 생식에는 유성생식과 무성생식이 있다.
㉢ 어머니가 색맹이면 딸은 반드시 색맹이다.

① ㉠
② ㉢
③ ㉠㉡
④ ㉠㉢

ADVICE

1 생명 현상을 유지하기 위해 일어나는 화학 반응을 (물질대사)라고 한다.(동화작용)과 (이화작용)으로 나누어질 수 있는데, 일어날 때마다 (효소)가 관여한다.

2 ㉠ 발생과 생장은 완전한 개체가 되는 과정이다.
   ㉡ 생식에는 유성생식과 무성생식이 있다.
   ㉢ 어머니가 색맹이면 아들은 반드시 색맹이다.

답-1.④ 2.③

3 다음 설명 중 옳은 것은?

① 자극은 말초신경계로 전달된다.

② 혈당량이나 체온 조절은 항상성과 관계가 깊다.

③ 생명 유지를 위해 자극에 대한 반응이 없을 수도 있다.

④ 말초 신경을 통해 알맞은 명령을 내린다.

4 다음 그림은 박테리오파지에 대한 그림이다. 다음 설명 중 옳은 것은?

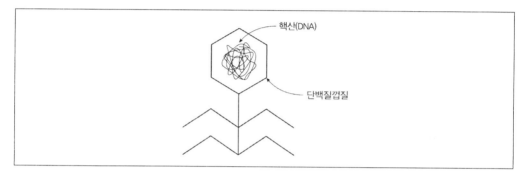

① 핵산을 가지고 있다.

② 증식하지 못한다.

③ 세포막과 세포 소기관을 가지고 있다.

④ 세균 여과기를 통과하지 못한다.

ADVICE

3 ① 자극은 중추 신경계로 전달된다.
② 혈당량이나 체온 조절은 항상성과 관계가 깊다.
③ 생명 유지를 위해 자극에 대한 반응이 있어야 한다.
④ 중추 신경을 통해 알맞은 명령을 내린다.

4 ① 핵산을 가지고 있다. (생물학적 특성을 가지고 있다.)
② 증식할 수 있다.
③ 세포막과 세포 소기관을 가지고 있지 않다.
④ 세균 여과기를 통과한다.

답— 3.② 4.①

5 다음은 물에 대한 그림이다. 다음 보기의 설명 중 옳은 것은?

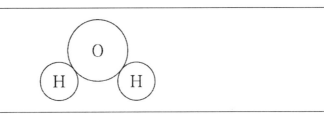

> ㉠ 비열이 낮아 체온 유지에 좋다.
> ㉡ 극성이고 이온성 물질을 잘 녹인다.
> ㉢ 생명활동에서 가장 많은 비율을 차지한다.

① ㉠   ② ㉡
③ ㉠㉡   ④ ㉡㉢

6 다음은 지질에 대한 설명이다. 다음 설명 중 옳은 것은?

① 세포막과 호르몬의 구성성분이다.
② 열전도율이 높아 추울 때 체온 유지를 할 수 있다.
③ 중성 지방은 인산기를 포함한 화합물이 결합한 것이다.
④ 인지질에 콜레스테롤이 있다.

ADVICE

5 ㉠ 비열이 높아 체온 유지에 좋다.
    ㉡ 극성이고 이온성 물질을 잘 녹인다.
    ㉢ 생명활동에서 가장 많은 비율을 차지한다.

6 ① 세포막과 호르몬의 구성성분이다. (에너지원으로 이용된다.)
    ② 열전도율이 작아 추울 때 체온 유지를 할 수 있다.
    ③ 인지질은 인산기를 포함한 화합물이 결합한 것이다.
    ④ 스테로이드에 콜레스테롤이 포함된다.

답 5.④ 6.①

7 다음은 단백질에 대한 그림이다. 다음 보기의 설명 중 옳은 것은?

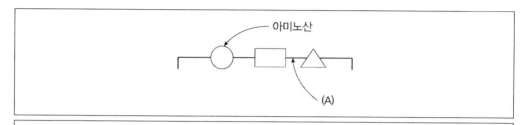

> ㉠ 효소나 호르몬의 성분이다.
> ㉡ (A)는 펩티드 결합을 하고 있다.
> ㉢ 열이나 산 등에 굉장히 강한 편이다.

① ㉠   ② ㉢

③ ㉠㉡   ④ ㉠㉢

8 다음은 탄수화물에 대한 설명이다. 다음 설명 중 옳은 것은?

① 구성 원소로 탄소, 수소, 질소 등이 있다.

② 5탄당과 6탄당은 단당류에 속한다.

③ 이당류로는 녹말과 셀룰로스 등이 있다.

④ 체액의 삼투압을 조절하는 기능이 있다.

ADVICE

7 ㉠ 효소나 호르몬의 성분이다.
 ㉡ (A)는 펩티드 결합을 하고 있다.
 ㉢ 열이나 산 등에 변성이 잘 일어난다.

8 ① 구성 원소로 탄소, 수소, 산소가 있다.
 ② 5탄당과 6탄당은 단당류에 속한다. (5탄당에는 리보스, 디옥시리보오스가 있고 6탄당에는 포도당, 과당, 갈락토오스가 있다.)
 ③ 다당류로는 녹말과 셀룰로스 등이 있다.
 ④ 무기염류는 체액의 삼투압을 조절하는 기능이 있다.

답 — 7.③ 8.②

9 다음은 핵산에 대한 설명이다. 다음 설명 중 옳은 것은?

① 구성성분으로 탄소, 수소, 황이 있다.

② 유전 정보를 가지고 있다.

③ 6탄당, 인산, 염기가 $1:1:1$ 비율로 되어 있다.

④ 종류로는 DNA만 존재한다.

10 다음은 세포막과 핵에 대한 그림이다. 다음 설명 중 옳지 않은 것은?

(A) 세포막   (B) 핵

① 세포막의 주성분은 단백질과 인지질로 되어 있다.

② 세포막은 2중막 구조로 되어 있다.

③ 핵막은 2중막 구조이다.

④ 핵 속의 염색사는 DNA와 히스톤 단백질로 되어 있다.

ADVICE

9 ① 구성성분으로 탄소, 수소, 산소, 질소, 인이 있다.
② 유전 정보를 가지고 있다. (저장하거나 전달한다.)
③ 5탄당, 인산, 염기가 $1:1:1$ 비율로 되어 있다.
④ 종류로는 DNA와 RNA가 존재한다.

10 ① 세포막의 주성분은 단백질과 인지질로 되어 있다.
② 세포막은 2중층 구조로 되어 있다. (유동 모자이크 막 구조이다.)
③ 핵막은 2중막 구조이다.
④ 핵 속의 염색사는 DNA와 히스톤 단백질로 되어 있다.

답— 9.② 10.②

11 다음은 미토콘드리아와 엽록체에 대한 그림이다. 다음 설명 중 옳은 것은?

(A) 미토콘드리아   (B) 엽록체

① 미토콘드리아는 무산소 호흡을 한다.

② 미토콘드리아는 자기 증식을 할 수 있으며 단백질 분해가 가능하다.

③ 엽록체는 2중층 구조이다.

④ 엽록체는 자기 증식이 가능하다.

ADVICE

11 ① 미토콘드리아는 산소 호흡을 한다.
② 미토콘드리아는 자기 증식을 할 수 있으며 단백질 합성이 가능하다.
③ 엽록체는 2중막 구조이다.
④ 엽록체는 자기 증식이 가능하다. (복제가 가능하다.)

답— 11.④

12 다음은 리보솜과 소포체에 대한 그림이다. 다음 설명 중 옳지 않은 것은?

소포체의 구조

① 리보솜은 막이 존재한다.
② 리보솜은 단백질 합성 장소이다.
③ 소포체는 골지체의 기원이 된다.
④ 소포체는 물질의 이동 통로이다.

ADVICE

12 ① 리보솜은 막이 존재하지 않는다. (과립 모양의 미세 구조이다.)
　　② 리보솜은 단백질 합성 장소이다.
　　③ 소포체는 골지체의 기원이 된다.
　　④ 소포체는 물질의 이동 통로이다.

답 – 12.①

13 다음은 세포 소기관에 대한 설명이다. 다음 설명 중 옳은 것은?

① 골지체는 소포체와 관계가 없다.

② 리소좀은 세포 내 소화를 한다.

③ 세포벽의 주성분은 스테로이드이다.

④ 액포는 동물 세포에 존재하며 삼투압 조절을 한다.

14 동물 세포에는 존재하지만 식물 세포에는 존재하지 않는 것은?

① 세포벽   ② 엽록체

③ 중심립   ④ 골지체

15 다음은 식물의 유기적 구성에 대한 설명이다. 다음 설명 중 옳은 것은?

① 조직계가 모여 하나의 개체를 이룬다.

② 식물의 조직으로 합성 조직과 영구 조직이 있다.

③ 식물 조직계로는 표피 조직계, 헛물관 조직계가 있다.

④ 영양 기관, 생식 기관은 식물 기관에 속한다.

ADVICE

13 ① 골지체는 소포체의 일부가 떨어져 나와 생성된 것이다.
② 리소좀은 세포 내 소화를 한다.
③ 세포벽의 주성분은 세룰로스다.
④ 액포는 식물 세포에 존재하며 삼투압 조절을 한다.

14 ① 세포벽
② 엽록체
③ 중심립 (세포 분열시 방추사를 형성한다.)
④ 골지체

15 ① 기관이 모여 하나의 개체를 이룬다.
② 식물의 조직으로 분열 조직과 영구 조직이 있다.
③ 식물 조직계로는 표피 조직계, 관다발 조직계, 기본 조직계가 있다.
④ 영양 기관 (뿌리 · 줄기 · 잎), 생식 기관 (꽃 · 열매)은 식물 기관에 속한다.

답— 13.② 14.③ 15.④

16 다음은 동물의 유기적 구성에 대한 설명이다. 다음 설명 중 옳은 것은?

① 기관이 모여 하나의 개체를 구성한다.

② 동물의 조직으로는 상피, 결합, 피부, 신경 조직이 있다.

③ 뇌나 심장은 기관에 속한다.

④ 이자나 간은 기관계이다.

17 다음 빈 칸에 들어갈 용어 중 적절하지 않은 용어는?

> 대조군은 (A)과 비교하여 변화를 주지 않은 집단을 말한다. 독립변인 중에 고의적 변화를 주는 요인을 (B)라고 한다. 또한 일정하게 유지하는 것을 (C)라고 한다. 이로 인한 영향을 받는 변인을 (D)라고 한다.

① A－실험군   ② B－고의변인

③ C－통제변인   ④ D－종속변인

ADVICE

16 ① 기관계가 모여 하나의 개체를 구성한다.
　② 동물의 조직으로는 상피, 결합, 근육, 신경 조직이 있다.
　③ 뇌나 심장은 기관에 속한다.
　④ 이자나 간은 기관이다.

17 대조군은 (실험군)과 비교하여 변화를 주지 않은 집단을 말한다. 독립변인 중에 고의적 변화를 주는 요인을 (조작변인)라고 한다. 또한 일정하게 유지하는 것을 (통제변인)라고 한다. 이로 인한 영향을 받는 변인을 (종속변인)라고 한다.

답－ 16.③ 17.②

※ 다음 실험을 통해 알아보고자 하는 것들이 있다. 【18~19】

> ㉠ 한 그릇은 적절한 시간에 먹고 한 그릇은 먹지 않고 놔두었더니 먹지 않은 그릇의 라면 면발이 불기 시작했다.
> ㉡ 라면을 두 그릇에 넣고 팔팔 끓인다.
> ㉢ 라면을 끓이고 오래 놔두면 면발이 불 것이라고 예상했다.
> ㉣ 먹지 않고 놔둔 그릇의 라면은 불었다.

18 탐구 과정을 순서대로 배열하면?

① ㉠－㉡－㉢－㉣
② ㉢－㉡－㉠－㉣
③ ㉡－㉢－㉠－㉣
④ ㉢－㉡－㉣－㉠

19 조작 변인은 무엇인가?

① 놔둔 시간
② 불의 세기
③ 먹는 속도
④ 라면의 맛

ADVICE

18 ㉢ 라면을 끓이고 오래 놔두면 면발이 불 것이라고 예상했다. (가설설정)
㉡ 라면을 두 그릇에 넣고 팔팔 끓인다. (탐구 수행)
㉠ 한 그릇은 적절한 시간에 먹고 한 그릇은 먹지 않고 놔두었더니 먹지 않은 그릇의 라면 면발이 불기 시작했다. (실험 결과)
㉣ 먹지 않고 놔둔 그릇의 라면은 불었다. (결론 도출)

19 ① 조작 변인
② 통제 변인

답— 18.② 19.①

1 다음 그림은 DNA와 염색체에 대한 그림이다. 다음 보기의 설명 중 옳은 것은?

ㄱ 뉴클레오솜은 히스톤 단백질이 DNA를 감싸는 구조로 되어있다.
ㄴ 염색체가 응축되어 염색사가 된다.
ㄷ 동원체는 세포가 분열할 때 방추사가 붙게 된다.

① ㄱ
② ㄴ
③ ㄷ
④ ㄱㄷ

1 ㄱ 뉴클레오솜은 DNA가 히스톤 단백질을 감싸는 구조로 되어있다.
　ㄴ 염색사가 응축되어 염색체가 된다.
　ㄷ 동원체는 세포가 분열할 때 방추사가 붙게 된다. (염색체에서 잘록하게 보이는 부분이다.)

답 1.③

2 상염색체와 성염색체에 대한 설명이다. 다음 보기의 설명 중 옳은 것은?

> ㉠ 상염색체는 성 결정에 관계가 없다.
> ㉡ 성염색체는 염색체의 대부분을 차지하고 있다.
> ㉢ 성염색체는 암수에 관계없이 차이가 없다.

① ㉠   ② ㉡

③ ㉢   ④ ㉠㉡

※ 다음 그림은 상동 염색체와 2가 염색체에 대한 그림이다. 【3~4】

(A)

(B)

3 다음 설명 중 옳은 것은?

① 감수 분열시 오직 모계의 영향을 받는다.

② 상동 염색체는 체세포 분열시 분리되어 각각 들어간다.

③ 염색 분체는 DNA가 복제되어 만들어졌다.

④ 체세포 분열을 통해 2가 염색체가 이루어져 있다.

ADVICE

2 ㉠ 상염색체는 성 결정에 관계가 없다. (암수 공통으로 나타난다.)
㉡ 상염색체는 염색체의 대부분을 차지하고 있다.
㉢ 성염색체는 암수에 따른 차이가 있다.

3 ① 감수 분열시 부계와 모계의 영향을 받는다.
② 상동 염색체는 감수 분열시 분리되어 각각 들어간다.
③ 염색 분체는 DNA가 복제되어 만들어졌다. (염색체에 있는 동원체에 갈라진 모양으로 각각 있다.)
④ 감수 분열을 통해 2가 염색체가 이루어져 있다.

답— 2.① 3.③

4 대립유전자에 대한 설명 중 옳은 것은?

① 상동 염색체의 반대 위치에 있다.

② 부계와 모계로부터 하나씩 받는다.

③ 염색 분체 사이에 유전자가 다르다.

④ 관여하는 형질의 특성이 같다.

5 다음 그림은 핵상에 대한 그림이다. 다음 보기의 설명 중 옳은 것은?

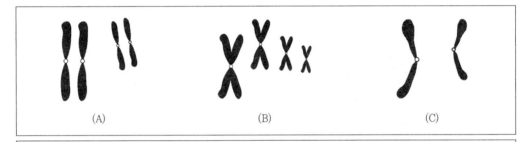

(A)   (B)   (C)

  ㉠ (A)는 생식 세포를 나타내고 있다.

  ㉡ (B)는 DNA가 복제되어 있다.

  ㉢ (C)는 DNA 복제 전에 있는 상태이다.

① ㉠   ② ㉡

③ ㉠㉡   ④ ㉠㉢

ADVICE

4 ① 상동 염색체의 같은 위치에 있다.
② 부계와 모계로부터 하나씩 받는다. (감수 분열시 이루어진다.)
③ 염색 분체 사이에 유전자가 같다.
④ 관여하는형질의 특성이 다를 수 있다.

5 ㉠ (C)는 생식 세포를 나타내고 있다.
㉡ (B)는 DNA가 복제되어 있다. (복상(2n) 상태이다.)
㉢ (A)는 DNA 복제 전에 있는 상태이다

답— 4.②   5.②

6 다음 그림은 성 결정에 관한 그림이다. 다음 설명 중 옳은 것은?

① 체세포 하나에 44개의 염색체가 존재한다.

② 체세포 분열을 통해 정자와 난자가 결합한다.

③ 여성을 통해 성이 결정된다.

④ Y염색체가 있는 정자와 난자가 결합하면 아들이 된다.

7 다음은 사람의 핵형에 대한 설명이다. 다음 보기의 설명 중 옳은 것은?

① 같은 종에서 성별이 같으면 체세포의 핵형이 다르다.

② 생물의 종이 달라도 핵형은 같다.

③ 생물 종이 다르면 염색체 수가 같을 수 없다.

④ 사람의 핵형을 분석할 때 성염색체는 마지막에 배열한다.

ADVICE

6 ① 체세포 하나에 46개의 염색체가 존재한다.
　② 감수 분열을 통해 정자와 난자가 결합한다.
　③ 남성을 통해 성이 결정된다.
　④ Y염색체가 있는 정자와 난자가 결합하면 아들이 된다. (성은 정자의 성염색체에 따라 달라진다.)

7 ① 같은 종에서 성별이 같으면 체세포의 핵형도 같다.
　② 생물의 종이 다르면 핵형도 다르다.
　③ 생물 종이 달라도 염색체 수가 같을 수 있다.
　④ 사람의 핵형을 분석할 때 성염색체는 마지막에 배열한다. (상염색체는 크기에 따라 차례대로 배열한다.)

답 - 6.④ 7.④

※ 다음 그림은 세포 주기에 대한 그림이다. 【8~10】

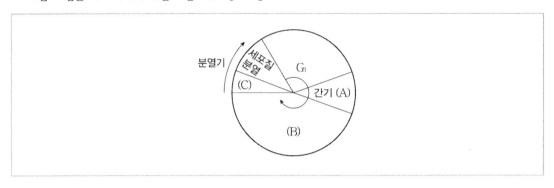

8 간기에 대한 보기의 설명 중 옳은 것은?

⊙ G₁기는 세포의 분열이 가장 잘 일어난다.
ⓒ (A)는 DNA의 복제가 일어난다.
ⓒ (B)는 세포 분열에 대한 준비를 한다.

① ⊙
② ⓒ
③ ⊙ⓒ
④ ⓒⓒ

9 분열기에 대한 보기의 설명 중 옳은 것은?

⊙ 염색체에 대한 관찰이 이루어진다.
ⓒ (C)는 전기, 중기, 말기로 구분된다.
ⓒ 딸세포가 만들어지는 시기이다.

① ⓒ
② ⊙ⓒ
③ ⊙ⓒ
④ ⓒⓒ

ADVICE

8 ⊙ G₁기는 세포의 생장이 가장 잘 일어난다.
ⓒ (A)는 DNA의 복제가 일어난다. ((A)는 S기이며 핵의 유전 물질이 2배로 증가한다.)
ⓒ (B)는 세포 분열에 대한 준비를 한다. ((B)는 G₂기이며 여러 가지 물질을 합성하고 생장한다.)

9 ⊙ 염색체에 대한 관찰이 이루어진다.
ⓒ (C)는 전기, 중기, 후기, 말기로 구분된다.
ⓒ 딸세포가 만들어지는 시기이다.

답— 8.④ 9.③

10 세포 주기를 통해 알 수 있는 사실은?

① 세포 종류에 따라 다르게 나타남을 알 수 있다.

② 피부 세포 등은 손상이 있을 시 재생할 수 없다.

③ 신경 세포 등은 S기를 거치며 계속 분화한다.

④ 발생 초기의 수정란 세포는 G_1기를 주로 거친다.

11 정상 세포에 대한 설명으로 옳은 것은?

① 세포 분열을 촉진하는 물질과 관계없이 여러 층이 쌓인다.

② 일부 세포를 없애면 한 층이 될 때까지 분열한다.

③ 서로 접촉하면 계속적으로 분열된다.

④ 구조화된 복합층을 구성한다.

ADVICE

10 ① 세포 종류에 따라 다르게 나타남을 알 수 있다. (세포 주기는 각각 다르다.)
② 피부 세포 등은 손상이 있을 시 재생할 수 있다.
③ 신경 세포 등은 S기를 진행하지 않는다.
④ 발생 초기의 수정란 세포는 S기와 분열기를 주로 거친다.

11 ① 세포 분열에 촉진하는 물질이 존재할 때만 분열한다.
② 일부 세포를 없애면 한 층이 될 때까지 분열한다. (정상적인 핵을 가지고 있다.)
③ 서로 접촉하면 분열이 억제된다.
④ 구조화된 단일층을 구성한다.

답 — 10.① 11.②

12 암세포에 대한 설명으로 옳은 것은?

① 세포 분열에 관여하는 물질로 여러 층으로 쌓인다.

② 분화가 이루어진다.

③ 구조화 되어 있지 않고 정상적이지 않은 핵이 있다.

④ 전이가 이루어지지 않는다.

※ 다음 그림은 체세포 분열에 대한 그림이다. 【13~15】

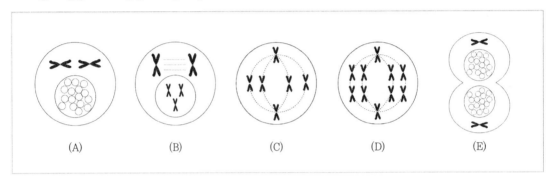

| (A) | (B) | (C) | (D) | (E) |

13 전기와 중기에 대한 설명으로 옳은 것은?

① 전기에서 염색체를 관찰하기 가장 좋다.

② 중기에서 방추사가 뻗어 나오기 시작한다.

③ 전기에서 인이 생기기 시작한다.

④ 중기에서 염색체가 적도면에 배열한다.

ADVICE

12 ① 세포 분열에 관여하는 물질과 관계없이 여러 층으로 쌓인다.

② 분화가 이루어지지 않는다.

③ 구조화 되어 있지 않고 정상적이지 않은 핵이 있다. (세포가 세포 주기를 조절하는 기능이 정상적이지 않을 때 일어난다.)

④ 전이가 이루어진다.

13 ① 중기에서 염색체를 관찰하기 가장 좋다.

② 전기에서 방추사가 뻗어 나오기 시작한다.

③ 전기에서 인이 사라지기 시작한다.

④ 중기에서 염색체가 적도면에 배열한다. (세포의 중앙 적도면에 배치된다.)

답— 12.③ 13.④

14 후기와 말기에 대한 설명으로 옳은 것은?

① 후기에서 염색사가 응축된다.

② 말기에서 방추사가 사라지기 시작한다.

③ 후기에서 딸핵이 만들어진다.

④ 말기에서 염색분체가 양극으로 이동한다.

15 체세포 분열의 의의에 대한 설명으로 옳은 것은?

① 어린 개체가 수정란이 된다.

② 몸을 조직하는 세포들의 수가 많아진다.

③ 손상된 부위는 복구되지 않는다.

④ 단세포 생물은 감수 분열을 통해 생식한다.

16 다음은 감수 1분열에 대한 설명이다. 다음 설명 중 옳은 것은?

① DNA 양과 염색체 수가 반으로 감소한다.

② 중기에서 염색체의 교환이 일어난다.

③ 후기에서 핵막이 사라진다.

④ 말기에서 방추사가 생성된다.

ADVICE

14 ① 전기에서 염색사가 응축된다.
② 말기에서 방추사가 사라지기 시작한다. (세포질 분열이 시작된다.)
③ 말기에서 딸핵이 만들어진다.
④ 후기에서 염색분체가 양극으로 이동한다.

15 ① 수정란이 어린 개체가 되며 발생이라 한다.
② 몸을 조직하는 세포들의 수가 많아진다. (생장한다.)
③ 손상된 부위는 복구되며 재생이라 한다.
④ 단세포 생물은 체세포 분열을 통해 생식한다.

16 ① DNA 양과 염색체 수가 반으로 감소한다.
② 전기에서 염색체의 교환이 일어난다.
③ 전기에서 핵막이 사라진다.
④ 전기에서 방추사가 생성된다.

답— 14.② 15.② 16.①

17 다음은 감수 2분열과 감수 분열에 대한 의의를 설명한 것이다. 다음 보기의 설명 중 옳은 것은?

> ㉠ 세대가 거듭돼도 염색체 수는 일정하다.
> ㉡ DNA 양과 염색체 수가 반으로 감소한다.
> ㉢ 유전적으로 다양성이 늘어난다.

① ㉢
② ㉠㉡
③ ㉠㉢
④ ㉠㉡㉢

18 다음 빈 칸에 들어갈 용어로 적절한 것은?

> 핵분열 말기가 거의 끝날 쯤에 (A) 분열이 일어난다. 그 때 2개의 (B)세포가 생성된다. (C)세포는 세포막 안쪽이 들어가 세포질이 분리된다. (D)세포는 세포판과 세포벽이 결합하여 세포벽이 된다.

① A−세포질
② B−딸
③ C−동물
④ D−단일

17 ㉠ 세대가 거듭돼도 염색체 수는 일정하다.
㉡ 감수 2분열 결과 DNA 양은 반으로 감소하지만 염색체 수는 변하지 않는다.
㉢ 유전적으로 다양성이 늘어난다.

18 핵분열 말기가 거의 끝날 쯤에 (세포질) 분열이 일어난다. 그 때 2개의 (딸)세포가 생성된다. (동물)세포는 세포막 안쪽이 들어가 세포질이 분리된다. (식물)세포는 세포판과 세포벽이 결합하여 세포벽이 된다.

답— 17.③ 18.④

※ 다음은 체세포와 감수 분열에 대한 DNA 양의 변화에 대한 그림이다. 【19~20】

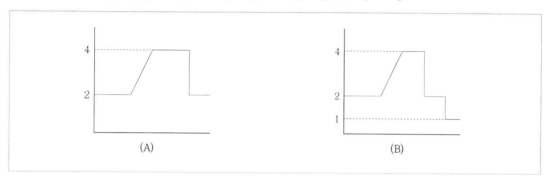

19 체세포 분열에 대한 보기의 설명 중 옳은 것은?

> ㉠ 분열기에 DNA 복제가 있다.
> ㉡ 2번 복제와 분열이 있다.
> ㉢ 모세포, 염색체 수, DNA 양이 같은 딸세포가 만들어진다.

① ㉠   ② ㉡

③ ㉢   ④ ㉠㉡

20 감수 분열에 대한 보기의 설명 중 옳은 것은?

> ㉠ 간기 때, DNA 복제가 있다.
> ㉡ 감수 1분열 때, 상동 염색체가 합쳐진다.
> ㉢ 감수 2분열 때, DNA의 복제가 없다.

① ㉠   ② ㉡

③ ㉢   ④ ㉠㉢

ADVICE

19 ㉠ 간기에 DNA 복제가 있다.
　　㉡ 1번 복제와 분열이 있다.
　　㉢ 모세포, 염색체 수, DNA 양이 같은 딸세포가 만들어진다.

20 ㉠ 간기 때, DNA 복제가 있다.
　　㉡ 감수 1분열 때, 상동 염색체가 분리된다.
　　㉢ 감수 2분열 때, DNA의 복제가 없다.

답 — 19.③ 20.④

유전

1 다음은 어떤 동물의 털색 유전에 대한 자료이다. 유전자형이 AaDd인 두 개체를 교배시켜 충분한 수의 자손을 얻는다면 그 자손들 중 표현형이 노란색인 개체의 비율은? (단, 소수점 이하는 반올림한다)

- 이 동물의 털색은 2쌍의 대립 유전자 A와 a, D와 d에 의해 결정된다.
- A와 D는 각각 a와 d에 대해 우성이다.
- A와 D는 서로 다른 상염색체 상에 존재한다.
- 표는 털색의 유전자형에 따른 표현형을 나타낸 것이다.

유전자형	표현형
AADD, AADd, AaDD, AaDd	검은색
aaDD, aaDd	갈색
AAdd, Aadd, aadd	노란색

① 25%　　　　　　　　　　　② 33%

③ 50%　　　　　　　　　　　④ 75%

2 다음 빈 칸에 들어갈 용어로 적절한 것은?

(A)을 가진 (B)끼리 교배시키면 1대에서는 (C)만이 나타난다. (D)은 나타나지 않는다.

① A-유사형질　　　　　　　　② B-잡종

③ C-우성형질　　　　　　　　④ D-대립형질

ADVICE
---

1 교배를 하게 되면 유전자형으로 총 12개가 나타나며 노란색 유전자형은 그 중 3개이다. 그래서 25%가 나타날 수 있다.

2 (대립형질)을 가진 (순종)끼리 교배시키면 1대에서는 (우성형질)만이 나타난다. (열성형질)은 나타나지 않는다.

답 1.① 2.③

3 다음은 분리의 법칙에 대한 그림이다. 다음 보기의 설명 중 옳은 것은?

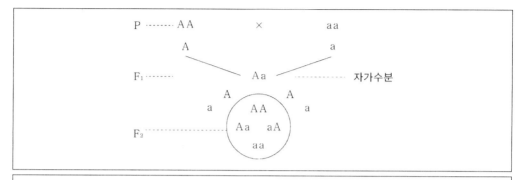

⊙ 자손 1대는 열성이다.
ⓒ 유전자형의 비는 3 : 1이다.
ⓒ 한 쌍의 대립유전자가 생식세포로 각각 분리되어 들어간다.

① ㉠

② ㉡

③ ㉢

④ ㉠㉢

4 다음은 연관유전과 중간유전에 대한 설명이다. 다음 중 옳은 것은?

① 독립유전은 체세포 분열 시 일어난다.

② 연관유전은 많은 유전자들이 동일한 염색체 상에 놓여 있다.

③ 중간유전은 우열 관계가 잘 되어 있다.

④ 실험을 통해 중간유전은 2대 자손에서 3 : 1의 비율로 나타난다.

ADVICE

3 ㉠ 자손 1대는 우성이다.
㉡ 표현형의 비는 3 : 1이다.
㉢ 한 쌍의 대립유전자가 생식세포로 각각 분리되어 들어간다. (분리의 법칙의 특징이다.)

4 ① 독립유전은 감수 분열 시 일어난다.
② 연관유전은 많은 유전자들이 동일한 염색체 상에 놓여 있다. (감수 분열 때 움직인다.)
③ 중간유전은 우열 관계가 잘 되어 있지 있다.
④ 실험을 통해 중간유전은 2대 자손에서 1 : 2 : 1의 비율로 나타난다.

답 3.③ 4.②

5 다음은 독립의 법칙에 대한 그림이다. 다음 설명 중 옳은 것은?

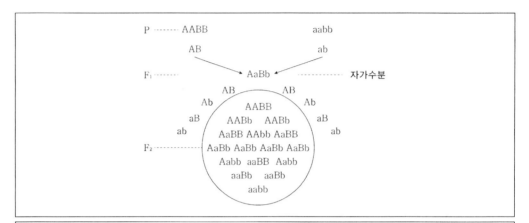

- ㉠ 2대 자손에서 표현형의 비는 9 : 3 : 3 : 1이다.
- ㉡ 특정형질의 대립유전자가 다른형질의 대립유전자에 영향을 준다.
- ㉢ 독립적으로 합쳐져서 유전된다.

① ㉠   ② ㉡
③ ㉢   ④ ㉠㉡

ADVICE

5 ㉠ 2대 자손에서 표현형의 비는 9 : 3 : 3 : 1이다. (독립의 법칙의 특징이다.)
ㄴ 특정형질의 대립유전자가 다른형질의 대립유전자에 영향을 주지 않는다.
ㄷ 독립적으로 분리돼서 유전된다.

답— 5.①

6 다음은 우열의 법칙에 대한 설명이다. 다음 보기의 설명 중 옳은 것은?

> ⊙ 무조건 한 형태만이 나온다.
> ⊙ 순종 교배를 통해 알아냈다.
> ⊙ 열성의 법칙이라고도 한다.

① ⊙　　　　　　　　　　　　　② ⊙

③ ⊙　　　　　　　　　　　　　④ ⊙⊙

7 사람 유전 연구가 어려운 이유로 옳은 것은?

① 한 세대가 짧다.
② 자손의 수가 많다.
③ 복잡한 형질과 많은 수의 유전자가 있다.
④ 환경적 요인에 방해를 받지 않는다.

8 사람 유전 연구 방법으로 옳지 않은 것은?

① 가계도 검사　　　　　　　　　② 복제 연구
③ 쌍둥이 관찰　　　　　　　　　④ 집단 연구

ADVICE

6 ⊙ 무조건 한 형태만이 나오지 않고 중간적 성격을 가지고 있는 중간유전이라는 것이 있다.
　⊙ 순종 교배를 통해 알아냈다. (대립유전자가 각각 분리되어 들어간다.)
　⊙ 우성의 법칙이라고도 한다.

7 ① 한 세대가 긴 편이다.
　② 자손의 수가 적은 편이다.
　③ 복잡한 형질과 많은 수의 유전자가 있다. (형질에 발현에 대한 연구가 쉽지 않다.)
　④ 환경적 요인에 영향을 받는다.

8 ① 가계도 검사
　② 복제 연구
　③ 쌍둥이 관찰
　④ 집단 연구

답- 6.② 7.③ 8.②

9 단일인자유전과 복대립유전에 대한 설명이다. 다음 설명 중 옳은 것은?

① 단일인자유전자는 멘델의 법칙이 적용되지 않는다.

② 네 개 이상의 대립유전자가 관여하는 것을 복대립유전자라 한다.

③ 하나의 형질에 유전자형과 표현형이 다채롭게 나타난다.

④ 대립유전자의 방식은 분리의 법칙을 따르지 않는다.

10 다인자유전에 대한 설명이다. 다음 설명 중 옳은 것은?

① 하나의 유전형질 발현에 한 쌍의 대립유전자가 영향을 준다.

② 불연속적인형질 분포가 있다.

③ 주변 환경에 영향을 받는다.

④ 사람의 피부색은 한 쌍의 대립유전자가 영향을 준다.

ADVICE

9 ① 단일인자유전자는 멘델의 법칙이 적용된다.
② 세 개 이상의 대립유전자가 관여하는 것을 복대립유전자라 한다.
③ 하나의 형질에 유전자형과 표현형이 다채롭게 나타난다. (대립유전자가 세 개 이상이다.)
④ 대립유전자의 방식은 분리의 법칙을 따른다.

10 ① 하나의 유전형질 발현에 많은 쌍의 대립유전자가 영향을 준다.
② 연속적인형질 분포가 나타난다.
③ 주변 환경에 영향을 받는다.
④ 사람의 피부색은 많은 쌍의 대립유전자가 영향을 준다.

답— 9.③ 10.③

11 반성 유전에 대한 설명이다. 다음 보기의 설명 중 옳은 것은?

> ㉠ Y 염색체를 통해 유전된다.
> ㉡ 어머니가 색맹이면 아들은 100% 색맹이다.
> ㉢ 아버지가 혈우병이면 딸은 보인자가 될 수 있다.

① ㉠

② ㉡

③ ㉠㉡

④ ㉡㉢

12 다음 빈칸에 들어갈 용어로 옳지 않은 것은?

> 남자의 염색체는 (A)이고 여자의 염색체는 (B)이다.(C) 분열을 통해 난자는 X염색체만 형성되지만, 정자는 X염색체와 (D)염색체가 생성된다.

① A−44＋XY

② B−44＋XX

③ C−체세포

④ D−Y

ADVICE

11 ㉠ X 염색체를 통해 유전된다.
㉡ 어머니가 색맹이면 아들은 100% 색맹이다. (X 성염색체를 통해 유전된다.)
㉢ 아버지가 혈우병이면 딸은 보인자가 될 수 있다. (딸에게 X 성염색체를 통해 유전된다.)

12 남자의 염색체는 (44＋XY)이고 여자의 염색체는 (44＋XX)이다.(감수)분열을 통해 난자는 X염색체만 형성되지만, 정자는 X염색체와 (Y)염색체가 생성된다.

답— 11.④ 12.③

13 유전자 돌연변이에 대한 설명으로 옳은 것은?

① DNA의 염기서열의 문제로 인해 생긴다.

② 멘델의 유전 법칙과 관계가 없다.

③ 유전자 돌연변이는 염색체의 구조와 수에 영향을 준다.

④ 생화학적 방법으로는 알아낼 수 없다.

14 유전자 돌연변이의 예로 적절하지 않은 것은?

① 낫 모양의 적혈구 빈혈증　　　　　② 알비노증

③ 페닐케톤뇨증　　　　　　　　　　④ 이타이이타이병

15 염색체 돌연변이에 대한 보기의 설명 중 옳은 것은?

> ㉠ 부모에게 없던 증세가 나타날 수도 있다.
> ㉡ 염색체 수나 구조에 변화가 있어서 돌연변이가 생긴다.
> ㉢ 유전자 돌연변이에 비해 양호하다.

① ㉠　　　　　　　　　　　　　　② ㉢

③ ㉠㉡　　　　　　　　　　　　　④ ㉡㉢

ADVICE

13 ① DNA의 염기서열의 문제로 인해 생긴다. (유전자 돌연변이이다.)
② 멘델의 유전 법칙과 관계가 있고, 우성과 열성이 존재한다.
③ 유전자 돌연변이는 염색체의 구조와 수에 영향을 주지 않는다.
④ 생화학적 방법으로 알아낼 수 있다.

14 ① 낫 모양의 적혈구 빈혈증
② 알비노증
③ 페닐케톤뇨증
④ 이타이이타이병

15 ㉠ 부모에게 없던 증세가 나타날 수도 있다.
㉡ 염색체 수나 구조에 변화가 있어서 돌연변이가 생긴다.
㉢ 유전자 돌연변이에 비해 심각한 편이다.

답 13.① 14.④ 15.③

16 다음 그림은 염색체 구조의 이상을 나타낸 것이다. 다음 보기의 설명 중 옳은 것은?

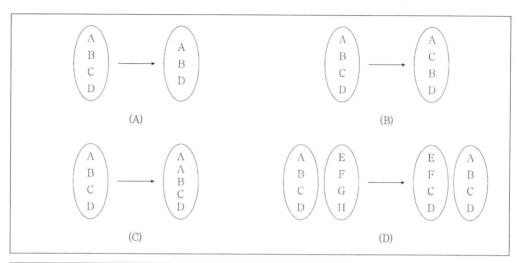

㉠ (A)는 결실, (B)는 역위이다.
㉡ (C)는 전좌, (D)는 중복이다.
㉢ 묘성 증후군이 이에 속한다.

① ㉠㉡
② ㉠㉢
③ ㉡㉢
④ ㉠㉡㉢

---

16 ㉠ (A)는 결실, (B)는 역위이다. (염색체 일부가 사라지거나 반대로 붙은 경우이다.)
㉡ (C)는 중복, (D)는 전좌이다.
㉢ 묘성 증후군이 이에 속한다. (5번 염색체의 결실이 원인이 된다.)

답 16.②

생명활동

1 다음은 동화 작용에 대한 그림이다. 다음 보기의 설명 중 옳은 것은?

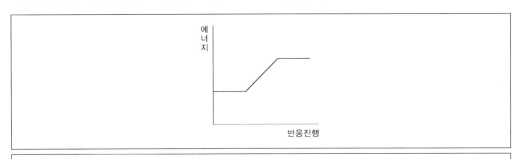

ㄱ 발열 반응이다.
ㄴ 광합성이 이에 속한다.
ㄷ 생성물이 주변의 에너지를 흡수한다.

① ㄱ   ② ㄴ

③ ㄷ   ④ ㄴㄷ

ADVICE

1 ㄱ 흡열 반응이다.
ㄴ 광합성이 이에 속한다. (물과 이산화탄소의 흡수 과정에서 일어난다.)
ㄷ 반응물이 주변의 에너지를 흡수한다.

답 1.②

2 물질대사의 특징으로 맞는 것은?

① 생물체 밖에서 일어난다.

② 생명 활동에 반드시 필요하다.

③ 반응이 단계 없이 급격하게 일어난다.

④ 체온과 상관없이 일어난다.

3 다음은 이화 작용에 대한 그림이다. 다음 보기의 설명 중 옳은 것은?

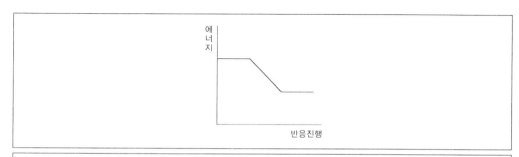

ㄱ 세포 호흡이 이에 속한다.
ㄴ 흡열 반응이다.
ㄷ 반응물이 에너지를 흡수한다.

① ㄱ

② ㄴ

③ ㄷ

④ ㄱㄷ

ADVICE

2 ① 생물체 안에서 일어난다.
② 생명 활동에 반드시 필요하다. (동화 작용과 이화 작용이 일어난다.)
③ 반응이 단계별로 일어난다.
④ 체온 범위 내에서 일어난다.

3 ㄱ 세포 호흡이 이에 속한다. (포도당과 산소와 물을 통해 일어난다.)
ㄴ 발열 반응이다.
ㄷ 반응물이 에너지를 방출한다.

답— 2.② 3.①

4 다음은 세포 호흡에 대한 설명이다. 다음 설명 중 옳은 것은?

① 물과 일산화탄소가 발생한다.

② 주로 엽록체에서 일어난다.

③ 포도당이 합성된다.

④ 호흡 기질 중 많이 이용되는 것은 탄수화물이다.

5 산소 호흡과 무산소 호흡에 대한 설명이다. 다음 보기의 설명 중 옳은 것은?

> ㉠ 산소 호흡은 유기물을 분해한다.
> ㉡ 무산소 호흡은 산소가 없이 유기물을 분해한다.
> ㉢ ATP는 무산소 호흡에서는 생성되지 않는다.

① ㉠

② ㉡

③ ㉢

④ ㉠㉡

ADVICE

4 ① 물과 이산화탄소가 발생한다.

② 주로 미토콘드리아에서 일어난다.

③ 포도당이 분해된다.

④ 호흡 기질 중 많이 이용되는 것은 탄수화물이다. (호흡 기질은 세포 호흡에 사용되는 영양소이다.)

5 ㉠ 산소 호흡은 유기물을 분해한다. (ATP 생성이 많다.)

㉡ 무산소 호흡은 산소가 없이 유기물을 분해한다. (세포질에서 일어난다.)

㉢ ATP는 무산소 호흡에서는 적게 생성된다.

답 4.④ 5.④

6 세포 호흡과 연소에 대한 설명이다. 다음 보기의 설명 중 옳은 것은?

> ㉠ 세포 호흡은 효소 반응이다.
> ㉡ 연소는 화학 에너지를 전기 에너지로 전환한다.
> ㉢ 세포 호흡과 연소는 산소를 필요로 한다.

① ㉠

② ㉡

③ ㉠㉢

④ ㉡㉢

7 ATP의 전환 과정을 통한 이용 중 옳지 않은 것은?

① 발광

② 근육운동

③ 물질 운동

④ 확산

ADVICE

6 ㉠ 세포 호흡은 효소 반응이다.
ㄴ 연소는 화학 에너지를 빛이나 열 에너지로 전환한다.
ㄷ 세포 호흡과 연소는 산소를 필요로 한다.

7 ① 발광
② 근육운동
③ 물질 운동
④ 확산

답 6.③ 7.④

8 다음은 ATP에 대한 그림이다. 다음 설명 중 옳은 것은?

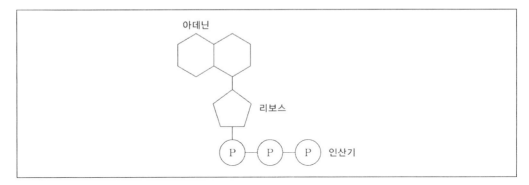

① 에너지 분해 물질이다.
② 분해 시 고에너지가 방출된다.
③ ATP와 인산이 결합하여 ADP가 된다.
④ 생명 활동과 관계없다.

9 에너지 대사에 대한 설명이다. 다음 설명 중 옳은 것은?

① 운동과 적절한 음식량 섭취를 통해 균형을 이루어야 한다.
② 에너지 섭취량이 에너지 소비량보다 많아야 한다.
③ 활동 대사량은 생명을 유지하는데 필요한 최소한의 에너지이다.
④ 기초 대사량은 하루에 필요한 전체 에너지량이다.

ADVICE

8 ① 에너지 전달 물질이다.
② 분해 시 고에너지가 방출된다. (7.3kcal의 에너지가 방출된다.)
③ ADP와 인산이 결합하여 ATP가 된다.
④ 생명 활동과 관계가 있다.

9 ① 운동과 적절한 음식량 섭취를 통해 균형을 이루어야 한다. (몸의 건강함을 유지할 수 있다.)
② 에너지 섭취량이 에너지 소비량과 균형을 이루어야 한다.
③ 기초 대사량은 생명을 유지하는데 필요한 최소한의 에너지이다.
④ 1일 대사량은 하루에 필요한 전체 에너지량이다.

답 8.② 9.①

10 기관계에 대한 설명이다. 다음 설명 중 옳은 것은?

① 소화계는 음식물에 있는 영양소를 체내에서 분해하고 흡수한다.

② 순환계는 노폐물을 몸 밖으로 내보낸다.

③ 배설계는 온몸으로 영양소를 운반한다.

④ 호흡계는 이산화탄소를 받아들이고 산소를 내보낸다.

11 영양소의 소화에 대한 설명이다. 다음 설명 중 옳은 것은?

① 3대 영양소는 그대로 흡수된다.

② 기계적 소화는 효소를 통해 분해되는 과정이다.

③ 화학적 소화는 분절 운동을 통해 분해되는 과정이다.

④ 탄수화물, 단백질, 지방은 분해를 통해 흡수 과정을 거친다.

ADVICE

10 ① 소화계는 음식물에 있는 영양소를 체내에서 분해하고 흡수한다. (대부분의 영양소는 소장을 통해 흡수가 이루어진다.)
② 배설계는 노폐물을 몸 밖으로 내보낸다.
③ 순환계는 온몸으로 영양소를 운반한다.
④ 호흡계는 산소를 받아들이고 이산화탄소를 내보낸다.

11 ① 3대 영양소는 작게 분해되는 과정을 통해 흡수된다.
② 화학적 소화는 효소를 통해 분해되는 과정이다.
③ 기계적 소화는 분절 운동을 통해 분해되는 과정이다.
④ 탄수화물, 단백질, 지방은 분해를 통해 흡수 과정을 거친다. (고분자 물질이 저분자 물질로 분해돼야 한다.)

답— 10.① 11.④

12 영양소의 흡수와 이동에 대한 설명이다. 다음 보기의 설명 중 옳은 것은?

> ㉠ 수용성 영양소는 소장 융털의 모세혈관을 통해 흡수된다.
> ㉡ 수용성과 지용성 영양소는 간과 심장 내에서 이동이 이루어진다.
> ㉢ 지용성 영양소는 소장 융털의 암죽관을 통해 흡수된다.

① ㉠ ② ㉢
③ ㉠㉢ ④ ㉡㉢

13 3대 영양소의 소화 과정에서 보기의 설명 중 옳은 것은?

> ㉠ 입에서 단백질은 엿당으로 분해된다.
> ㉡ 위에서 탄수화물은 폴리펩타이드로 분해된다.
> ㉢ 소장에서는 3대 영양소를 모두 다 분해할 수 있는 효소가 존재한다.

① ㉠ ② ㉢
③ ㉡㉢ ④ ㉠㉡㉢

ADVICE

12 ㉠ 수용성 영양소는 소장 융털의 모세혈관을 통해 흡수된다.
　　㉡ 수용성과 지용성 영양소는 온몸으로 이동이 이루어진다.
　　㉢ 지용성 영양소는 소장 융털의 암죽관을 통해 흡수된다.

13 ㉠ 입에서 탄수화물은 엿당으로 분해된다.
　　㉡ 위에서 단백질은 폴리펩타이드로 분해된다.
　　㉢ 소장에서는 3대 영양소를 모두 다 분해할 수 있는 효소가 존재한다.

답— 12.③ 13.②

14 노폐물의 생성과 배출에 대한 설명 중 옳은 것은?

① 이산화탄소는 폐를 통해 들숨으로 배출된다.

② 암모니아는 쓸개를 통해 요소로 전환된 후 배설된다.

③ 물은 콩팥과 폐로 배출된다.

④ 지방은 아미노산으로 분해되는 과정을 통해 배출된다.

15 오줌의 생성 과정에 대한 설명이다. 다음 설명 중 옳은 것은?

① 여과된 고체 물질을 통해 배출된다.

② 지방이나 혈구 등이 여과된다.

③ 포도당과 아미노산은 일부가 재흡수된다.

④ 분비 과정에서 모세 혈관에 있는 물질이 세뇨관으로 이동한다.

16 호흡계와 순환계에 대한 설명으로 옳은 것은?

① 호흡계는 질소를 받아들이고 이산화탄소를 내보낸다.

② 순환계는 간과 폐 등으로 구성되어 있다.

③ 호흡계는 단독적으로 움직이며 다른 기관계와의 연관성이 없다.

④ 순환계는 2개의 심방과 2개의 심실의 구조를 가지고 있는 것이 있다.

ADVICE

14 ① 이산화탄소는 폐를 통해 날숨으로 배출된다.
② 암모니아는 간을 통해 요소로 전환된 후 배설된다.
③ 물은 콩팥과 폐로 배출된다. (대부분 물로 내보낸다.)
④ 단백질은 아미노산으로 분해되는 과정을 통해 배출된다.

15 ① 여과된 액체 물질을 통해 배출된다.
② 지방이나 혈구 등은 커서 여과되지 않는다.
③ 포도당과 아미노산은 전부가 재흡수된다.
④ 분비 과정에서 모세 혈관에 있는 물질이 세뇨관으로 이동한다.

16 ① 호흡계는 산소를 받아들이고 이산화탄소를 내보낸다.
② 순환계는 심장, 혈액 등으로 구성되어 있다.
③ 호흡계는 다른 기관계와의 연관성이 많다.
④ 순환계는 2개의 심방과 2개의 심실의 구조를 가지고 있는 것이 있다. (심장을 통해 이루어진다.)

답— 14.③ 15.④ 16.④

17 기체 교환과 운반에 대한 설명으로 옳은 것은?

① 기체 교환은 확산의 원리를 따른다.

② 에너지 소모가 굉장히 많은 편이다.

③ 산소는 조직 세포에서 혈액으로 움직인다.

④ 이산화탄소는 폐포에서 혈액으로 움직인다.

18 순환계를 통한 물질 운반에 대한 설명으로 옳은 것은?

> ⊙ 체순환은 좌심방에서 시작하여 우심방으로 돌아오는 과정이다.
> ⓒ 폐순환은 우심실에서 시작하여 좌심방으로 돌아오는 과정이다.
> ⓒ 산소는 림프구 안에 있는 헤모글로빈을 통해 움직인다.

① ⊙   ② ⓒ

③ ⓒ   ④ ⊙ⓒⓒ

ADVICE

17 ① 기체 교환은 확산의 원리를 따른다. (분압 차이에 따른다.)

② 에너지 소모가 없다.

③ 이산화탄소는 조직 세포에서 혈액으로 움직인다.

④ 산소는 폐포에서 혈액으로 움직인다.

18 ⊙ 체순환은 좌심실에서 시작하여 우심방으로 돌아오는 과정이다.

ⓒ 폐순환은 우심실에서 시작하여 좌심방으로 돌아오는 과정이다.

ⓒ 산소는 적혈구 안에 있는 헤모글로빈을 통해 움직인다.

답 17.① 18.②

19 각 기관계와 다른 기관계와의 상호작용에 대한 설명으로 옳은 것은?

① 소화계는 배설계를 통해 흡수, 운반한다.

② 호흡계는 소화계를 통해 산소, 이산화탄소 등을 받아들이고 내보낸다.

③ 배설계는 순환계를 통해 노폐물을 걸러낸다.

④ 각 기관계는 각자 기능을 수행하고 연관이 별로 크지 않다.

20 당뇨병에 대한 설명이다. 다음 보기의 설명 중 옳은 것은?

㉠ 인슐린 의존성과 비의존성으로 나뉜다.
㉡ 소화 당뇨병은 인슐린 주입으로 치유한다.
㉢ 성인 당뇨병은 인슐린이 생산되지 않는다.
---

① ㉠   ② ㉡

③ ㉠㉡   ④ ㉡㉢

ADVICE

19 ① 소화계는 순환계를 통해 흡수, 운반한다.
② 호흡계는 순환계를 통해 산소, 이산화탄소 등을 받아들이고 내보낸다.
③ 배설계는 순환계를 통해 노폐물을 걸러낸다.
④ 각 기관계는 각자 기능을 수행하고 서로 협력한다.

20 ㉠ 인슐린 의존성과 비의존성으로 나뉜다.
㉡ 소화 당뇨병은 인슐린 주입으로 치유한다.
㉢ 성인 당뇨병은 인슐린이 생산된다.

답— 19.③ 20.③

자극과 신경계

1 다음 그림은 자극에 대한 반응 경로를 나타낸 것이다. 어떤 사람이 압정을 밟았을 때 무의식적으로 발을 떼는 행동에 대한 경로로 옳은 것은?

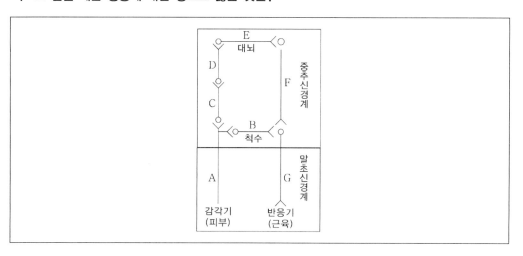

① A→B→G

② A→B→F→E

③ A→C→D→E

④ A→C→D→E→F→G

ADVICE

1 A→B→G로 발생하는 무의식적 반응은 척수 반응이라고도 하며 말초 신경계에서 일어난다.

답 1.①

2 다음은 뉴런에 대한 그림이다. 보기의 설명 중 옳은 것은?

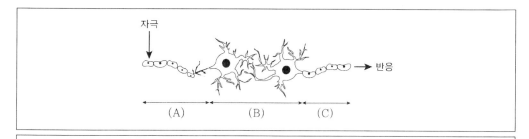

<보기>

㉠ (A)는 흥분이 전달되는 뉴런이다.
㉡ (B)는 운동 뉴런이다.
㉢ (C)는 정보를 처리하는 기능을 맡고 있다.

① ㉠   ② ㉡
③ ㉢   ④ ㉠㉢

3 다음은 흥분의 전달에 대한 설명이다. 다음 설명 중 옳은 것은?

① 뉴런에서 가지돌기를 거쳐 축삭돌기로 전달된다.
② 시냅스 틈으로 아세틸콜린이 생성된다.
③ K^+이 유입되도록 한다.
④ 쌍방향으로 흥분이 전달된다.

■ ADVICE ■

2 ㉠ (A)는 흥분이 전달되는 뉴런이다.((A)는 감각 뉴런이다.)
㉡ (B)는 연합 뉴런이다.
㉢ (C)는 운동 뉴런이고 근육과 같은 곳에 흥분을 전달한다.

3 ① 뉴런에서 축삭돌기를 거쳐 가지돌기로 전달된다.
② 시냅스 틈으로 아세틸콜린이 생성된다. (신경 전달 물질이다.)
③ Na^+이 유입되도록 한다.
④ 한 방향으로 흥분이 전달된다.

답 – 2.① 3.②

※ 다음은 흥분의 전도 과정에 대한 그림이다. 【4~6】

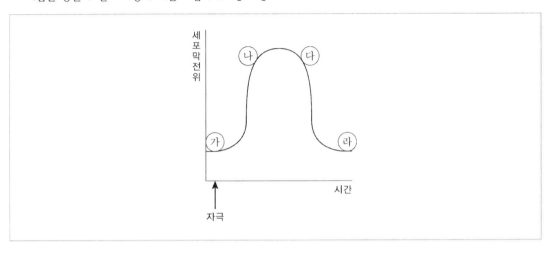

4 분극에 대한 설명이다. 다음 설명 중 옳은 것은?

① 분극은 뉴런의 세포막을 경계로 안쪽이 양전하 바깥쪽을 음전하라 한다.

② Na^+와 K^+는 확산을 통해 움직인다.

③ 전위차는 60~90mV 사이이다.

④ 휴지 전위는 분극 상태에서의 전위차를 말한다.

ADVICE

4 ① 분극은 뉴런의 세포막을 경계로 안쪽이 음전하 바깥쪽을 양전하라 한다.
② Na^+와 K^+는 능동수송을 통해 움직인다.
③ 전위차는 $-90{\sim}-60$mV 사이이다.
④ 휴지 전위는 분극 상태에서의 전위차를 말한다

답 4.④

5 재분극에 대한 설명이다. 다음 설명 중 옳은 것은?

① Na^+에 대한 투과성이 늘어난다.

② K^+에 대한 투과성이 감소한다.

③ 막전위가 다시 하강하게 된다.

④ 자극 이후의 분극 상태가 된다.

6 탈분극에 대한 설명이다. 다음 설명 중 옳은 것은?

① 세포 내부의 막전위가 하강한다.

② 탈분극이 역치 이하로 진행되면 많은 Na^+이 유입된다.

③ 흥분의 전도를 일으킨다.

④ 막 내부의 전위는 $-40 \sim -30mV$이다.

ADVICE

5 ① Na^+에 대한 투과성이 감소한다.
   ② K^+에 대한 투과성이 늘어난다.
   ③ 막전위가 다시 하강하게 된다.(Na^+와 K^+ 펌프로 이온이 재배치된다.)
   ④ 자극 이전의 분극 상태가 된다.

6 ① 세포 내부의 막전위가 상승한다.
   ② 탈분극이 역치 이상로 진행되면 많은 Na^+이 유입된다.
   ③ 흥분의 전도를 일으킨다.(전위 변화를 통해 일으킨다.)
   ④ 막 내부의 전위는 $30 \sim 40mV$이다.

답— 5.③ 6.③

※ 다음은 골격근 구조에 대한 그림이다. 【7~8】

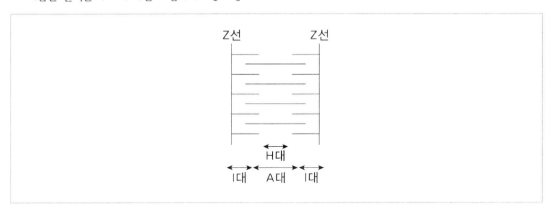

7 보기의 설명 중 옳은 것은?

> ㉠ 에너지원으로 ATP가 이용된다.
> ㉡ 근육 원섬유 마디가 길어지면 근육 수축이 발생한다.
> ㉢ 골격근은 단핵 세포이다.

① ㉠   ② ㉡

③ ㉢   ④ ㉡㉢

ADVICE

7 ㉠ 에너지원으로 ATP가 이용된다. (크레아틴 인산과 글리코겐 대사 과정에서 영향을 준다.)
　㉡ 근육 원섬유 마디가 줄어들면 근육 수축이 발생한다.
　㉢ 골격근은 다핵 세포이다.

답 7.①

8 보기의 설명 중 옳은 것은?

> ㉠ 근수축 시 액틴 필라멘트와 마이오신이 변한다.
> ㉡ A대는 길이가 변하지 않는다.
> ㉢ H대는 길이의 변화가 없다.

① ㉠   ② ㉡
③ ㉠㉢   ④ ㉡㉢

9 신경계에 대한 설명이다. 다음 설명 중 옳은 것은?

① 신경계는 중추신경계로 이루어져 있다.

② 뇌신경은 31쌍, 척수신경은 12쌍으로 이루어져 있다.

③ 항상성 유지에 대해 영향을 준다.

④ 내분비샘의 작용을 주로 억제한다.

ADVICE

8 ㉠ 근수축 시 액틴 필라멘트와 마이오신이 변하지 않는다.
㉡ A대는 길이가 변하지 않는다.
㉢ H대는 길이의 변화가 있다.

9 ① 신경계는 중추신경계와 말초신경계로 이루어져 있다.
② 뇌신경은 12쌍, 척수신경은 31쌍으로 이루어져 있다.
③ 항상성 유지에 대해 영향을 준다.
④ 내분비샘의 작용을 조절한다.

답 8.② 9.③

※ 다음은 뇌에 대한 그림이다. [10~13]

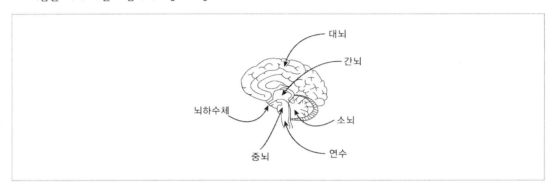

10 대뇌의 설명 중 옳은 것은?

① 대뇌 겉질은 주로 백색질이다.

② 정신활동의 중추 역할을 한다.

③ 대뇌 피질에 측두엽 등이 존재한다.

④ 좌우가 같은 방향을 관장한다.

11 소뇌의 설명 중 옳은 것은?

① 좌우 4개의 반구가 존재한다.

② 하품이나 눈물 등을 관장한다.

③ 몸의 평형을 유지해준다.

④ 표면적이 넓고 주름이 많다.

ADVICE

10 ① 대뇌 겉질은 주로 회색질이다.
② 정신활동의 중추 역할을 한다. (감각과 수의에도 관여한다.)
③ 대뇌 겉질에 측두엽 등이 존재한다.
④ 좌우가 다른 방향을 관장한다.

11 ① 좌우 2개의 반구가 존재한다.
② 연수는 하품이나 눈물 등을 관장한다.
③ 몸의 평형을 유지해준다. (전정기관과 세반고리관이 있다.)
④ 대뇌는 표면적이 넓고 주름이 많다.

답— 10.② 11.③

12 간뇌의 설명 중 옳지 않은 것은?

① 혈당량이나 삼투압 조절 등을 한다.

② 시상 하부에서 자율신경계와 내분비계의 조절 역할을 한다.

③ 호르몬 분비를 한다.

④ 뇌하수체는 시상 하부 위쪽에 있다.

13 중뇌와 연수의 설명 중 옳은 것은?

① 중뇌는 안구와 홍채 운동에 관여한다.

② 연수는 몸의 평형에 영향을 준다.

③ 중뇌는 뇌 중에 크기가 중간에 해당한다.

④ 연수는 내분비샘의 기능을 조절한다.

14 의식적인 반응과 무조건 반사에 대한 설명이다. 다음 설명 중 옳은 것은?

① 의식적 반응은 중뇌에서 관여한다.

② 무조건 반사는 대뇌에서 관장한다.

③ 재채기나 하품은 중뇌 반사에 해당한다.

④ 배변이나 도피 반사는 척수 반사에 해당한다.

ADVICE

12 ① 혈당량이나 삼투압 조절 등을 한다.
② 시상 하부에서 자율신경계와 내분비계의 조절 역할을 한다.
③ 호르몬 분비를 한다.
④ 뇌하수체는 시상 하부 아래쪽에 있다.

13 ① 중뇌는 안구와 홍채 운동에 관여한다. (눈과 관련된 것들에 관여한다.)
② 중뇌는 몸의 평형에 영향을 준다.
③ 중뇌는 뇌 중에 크기가 가장 작은 편에 해당한다.
④ 뇌하수체는 내분비샘의 기능을 조절한다.

14 ① 의식적 반응은 대뇌에서 관여한다.
② 무조건 반사는 척수, 중뇌, 연수 등에서 관장한다.
③ 재채기나 하품은 연수 반사에 해당한다.
④ 배변이나 도피 반사는 척수 반사에 해당한다. (그 외에도 땀 분비나 무릎 반사가 이에 속한다.)

답— 12.④ 13.① 14.④

15 다음 중 부교감 신경에 대한 설명으로 옳은 것은?

> ㉠ 아세틸콜린과 노르에피네프린이 나온다.
> ㉡ 동공이 작아지고 소화액 분비가 많아진다.
> ㉢ 혈당량이 증가하고 방광이 늘어난다.

① ㉠   ② ㉡

③ ㉢   ④ ㉡㉢

16 신경계의 이상과 질환에 대한 설명이다. 다음 보기의 설명 중 옳은 것은?

> ㉠ 대뇌 기능이 저하되면 파킨슨병이 나타날 수 있다.
> ㉡ 도파민의 분비에 이상이 생기면 알츠하이머병이 생길 수 있다.
> ㉢ 루게릭병은 운동신경의 이상에서 나온 것이다.

① ㉠   ② ㉢

③ ㉠㉢   ④ ㉡㉢

ADVICE

15 ㉠ 아세틸콜린이 나온다.
     ㉡ 동공이 작아지고 소화액 분비가 많아진다.
     ㉢ 혈당량이 증가하고 방광이 늘어난다.

16 ㉠ 대뇌 기능이 저하되면 알츠하이머병이 나타날 수 있다.
     ㉡ 도파민의 분비에 이상이 생기면 파킨슨병이 생길 수 있다.
     ㉢ 루게릭병은 운동신경의 이상에서 나온 것이다.

답— 15.④ 16.②

06 항상성과 방어작용

1 다음 호르몬의 특성으로 옳은 것은?

① 특정 분비관을 통해 혈액이나 조직액으로 분비된다.

② 다량으로 생리 작용을 조절한다.

③ 대부분 종 특이성이 존재한다.

④ 항체가 생기지 않는다.

2 호르몬과 신경에 대한 설명이다. 다음 보기의 설명 중 옳은 것은?

> ㉠ 호르몬은 전달 속도가 빠르다.
> ㉡ 신경의 효과는 지속적이다.
> ㉢ 호르몬은 작용 범위가 광범위하다.

① ㉠   ② ㉡

③ ㉢   ④ ㉠㉡

ADVICE

1 ① 별도의 분비관 없이 혈액이나 조직액으로 분비된다.
② 소량으로 생리 작용을 조절한다.
③ 대부분 종 특이성이 없다.
④ 항체가 생기지 않는다. (항원으로 작용하지 않는다.)

2 ㉠ 호르몬은 전달 속도가 느리다.
㉡ 신경의 효과는 일시적이다.
㉢ 호르몬은 작용 범위가 광범위하다. (효과는 지속적이다.)

답 1.④ 2.③

3 내분비샘과 주요 호르몬에 대한 설명이다. 다음 설명 중 옳은 것은?

① 뇌하수체 후엽에서는 옥시토신이 분비된다.

② 이자에서는 티록신이 분비된다.

③ 부신 속질에서는 무기질 코르티코이드가 분비된다.

④ 뇌하수체 전엽에서는 항이뇨 호르몬이 분비된다.

※ 다음 그림은 피드백과 길항작용에 대한 그림이다. 【4~5】

4 다음 보기의 설명으로 옳은 것은?

> ㉠ (A)는 양성 피드백 과정이다.
> ㉡ (A)에서는 억제하려는 쪽으로 나타난다.
> ㉢ (B)는 서로 반대의 작용을 한다.

① ㉠   ② ㉡

③ ㉢   ④ ㉡㉢

ADVICE

3 ① 뇌하수체 후엽에서는 옥시토신이 분비된다.
② 갑상샘에서 티록신이 분비된다.
③ 부신 겉질에서 무기질 코르티코이드가 분비된다.
④ 뇌하수체 후엽에서는 항이뇨 호르몬이 분비된다.

4 ㉠ (A)는 음성 피드백 과정이다.
㉡ (A)에서는 억제하려는 쪽으로 나타난다. (음성 피드백이다.)
㉢ (B)는 서로 반대의 작용을 한다. (길항작용을 한다.)

답― 3.① 4.④

5 이를 통해 알 수 있는 사실은?

① 서로 반대되는 작용을 통해 효과를 극대화한다.

② 자율신경과 호르몬이 관여한다.

③ 혈당량에 관해 관여하는 기관은 심장이다.

④ 체내 환경에 대한 유지를 하기 어렵다.

6 추울 때 체온 조절에 대한 설명이다. 다음 설명 중 옳은 것은?

① 체온 변화는 대뇌에서 관장한다.

② 열 발산량이 증가한다.

③ 골격근의 팽창으로 인한 열 발생량이 많아진다.

④ 혈관 수축 등을 통한 열 발산량을 줄인다.

7 더울 때 체온 조절에 대한 설명이다. 다음 설명 중 옳은 것은?

① 간뇌의 시상 하부에서 관여한다.

② 열 발생량이 증가한다.

③ 물질대사가 활발해진다.

④ 땀 분비를 억제한다.

ADVICE

5 ① 서로 반대되는 작용을 통해 효과를 최소화한다.
② 자율신경과 호르몬이 관여한다. (항상성의 특징이다.)
③ 혈당량에 관해 관여하는 기관은 간이다.
④ 체내 환경에 대한 유지를 한다.

6 ① 체온 변화는 간뇌의 시상하부에서 관장한다.
② 열 발산량이 감소한다.
③ 골격근의 수축으로 인한 열 발생량이 많아진다.
④ 혈관 수축 등을 통한 열 발산량을 줄인다. (체온을 높인다.)

7 ① 간뇌의 시상 하부에서 관여한다.
② 열 발생량이 감소한다.
③ 물질대사가 억제된다.
④ 땀 분비를 활발히 한다.

답 5.② 6.④ 7.①

8 다음은 혈당량 조절에 대한 설명이다. 다음 설명 중 옳은 것은?

① 중뇌에서 관여한다.

② 고혈당일 때 이자의 β 세포에서 작용한다.

③ 저혈당일 때 칼시토닌이 분비된다.

④ 정상인의 혈중 포도당 농도는 1%로 유지된다.

9 다음 그림은 삼투압 조절에 대한 것이다. 다음 설명 중 옳은 것은?

(A)삼투압(고) → 간뇌 시상하부 → 뇌하수체 후엽 → 콩팥 → 삼투압감소
(B)삼투압(저) → 간뇌 시상하부 → 뇌하수체 후엽 → 콩팥 → 삼투압증가

① (A)는 항이뇨 호르몬 분비가 촉진된다.

② (B)는 물의 재흡수량이 증가한다.

③ (A)의 오줌량이 증가한다.

④ (B)의 오줌량이 감소한다.

ADVICE

8 ① 간뇌에서 관여한다.
② 고혈당일 때 이자의 β세포에서 작용한다. (인슐린이 분비된다.)
③ 저혈당일 때 글루카곤이 분비된다.
④ 정상인의 혈중 포도당 농도는 0.1%로 유지된다.

9 ① (A)는 항이뇨 호르몬 분비가 촉진된다. (삼투압 조절을 한다.)
② (B)는 물의 재흡수량이 감소한다.
③ (A)의 오줌량이 감소한다.
④ (B)의 오줌량이 증가한다.

답 — 8.② 9.①

10 무기 염류량의 조절에 대한 보기의 설명 중 옳은 것은?

> ㉠ 부신 속질에서 관여한다.
> ㉡ Na^+의 재흡수를 억제하며 조절한다.
> ㉢ 혈압이 낮아지면 분비가 많아진다.

① ㉠   ② ㉡

③ ㉢   ④ ㉠㉢

11 병원체에 대한 설명이다. 다음 설명 중 옳은 것은?

① 세균은 숙주 세포에 서식한다.

② 바이러스는 독소를 분비한다.

③ 균류에는 무좀 등이 있다.

④ 프라이온의 변형에 말라리아가 있다.

10 ㉠ 부신 겉질에서 관여한다.
    ㉡ Na^+의 재흡수를 촉진하며 조절한다.
    ㉢ 혈압이 낮아지면 분비가 많아진다. (삼투압을 조절한다.)

11 ① 바이러스는 숙주 세포에 서식한다.
    ② 세균은 독소를 분비한다.
    ③ 균류에는 무좀 등이 있다.
    ④ 프라이온의 변형에 야코프병 등이 있다.

답— 10.③ 11.③

12 1차 방어 작용에 대한 설명이다. 다음 설명 중 옳은 것은?

① 감염 발생 시 천천히 반응이 일어난다.

② 땀의 산성 성분으로 세균이 증식을 많이 한다.

③ 분비액은 세균의 세포벽을 와해시킨다.

④ 적혈구는 식균작용을 한다.

13 2차 방어 작용에 대한 설명이다. 다음 설명 중 옳은 것은?

① T림프구와 B림프구가 있다.

② 항원은 면역 반응을 일으킨다.

③ B림프구는 감염된 세포를 없앤다.

④ 림프구는 적혈구의 일종이다.

14 다음 빈 칸에 들어갈 용어로 적절하지 않은 것은?

(A)림프구를 통해 (B)림프구는 항체를 생성한다. 동일한 항원이 침입할 시 (C)세포와 (D)세포를 만든다.

① A－T
② B－B
③ C－이상
④ D－형질

ADVICE

12 ① 감염 발생 시 빠른 반응이 일어난다.
② 땀의 산성 성분으로 세균이 증식을 억제한다.
③ 분비액은 세균의 세포벽을 와해시킨다. (라이소자임이 있다.)
④ 백혈구는 식균작용을 한다.

13 ① T림프구와 B림프구가 있다. (가슴샘과 골수에서 성숙된다.)
② 항체는 면역 반응을 일으킨다.
③ T림프구는 감염된 세포를 없앤다.
④ 림프구는 백혈구의 일종이다.

14 (T)림프구를 통해 (B)림프구는 항체를 생성한다. 동일한 항원이 침입할 시 (기억)세포와 (형질)세포를 만든다.

답— 12.③ 13.① 14.③

15 질병에 대한 설명이다. 보기의 설명 중 옳은 것은?

> ㉠ 감염성 질병에 고혈압이나 당뇨병 등이 있다.
> ㉡ 비감염성은 생활환경 등이 원인이 된다.
> ㉢ 비감염성 질병은 호흡기를 통한 경로를 가지고 있다.

① ㉠   ② ㉡
③ ㉠㉡   ④ ㉠㉢

16 백신에 대한 설명이다. 다음 보기의 설명 중 옳은 것은?

> ㉠ 면역 반응으로 질병을 예방할 수 있게 된다.
> ㉡ 자연 항원을 백신이라 한다.
> ㉢ 병이 더욱 악화될 수도 있다.

① ㉠   ② ㉢
③ ㉠㉡   ④ ㉡㉢

ADVICE

15 ㉠ 비감염성 질병에 고혈압이나 당뇨병 등이 있다.
㉡ 비감염성은 생활환경 등이 원인이 된다. (유전 등이 원인이 된다.)
㉢ 감염성 질병은 호흡기를 통한 경로를 가지고 있다.

16 ㉠ 면역 반응으로 질병을 예방할 수 있게 된다. (기억 세포가 형성된다.)
㉡ 인공 항원을 백신이라 한다.
㉢ 병을 더욱 예방할 수 있다.

답 15.② 16.①

※ 다음은 혈액형에 대한 그림이다. 【17~18】

	(a)	(b)	(c)	(d)
응집원	A	B	A,B	X
응집소	β	α	X	α,β

17 보기의 설명 중 옳은 것은?

⊙ (a)는 (d)로부터 소량을 수혈을 받을 수 있다.
ⓒ (b)는 B형이다.
ⓒ (c)는 모든 혈액형에게 혈액을 수혈 할 수 있다.

① ⊙

② ⓒ

③ ⓒ

④ ⊙ⓒ

18 이를 통해 알 수 있는 사실은?

① 서로 다른 혈액끼리 수혈을 해도 문제가 없다.
② 수혈이 가능하려면 응집원과 응집소의 반응이 없어야 한다.
③ 혈액형은 5개 이상이 존재한다.
④ 응집원은 백혈구 표면에 두 종류가 존재한다.

ADVICE

17 ⊙ (a)는 (d)로부터 소량을 수혈을 받을 수 있다. ((a)는 A형이고 (d)는 O형이다.)
ⓒ (b)는 B형이다.
ⓒ (c)는 AB형이고 모든 혈액형에게 혈액을 수혈 받을 수 있다.

18 ① 서로 다른 혈액끼리 수혈을 하면 문제가 생길 수 있다.
② 수혈이 가능하려면 응집원과 응집소의 반응이 없어야 한다. (응집원과 응집소가 반응하면 수혈을 할 수 없다.)
③ 혈액형은 4개 존재한다.
④ 응집원은 적혈구 표면에 두 종류가 존재한다.

답— 17.④ 18.②

※ 다음은 Rh식 혈액형에 대한 그림이다. 【19~20】

	(A)	(B)
응집원	○	X
응집소	X	응집원 노출시 ○

19 보기의 설명 중 옳은 것은?

㉠ (A)는 태반 통과가 가능하다.
㉡ (A)에서 적아세포증이 있을 수 있다.
㉢ (B)는 조건 없이 (A)에게 수혈이 가능하다.

① ㉠　　　　　　　　　　　　　② ㉡
③ ㉢　　　　　　　　　　　　　④ ㉡㉢

20 이를 통해 알 수 있는 사실은?

① 응집원은 혈소판에 있다.
② (B)는 태반을 통과할 수 없다.
③ 가급적 같은 혈액끼리 수혈을 하는 것이 좋다.
④ 응집소는 백혈구에 있다.

ADVICE

19 ㉠ (A)는 태반 통과가 가능하다. ((A)는 Rh^+형이다.)
　　㉡ (B)는 Rh^-형이고 적아세포증이 있을 수 있다.
　　㉢ (B)가 응집원에 노출되지 않았다면 (A)에게 수혈이 가능하다.

20 ① 응집원은 적혈구에 있다.
　　② (B)는 태반을 통과할 수 있다.
　　③ 가급적 같은 혈액끼리 수혈을 하는 것이 좋다. (응집원, 응집소 반응이 없어야 한다.)
　　④ 응집소는 혈장에 있다.

답 19.① 20.③

자연 속의 인간

1 다음 중 생태계의 구성요소가 아닌 것은?

① 생산자   ② 소비자

③ 분해자   ④ 응집소

2 생태계 구성요소간의 관계에 대한 설명으로 옳은 것은?

① 작용은 생물이 환경에 영향을 주는 것을 말한다.

② 반작용은 환경이 생물에 영향을 끼치는 것이다.

③ 상호작용은 환경과 환경 사이에서 영향을 받는 것이다.

④ 비생물학적 요소가 큰 영향을 미친다.

3 생물의 다양성에 해당하지 않는 것은?

① 유전적 다양성   ② 생물 종 다양성

③ 생태계 다양성   ④ 순환적 다양성

ADVICE

1 ① 생산자
② 소비자
③ 분해자

2 ① 반작용은 생물이 환경에 영향을 주는 것을 말한다.
② 작용은 환경이 생물에 영향을 끼치는 것이다.
③ 상호작용은 생물과 생물 사이에서 영향을 받는 것이다.
④ 비생물학적 요소가 큰 영향을 미친다.(물이나 햇빛 등이 영향을 많이 준다.)

3 ① 유전적 다양성
② 생물 종 다양성
③ 생태계 다양성

답 1.④ 2.④ 3.④

4 생물 다양성을 보전하기 위한 방안으로 적절하지 않은 것은?

① 서식지의 고립화
② 국가 간의 대화와 협력
③ 일정한 구역의 보호
④ 저탄소 녹색 성장

5 다음 온도와 생물에 대한 설명으로 옳은 것은?

① 따뜻한 곳에서는 침엽수가, 추운 곳에서는 활엽수가 많다.
② 어떤 동물들은 계절에 따라 몸의 형태나 크기가 다르다.
③ 모든 정온동물은 겨울잠을 잔다.
④ 기온이 낮아지면 엽록소가 생긴다.

6 다음은 물과 생물에 대한 설명이다. 다음 설명 중 옳은 것은?

① 건조한 곳의 낙타는 물의 손실을 줄인다.
② 물위의 건생 식물은 줄기나 잎이 발달되어 있다.
③ 사막의 파충류는 몸의 비늘로 물을 손실시킨다.
④ 물이 부족한 곳에서 수생 식물은 뿌리가 깊다.

ADVICE

4 ② 국가 간의 대화와 협력
③ 일정한 구역의 보호
④ 저탄소 녹색 성장

5 ① 따뜻한 곳에서는 활엽수가, 추운 곳에서는 침엽수가 많다.
② 어떤 동물들은 계절에 따라 몸의 형태나 크기가 다르다.(호랑나비 등이 이에 속한다.)
③ 곰 등의 일부 정온동물이 겨울잠을 잔다.
④ 기온이 낮아지면 엽록소가 없어진다.

6 ① 건조한 곳의 낙타는 물의 손실을 줄인다.(물을 효율적으로 이용한다.)
② 물위의 수생 식물은 줄기나 잎이 발달되어 있다.
③ 사막의 파충류는 몸의 비늘로 물의 손실을 줄인다.
④ 물이 부족한 곳에서 건생 식물은 뿌리가 깊다.

答 - 4.① 5.② 6.①

※ 다음은 빛과 생물과 관련된 그림이다. 【7~8】

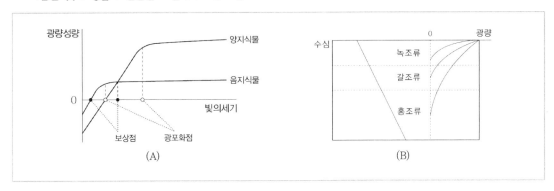

7 보기의 설명 중 옳은 것은?

> ㉠ (A)에서 빛을 적게 받는 양엽은 잎이 얇고 넓다.
> ㉡ (A)에서 양지 식물은 빛의 세기가 약한 곳에서도 살아간다.
> ㉢ (B)에서 빛의 투과에 따른 해조류의 종류가 다르다.

① ㉠　　　　　　　　　　　　　② ㉡
③ ㉢　　　　　　　　　　　　　④ ㉠㉡

8 이를 통해 알 수 있는 사실은?

① 빛에 따른 식물의 적응이 각자 다르다.

② 빛이 없어도 자랄 수 있는 식물이 있다.

③ 수심에 따른 빛의 파장은 같다.

④ 일조 시간에 따른 민감함이 둔하다.

━━━━━━━━━━━━━ **ADVICE** ━━━━━━━━━━━━━

7 ㉠ (A)에서 빛을 적게 받는 음엽은 잎이 얇고 넓다.
　　㉡ (A)에서 음지 식물은 빛의 세기가 약한 곳에서도 살아간다.
　　㉢ (B)에서 빛의 투과에 따른 해조류의 종류가 다르다.

8 ① 빛에 따른 식물의 적응이 각자 다르다.
　　② 빛이 있어야 식물이 자랄 수 있다.
　　③ 수심에 따른 빛의 파장은 다르다.
　　④ 일조 시간에 따른 민감함이 빠르다.

답— 7.③ 8.①

※ 다음은 개체군에 대한 그림이다. 【9~10】

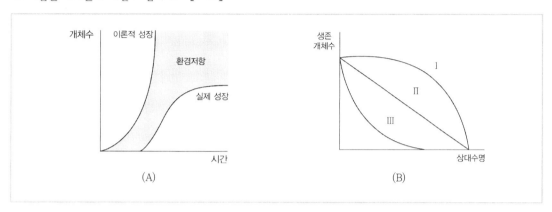

(A)   (B)

9 (A)에 대한 설명 중 옳은 것은?

① 이론적 생장 곡선을 따르기 쉽다.

② 실제 생장 곡선으로 되는 이유는 환경 저항 때문이다.

③ 환경 저항은 언제든 극복될 수 있다.

④ 환경 수용력이 존재하지 않는다.

10 (B)에 대한 설명 중 옳은 것은?

① 연령별 사망률은 비슷하다.

② Ⅰ형은 부모의 보호를 받는다.

③ Ⅱ형에는 굴이나 어류 등이 있다.

④ Ⅲ형은 사망률이 일정한 편이다.

ADVICE

9 ① 이론적 생장 곡선을 따르기 쉽지 않다.
    ② 실제 생장 곡선으로 되는 이유는 환경 저항 때문이다.(먹이 부족이나 질병 증가 등이 원인이 된다.)
    ③ 환경 저항은 언제, 어디서든 존재한다.
    ④ 환경 수용력이 존재한다.

10 ① 연령별 사망률은 다르다.
    ② Ⅰ형은 부모의 보호를 받는다.(초기보단 후기 사망률이 높다.)
    ③ Ⅲ형에는 굴이나 어류 등이 있다.
    ④ Ⅱ형은 사망률이 일정한 편이다.

답─ 9.② 10.②

11 개체군의 변동에 대한 설명이다. 다음 설명 중 옳지 않은 것은?

① 계절에 따른 변동이 존재한다.

② 먹이 관계로 인한 변동이 있다.

③ 주기적으로 변동한다.

④ 장단기적 변동의 구분이 없다.

12 개체군 내의 상호작용에 해당하지 않는 것은?

① 텃세   ② 순위제

③ 포식과 피식   ④ 리더제

13 군집의 특성과 종류에 대한 설명이다. 다음 설명 중 옳은 것은?

① 생태적 지위로 먹이 지위와 공간 지위가 있다.

② 먹이 그물이 복잡하게 된 형태를 먹이 사슬이라고 한다.

③ 우점종은 특정 지역에서 나타난다.

④ 육상 군집은 강이나 바다 근처에 있다.

ADVICE

11 ① 계절에 따른 변동이 존재한다.
② 먹이 관계로 인한 변동이 있다.
③ 주기적으로 변동한다.
④ 장단기적 변동이 있다.

12 개체군 내의 상호작용에는 텃세, 순위제, 리더제, 사회생활, 가족생활 등이 있다. 경쟁, 분서, 공생과 기생, 포식과 피식은 군집 내 개체군 간의 상호작용이다.

13 ① 생태적 지위로 먹이 지위와 공간 지위가 있다.(군집 내에서 차지하는 위치이다.)
② 먹이 사슬이 복잡하게 된 형태를 먹이 그물이라고 한다.
③ 우점종은 넓은 지역에서 나타난다.
④ 수생 군집은 강이나 바다 근처에 있다.

답— 11.④ 12.③ 13.①

14 군집의 생태 분포와 천이에 대한 설명 중 옳은 것은?

① 수평 분포는 주로 고도에 따라 분포한다.

② 수직 분포는 주로 강수량에 따라 나타난다.

③ 2차 천이는 건성 천이와 습성 천이로 나눌 수 있다.

④ 극상은 음수림에서 나오는 군집이다.

15 다음은 상호작용에 따른 개체수 변화이다. 다음 설명 중 옳은 것은?

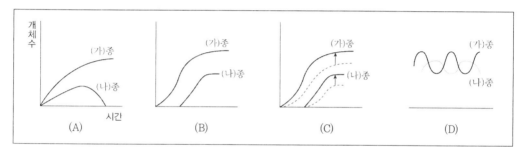

① (A)는 분서가 일어났다.

② (B)는 경쟁이 적용됐다.

③ (C)는 두 개체군이 상리 공생을 하였다.

④ (D)는 편리 공생이 일어났다.

ADVICE

14 ① 수직 분포는 주로 고도에 따라 분포한다.
② 수평 분포는 주로 강수량과 온도에 따라 나타난다.
③ 1차 천이는 건성 천이와 습성 천이로 나눌 수 있다.
④ 극상은 음수림에서 나오는 군집이다.(안정적 상태이다.)

15 ① (A)는 경쟁이 일어났다.
② (B)는 분서가 적용됐다.
③ (C)는 두 개체군이 상리 공생을 하였다.(둘 다 유익을 얻었다.)
④ (D)는 포식과 피식이 일어났다.

답— 14.④ 15.③

16 다음은 숲의 생산량과 소비량에 대한 그림이다. 다음 보기의 설명 중 옳은 것은?

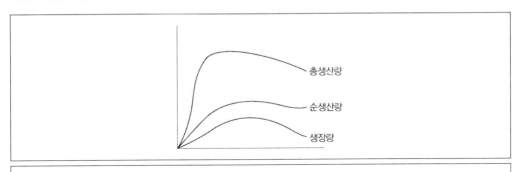

⊙ 순생산량은 총생산량에서 호흡량을 뺀 값이다.
ⓛ 총생산량은 호흡을 통해 이루어진 유기물의 총량이다.
ⓒ 생장량은 총생산량에서 나온 개념이다.

① ⊙　　　　　　　　　　　② ⓛ
③ ⓒ　　　　　　　　　　　④ ⓛⓒ

17 생태계의 물질의 순환에 대한 설명이다. 다음 설명 중 옳은 것은?

① 합성된 유기물은 분해 과정을 통해 소비자에게로 간다.
② 질소 동화 작용을 통해 생산자에서 소비자에게로 이동한다.
③ 생명체를 구성하는 유기물의 기본은 산소이다.
④ 대기 중에 산소가 대부분을 차지한다.

ADVICE

16 ⊙ 순생산량은 총생산량에서 호흡량을 뺀 값이다.
　　ⓛ 총생산량은 광합성을 통해 이루어진 유기물의 총량이다.
　　ⓒ 생장량은 순생산량에서 나온 개념이다.

17 ① 합성된 유기물은 먹이사슬을 통해 소비자에게로 간다.
　　② 질소 동화 작용을 통해 생산자에서 소비자에게로 이동한다.(암모늄 이온이나 질산 이온을 통해 이루어진다.)
　　③ 생명체를 구성하는 유기물의 기본은 탄소이다.
　　④ 대기 중에 질소가 대부분을 차지한다.

답— 16.① 17.②

18 생태계의 에너지 흐름에 대한 설명이다. 다음 설명 중 옳은 것은?

① 먹이 사슬을 따라 여러 방향으로 이동된다.
② 에너지의 근원은 바람이다.
③ 에너지 효율은 하위 단계일수록 높다.
④ 분해자의 호흡은 열 에너지로 전환된다.

19 생태 피라미드와 생태계의 평형에 대한 설명이다. 다음 설명 중 옳은 것은?

① 하위 단계로 갈수록 피라미드 형태를 지닌다.
② 먹이 사슬을 통해 평형을 유지한다.
③ 포식자가 계속적으로 증가하면 평형이 유지된다.
④ 물질 순환이 잘 일어나지 않을수록 평형 회복이 쉽다.

20 생물자원의 가치에 대한 설명으로 옳지 않은 것은?

① 인간에게 의식주를 제공한다.
② 생태적, 문화적 가치에 영향을 준다.
③ 과학 연구에 방해를 준다.
④ 의약품 개발에 지대한 영향을 미친다.

ADVICE

18 ① 먹이 사슬을 따라 한 방향으로 이동된다.
② 에너지의 근원은 태양이다.
③ 에너지 효율은 상위 단계일수록 높다.
④ 분해자의 호흡은 열 에너지로 전환된다.(시체 등에서 나온 일부 화학에너지를 전환시킨다.)

19 ① 상위 단계로 갈수록 피라미드 형태를 지닌다.
② 먹이 사슬을 통해 평형을 유지한다.(순환이 이루어진다.)
③ 포식자가 계속적으로 증가하면 평형은 유지되기 힘들다.
④ 물질 순환이 잘 일어나지 않을수록 평형 회복이 쉽지 않다.

20 ① 인간에게 의식주를 제공한다.
② 생태적, 문화적 가치에 영향을 준다.
③ 과학 연구에 유익을 준다.
④ 의약품 개발에 지대한 영향을 미친다.

답— 18.④ 19.② 20.③

PART
04

지구과학

행성으로서의 지구

1 생명체가 존재하기 적합한 환경으로 맞는 것은?

① 중심별의 질량이 클수록 적합한 환경이다.

② 중심별의 질량이 작을수록 살기에 적합한 환경을 이루지 못한다.

③ 별의 둘레에 고체 상태의 물이 존재할 수 있는 거리의 범위가 생명지대이다.

④ 금성이나 수성에는 살기 좋은 환경이 만들어져 있다.

2 지구에 생명체가 존재하는 이유로 적절한 것을 보기 중에서 고르면?

> ㉠ 지구에 액체 상태의 물이 존재하기 때문이다.
> ㉡ 지구 대기를 통해 자외선 등을 차단하기 때문이다.
> ㉢ 자전축으로 인한 계절 변화가 존재하기 때문이다.

① ㉠

② ㉠㉡

③ ㉡㉢

④ ㉠㉡㉢

ADVICE

1 ① 중심별의 질량이 클수록 별의 중심에서 연료의 소모가 많아지기 때문에 수명이 짧다.
② 중심별의 질량이 작을수록 살기에 적합한 환경을 이루지 못한다. (자전주기와 공전주기가 다른 행성에 의한 인력으로 인해 같아진다.)
③ 별의 둘레에 액체 상태의 물이 존재할 수 있는 거리의 범위가 생명지대이다.
④ 금성이나 수성은 대기가 없고 물이 없기 때문에 생존할 수 있는 확률이 굉장히 적다.

2 ㉠ 지구에 액체 상태의 물이 존재하기 때문이다. (물은 비열이 크기 때문에 열을 오랜 시간 유지할 수 있다.)
㉡ 지구 대기를 통해 자외선 등을 차단하기 때문이다. (유해한 것들을 차단함으로써 생명체를 보존한다.)
㉢ 자전축으로 인한 계절 변화가 존재하기 때문이다. (23.5° 정도 기울어져서 공전을 한다.)

답— 1.② 2.④

3 지구와 같이 생명체가 존재하려면 필요한 요소들은 무엇인가?

① 태양과 같은 것이 있어야 하며, 가까우면 가까울수록 좋다.

② 달과 같은 위성이 있어야 한다.

③ 고체 상태로 얼려져 있는 얼음이 존재해야 한다.

④ 대기에 수소와 메탄 같은 성분이 있어야 한다.

4 지구에 대한 설명으로 옳은 것은?

① 태양계에서 지구 말고도 다른 행성에도 생명체가 존재한다.

② 갑작스런 충돌에 기인하여 지구가 생겼다.

③ 약 100억 년 전에 지구가 생성되었다고 보고 있다.

④ 기권, 수권, 지권, 생물권, 외권으로 구성되어 있다.

ADVICE

3 ① 태양과 같은 것이 있어야 하며, 적절한 거리에 있어야 한다. 너무 가깝거나 너무 멀리 있어도 존재하지 않을 수 있다.

② 달과 같은 위성이 있어야 한다. (지구 같은 경우는 달을 통해 밀물과 썰물이 있다.)

③ 액체 상태의 물이 존재해야 한다.

④ 대기에 산소나 질소와 같은 성분이 있어야 한다.

4 ① 태양계에서 지구 말고 생명체가 존재하는 다른 행성은 아직 발견되지 않았다.

② 현재는 빅뱅론에 무게를 두고 있다.

③ 약 46억 년 전에 지구가 생성되었다고 보고 있다.

④ 기권, 수권, 지권, 생물권, 외권으로 구성되어 있다.

답- 3.② 4.④

5 다음은 보기의 설명 중 옳은 것은?

> ㉠ 대륙 지각은 화강암질로, 해양 지각은 현무암질로 구성되어 있다.
> ㉡ 맨틀은 지각보다 밀도가 작으며, 지구 전체 부피의 80% 이상을 차지하고 있다.
> ㉢ 핵은 외핵과 내핵으로 이루어져 있으며, 보통 외핵은 고체상태이고 내핵은 액체상태이다.

① ㉠   ② ㉠㉡

③ ㉠㉢   ④ ㉠㉡㉢

6 다음 그림은 기권구조에 대한 것이다. 다음 설명 중 옳은 것은?

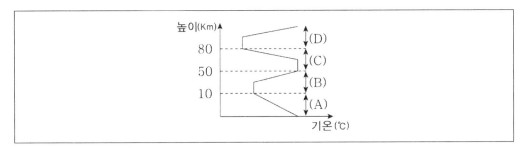

① (A)는 대기가 안정하며 대류현상이 일어난다.

② (B)는 오존층에서 적외선을 차단하는 역할을 한다.

③ (C)는 대류현상이 일어나며 기상현상이 일어나지 않는다.

④ (D)는 비교적 일교차가 적고 대기가 희박하다.

ADVICE

5 ㉠ 대륙 지각은 화강암질로, 해양 지각은 현무암질로 구성되어 있다. (화강암질은 밀도가 작은 편이고 현무암질은 밀도가 큰 편이다.)
　㉡ 맨틀은 지각보다 밀도가 크며, 지구 전체 부피의 80% 이상을 차지하고 있다.
　㉢ 핵은 외핵과 내핵으로 이루어져 있으며, 보통 외핵은 액체상태이고 내핵은 고체상태이다.

6 ① (A)는 대류권이며 대기가 불안정하고 대류현상이 일어난다. 높이는 지면에서 약 11km에 해당한다.
　② (B)는 성층권이며 오존층에서 자외선을 차단하는 역할을 한다. 높이는 11~50km에 해당한다.
　③ (C)는 대류현상이 일어나며 기상현상이 일어나지 않는다. ((C)는 중간권이며 50~80km에 해당한다.)
　④ (D)는 열권이며 일교차가 굉장히 크고 대기가 희박하다. 높이는 80km 이상에 해당한다.

답— 5.① 6.③

7 다음 그림은 깊이에 따른 수온 분포를 나타낸 것이다. 다음 보기의 설명 중 옳은 것은?

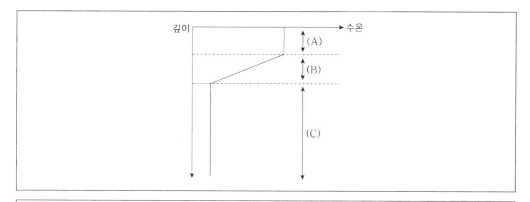

⊙ (A)는 중위도 지방에서는 얇고 적도 부근에서는 두껍다.
ⓒ (B)는 (A)와 (C)의 에너지 교환을 차단하고 안정된 층이다.
ⓒ (C)는 수온이 높은 지역일수록 잘 나타난다.

① ⊙
② ⓒ
③ ⓒ
④ ⊙ⓒ

8 다음은 생물권과 외권에 대한 설명이다. 다음 설명 중 옳은 것은?

① 생물권의 공간 분포가 현저히 줄어들었다.
② 인간 활동은 생물권에 미미하게 영향을 준다.
③ 지구는 끊임없이 우주공간과의 에너지 교류를 하는 열린계에 속한다.
④ 밴앨런대는 태양풍의 에너지를 차단하여 지구 생명체를 보호한다.

ADVICE

7 ⊙ (A)는 혼합층으로 바람에 의한 혼합 작용이 일어난다. 중위도 지방에서는 두껍고 적도 부근에서는 얇다.
ⓒ (B)는 (A)와 (C)의 에너지 교환을 차단하고 안정된 층이다.((B)는 수온 약층이다.)
ⓒ (C)는 심해층으로 수온이 낮은 고위도 지방일수록 잘 나타난다. 해수가 침강하여 형성된다.

8 ① 생물권의 공간 분포가 점점 늘었다. 변화하는 환경에 적응하며 다양성을 유지하였다.
② 인간 활동은 생물권에 엄청난 영향을 준다. 무분별한 개발과 환경오염은 치명적인 영향을 주고 있는 부분이다.
③ 지구는 끊임없이 우주공간과의 에너지 교류를 하지만 물질의 교환이 거의 없기 때문에 닫힌계에 속한다.
④ 밴앨런대는 태양풍의 에너지를 차단하여 지구 생명체를 보호한다. (밴앨런대는 지구 자기장에 의해 형성된다.)

답 – 7.② 8.④

9 다음은 지구계의 에너지원에 대한 설명이다. 다음 보기의 설명 중 옳은 것은?

> ㉠ 태양 에너지는 지구 환경 변화에 많은 영향을 주지는 않는다.
> ㉡ 지구 내부 에너지에서 맨틀 대류는 판의 움직임을 통해 조산, 조륙 운동이 이뤄진다.
> ㉢ 조력 에너지를 통해 해안 지역에 침식과 퇴적작용에 영향을 준다.

① ㉠   ② ㉡
③ ㉢   ④ ㉡㉢

10 다음 그림은 암석의 순환 그림이다. 다음 보기의 설명 중 옳은 것은?

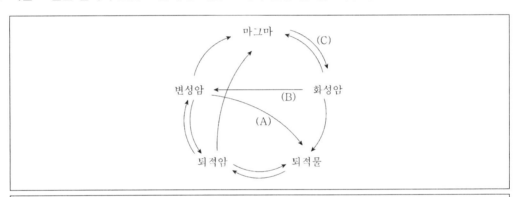

> ㉠ (A)의 에너지원은 태양 에너지이다.
> ㉡ (B)의 에너지원은 지구 내부에너지이다.
> ㉢ (C)는 마그마가 녹아서 말랑말랑하게 만들어지는 과정이다.

① ㉠㉡   ② ㉠㉢
③ ㉡㉢   ④ ㉠㉡㉢

ADVICE

9 ㉠ 태양 에너지는 지구 환경 변화에 많은 영향을 주며 기권, 지권, 수권, 생물권에 영향을 준다.
　　㉡ 지구 내부 에너지에서 맨틀 대류는 판의 움직임을 통해 조산, 조륙 운동이 이뤄진다.(지각을 변형시킨다.)
　　㉢ 조력 에너지를 통해 해안 지역에 침식과 퇴적작용에 영향을 준다.(달의 인력이 영향을 준다.)

10 ㉠ (A)의 에너지원은 태양 에너지이다.((A)는 풍화, 침식, 운반 작용이며 이것을 통해 변성암이 퇴적물이 된다.)
　　㉡ (B)의 에너지원은 지구 내부에너지이다.((B)는 변성작용이며 이것을 통해 화성암이 변성암이 된다.)
　　㉢ (C)는 마그마가 식어서 굳어져 화성암이 되는 것이다.

답— 9.④ 10.①

※ 다음 그림은 지구계의 에너지 순환을 나타낸 그림이다. 【11~12】

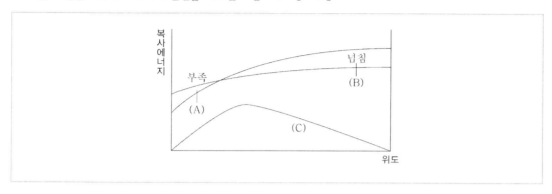

11 다음 보기의 설명 중 옳은 것은?

⊙ (A)는 지구복사 방출이 태양복사 방출보다 크다.
ⓒ (B)는 저위도 지역으로 갈수록 나타나는 현상이다.
ⓒ (C)는 지구복사에너지의 변화량을 나타낸 것이다.

① ⓒ   ② ⓒ
③ ⊙ⓒ   ④ ⓒⓒ

12 다음 설명 중 옳은 것은?

① 지구 전체의 평균 기온은 일정함을 유지하지 못한다.

② 저위도에서 고위도로 갈수록 태양 복사 에너지가 증가한다.

③ 대기와 해수의 순환을 통해 에너지가 운반된다.

④ 고위도에서 저위도로 갈수록 에너지가 부족하다.

ADVICE

11 ⊙ (A)는 지구 복사 방출이 태양 복사 방출보다 크다.(고위도 지역일수록 나타나는 현상이다.)
    ⓒ (B)는 저위도 지역으로 갈수록 나타나는 현상이다.(태양복사에너지가 지구복사에너지보다 큰 것이다.)
    ⓒ (C)는 열 에너지의 이동량을 나타낸 것이다.

12 ① 지구 전체의 평균 기온은 일정함을 유지한다.
    ② 저위도에서 고위도로 갈수록 태양 복사 에너지가 감소한다.
    ③ 대기와 해수의 순환을 통해 에너지가 운반된다.(지구 전체 평균 기온을 일정하게 유지할 수 있는 원동력이 된다.)
    ④ 고위도에서 저위도로 갈수록 에너지가 넘친다.

답— 11.③ 12.③

13 다음 보기에 대한 설명 중 옳은 것은?

> ⊙ 지권에는 탄소가 가장 많이 포함되어 있다.
> ⓛ 기권은 주로 일산화탄소 형태로 존재한다.
> ⓒ 생물권에서 생물체는 유기화합물로 존재한다.

① ⓛ

② ⓒ

③ ⊙ⓒ

④ ⓛⓒ

14 다음은 탄소의 순환에 대한 설명이다. 다음 설명 중 옳은 것은?

① 화산 폭발로 인한 이산화탄소의 방출은 강산성의 빗물을 통해 흘러내린다.

② 대기 중의 이산화탄소는 탄산 이온이나 탄산수소 이온 형태를 띠며 칼슘 이온과 결합하여 탄산칼슘을 형성한다.

③ 해양 생물은 탄산 이온을 흡수하여 석회암을 형성한다.

④ 맨틀 대류에 의해 지구 내부 깊은 곳으로 들어간 석회암은 계속적으로 쌓이고 더 이상 영향을 주지 못한다.

ADVICE

13 ⊙ 지권에는 탄소가 가장 많이 포함되어 있다.(탄산염 형태로 석회암 내에 함유되어 있다.)
ⓛ 기권은 주로 질소(약 78%)와 산소(약 21%)의 형태로 존재한다.
ⓒ 생물권에서 생물체는 유기화합물로 존재한다.(기권의 이산화탄소를 통해 이루어진다.)

14 ① 화산 폭발로 인한 이산화탄소의 방출은 약한 산성의 빗물을 통해 흘러내린다.
② 대기 중의 이산화탄소가 물에 녹으면 탄산 이온이나 탄산수소 이온 형태를 띠고, 칼슘이온과 결합해 탄산칼슘을 형성한다.
③ 해양 생물은 탄산 이온을 흡수하여 유기 화합물을 형성한다.
④ 맨틀 대류에 의해 지구 내부 깊은 곳으로 들어간 석회암은 화산 활동을 통해 대기로 이산화탄소를 다시 내보낸다.

ⓐ— 13.③ 14.②

※ 다음 그림은 물의 순환 과정에 대한 것이다. 【15~16】

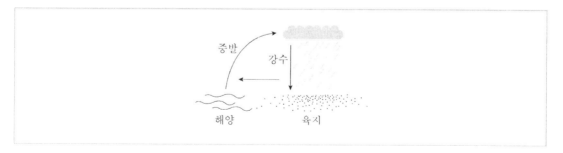

15 다음 보기의 설명 중 옳은 것은?

> ㉠ 태양 에너지에 의해 물은 증발되어 수증기 형태로 변한다.
> ㉡ 수증기를 통한 구름의 응결과 육지는 관련이 없다.
> ㉢ 지표에 내리는 강수는 지표의 모양 형성에 영향을 주지 않는다.

① ㉠
② ㉢
③ ㉠㉡
④ ㉠㉢

16 다음 설명 중 옳은 것은?

① 대기, 해양, 육지의 유입과 방출되는 물의 양은 서로 다르다.

② 각 영역에서 분포하는 물의 양은 일정하지 않다.

③ 평균 기온의 변화는 물의 양에 영향을 준다.

④ 식물은 물의 순환 과정에 영향을 미치지 못한다.

ADVICE

15 ㉠ 태양 에너지에 의해 물은 증발되어 수증기 형태로 변한다.(태양 에너지는 에너지의 근원이 된다.)
　㉡ 수증기를 통한 구름의 응결은 육지에서 해양으로의 물의 유입을 통한 증발 과정을 통해서도 이루어진다.
　㉢ 지표에 내리는 강수는 지표의 모양 형성에 영향을 주며 그 모양 또한 다양하다.

16 ① 대기, 해양, 육지의 유입과 방출되는 물의 양은 서로 같다.
　② 각 영역에서 분포하는 물의 양은 일정하다.
　③ 평균 기온의 변화는 물의 양에 영향을 준다.(평균 기온이 높으면 증발이 많고 낮으면 증발이 적다.)
　④ 식물은 물의 순환 과정에서 증산 작용을 통해 영향을 준다.

답 15.① 16.③

17 다음은 지구계의 상호 작용에 대한 설명이다. 다음 중 옳은 것은?

① 지구계의 각 권역은 서로 분리되어 각기 일어난다.

② 각기 지역에서 최선을 다해 변화가 일어난 권역에 대해서만 연구한다.

③ 끊임없는 상호작용을 통해 물질과 에너지의 순환이 일어난다.

④ 전체의 관점보다는 부분적인 관점을 통해서도 충분히 알 수 있다.

18 지구 환경의 급격한 변화로 인한 지구계 상호 작용의 사례로 적절하지 않는 것은?

① 지구 온난화로 인한 생태계의 변화.

② 대기 순환의 변화에 따른 예전보다 늘어나고 있는 사막화.

③ 오존층 파괴로 인한 생태계 변화.

④ 생물의 서식지 증가

ADVICE

17 ① 지구계의 각 권역은 서로 유기적으로 연결되어 상호 영향을 주며 연쇄적인 변화가 일어난다.
② 각기 지역에서 최선을 다해 변화가 일어난 권역과 전체적인 관점을 모두 파악해야 한다.
③ 끊임없는 상호작용을 통해 물질과 에너지의 순환이 일어난다.(기권, 수권, 지권, 생물권은 서로 상호작용을 한다.)
④ 전체의 관점을 통해서 파악해야 알 수 있다.

18 ① 지구 온난화로 인한 생태계의 변화.
② 대기 순환의 변화에 따른 예전보다 늘어나고 있는 사막화.
③ 오존층 파괴로 인한 생태계 변화.
④ 오염으로 인한 생물의 서식지 파괴

답— 17.③ 18.④

※ 다음 그림은 상호 작용에 대한 그림이다.(수권과 관련된 상호작용들이다.) 【19~20】

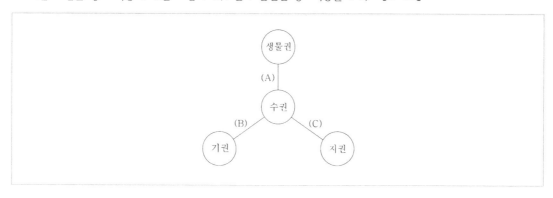

19 다음 보기의 설명 중 옳은 것은?

> ㉠ (A)는 세포 내 물 공급을 한다.
> ㉡ (B)는 해류가 발생한다.
> ㉢ (C)는 지형의 변화가 일어난다.

① ㉠ 　　　　　　　　　　② ㉡

③ ㉠㉢ 　　　　　　　　　④ ㉡㉢

20 다음 설명 중 옳지 않은 것은?

① 기권은 수권에 바람에 의한 해파로 영향을 준다.

② 지권은 수권에 지진, 화산폭발 등의 발생으로 영향을 준다.

③ 생물권은 수권에 광합성과 호흡으로 기체의 이동에 영향을 준다.

④ 수권은 수권에게 부패 물질을 이동시킨다.

ADVICE

19 ㉠ (A)는 세포 내 물 공급을 한다.
　　㉡ (B)는 태풍이 발생한다.
　　㉢ (C)는 지형의 변화가 일어난다.

20 ① 기권은 수권에 바람에 의한 해파로 영향을 준다.
　　② 지권은 수권에 지진, 화산폭발 등의 발생으로 영향을 준다.
　　③ 생물권은 수권에 광합성과 호흡으로 기체의 이동에 영향을 준다.
　　④ 수권은 수권에게 해수의 혼합이나 심층수의 순환이 일어나게 영향을 준다.

답— 19.③ 20.④

지구의 선물

1 다음은 에너지 자원에 대한 설명이다. 다음 설명 중 옳은 것은?

① 석탄은 오랜 시간 동안 열과 압력을 받아 생긴 가연성 액체 물질이다.

② 천연가스는 화석 연료에 비해 대기 오염이 적은 편이다.

③ 석유는 열과 압력을 받고 생긴 가연성 암석이다.

④ 에너지 자원은 그 수량에 한정이 없기에 오랫동안 사용할 수 있다.

2 다음은 광상에 대한 설명이다. 보기의 설명 중 옳은 것은?

> ㉠ 화성광상은 풍화, 운반, 퇴적을 통해 형성된 것이다.
> ㉡ 퇴적광상은 마그마가 서서히 식어 형성된 것이다.
> ㉢ 변성광상은 열과 압력을 받아 재배열됨으로써 생성된 것이다.

① ㉠   ② ㉢

③ ㉠㉡   ④ ㉠㉢

ADVICE

1 ① 석탄은 오랜 시간 동안 열과 압력을 받아 생긴 가연성 암석이다.
  ② 천연가스는 화석 연료에 비해 대기 오염이 적은 편이다.(탄화수소를 주성분으로 하는 가연성 가스이다.)
  ③ 석유는 열과 압력을 받고 생긴 가연성 액체 물질이다.
  ④ 에너지 자원은 그 수량에 한정적이고 오랫동안 사용할 수 없다.

2 ㉠ 화성광상은 마그마가 서서히 식어 형성된 것이다.
  ㉡ 퇴적광상은 풍화, 운반, 퇴적을 통해 형성된 것이다.
  ㉢ 변성광상은 열과 압력을 받아 재배열됨으로써 생성된 것이다.(광물의 조성이 변성 작용으로 달라진다.)

답─ 1.② 2.②

3 가스 하이드레이트(A)와 망가니즈 단괴(B)에 대한 설명으로 옳지 않은 것은?

① A는 화석 연료를 대체할 친환경 에너지 자원이다.

② B는 구리, 니켈, 코발트 등을 함유하고 있는 광물 자원이다.

③ A는 개발과 이용 과정에서 메테인(CH_4)을 대량으로 방출할 수 있다.

④ A는 저온 고압 환경에서 생성되고, B는 심해저에서 매우 느리게 성장한다.

4 다음은 금속과 비금속 광물 자원에 대한 설명이다. 다음 보기의 설명 중 옳은 것은?

> ㉠ 금속 광물은 제련과정을 필요로 한다.
> ㉡ 석회석, 고령토, 철, 구리는 금속 광물에 속한다.
> ㉢ 비금속 광물은 제련 과정을 필요로 하지 않는다.

① ㉠   ② ㉢

③ ㉠㉡   ④ ㉠㉢

ADVICE

3 하이드레이트는 온실가스가 많이 나올 수 있기 때문에 아직까지 상용화하는 작업이 더디어지고 있다.

4 ㉠ 금속 광물은 제련과정을 필요로 한다.
㉡ 석회석, 고령토 등은 비금속 광물에 속하며 철, 구리 등은 금속 광물에 속한다.
㉢ 비금속 광물은 제련 과정을 필요로 하지 않는다.

답— 3.① 4.④

※ 다음 그림은 토양에 대한 것이다. 【5~6】

표토
심토
모질물
기반암

5 토양의 가치에 대한 설명으로 맞는 것은?

① 물과 반응하여 화학적 풍화 작용을 한다.

② 빗물을 저장하여 미생물이 번식하는 것을 방지한다.

③ 식물 성장에 필요한 물질들을 사전에 방지한다.

④ 지구 온난화를 더욱 더 촉진시킨다.

6 토양의 유실에 대한 보기의 설명 중 옳은 것은?

> ㉠ 현대에 와서 토양의 유실이 미연에 방지되고 있다.
> ㉡ 자연적인 원인에 의해 토양이 쓸려나가기도 한다.
> ㉢ 황무지의 감소로 더 많은 토양을 활용하고 있는 중이다.

① ㉠   ② ㉡

③ ㉠㉡   ④ ㉡㉢

ADVICE

5 ① 물과 반응하여 화학적 풍화 작용을 한다.(생물체에서 공급한 유기물이 산성 물질이 된다.)
　② 빗물을 저장하여 미생물이나 식물들이 성장하고 번식하는 것을 촉진시키는 역할을 한다.
　③ 식물 성장에 필요한 물질들을 제공함으로써 숲이 우거지거나 서식지를 제공한다.
　④ 지구 온난화를 지연시킴으로써 지구를 보호한다.

6 ㉠ 현대에 와서 토양의 유실이 점점 많아지고 있다. 무분별한 개발로 인한 황폐화가 원인이 되고 있다.
　㉡ 자연적인 원인에 의해 토양이 쓸려나가기도 한다.(지형이나 기후, 식생 등이 영향을 준다.)
　㉢ 황무지의 증가로 더 많은 토양이 유실되고 있다.

답— 5.① 6.②

7 토양을 보존하기 위한 노력으로 옳지 않은 것은?

① 자동차 배기가스를 줄이고 공장에 탈황 장치를 설치한다.

② 기후에 적합한 농작물을 심고 토양 유실을 최소화한다.

③ 먹다 남은 1회용 컵이나 비닐 등을 버리지 않도록 한다.

④ 화학 비료 사용을 통해 더 많은 농작물 생산을 할 수 있도록 한다.

8 대기와 물이 생물권에 미치는 영향으로 맞는 것은?

① 생명 유지 활동에 있어서 미미한 영향을 미친다.

② 광합성 과정 중에 물과 대기 중의 이산화탄소가 영향을 준다.

③ 먹이 사슬을 유지할 수 있도록 영향을 준다.

④ 생물의 서식처를 제공해 준다.

ADVICE

7 ① 자동차 배기가스를 줄이고 공장에 탈황 장치를 설치한다.(지구 온난화와 토양의 산성화를 가져올 수 있다.)
② 기후에 적합한 농작물을 심고 토양 유실을 최소화한다.(토양이 힘을 가질 수 있도록 한다.)
③ 먹다 남은 1회용 컵이나 비닐 등을 버리지 않도록 한다.(썩지 않고 토양에 남아 토양 유실의 원인이 될 수 있다.)
④ 화학 비료 사용을 억제하며 퇴비를 사용할 수 있도록 한다. 화학 비료 사용이 많아지면 토양에 산성화가 진행된다.

8 ① 생명 유지 활동에 있어서 큰 영향을 미친다.
② 광합성 과정 중에 물과 대기 중의 이산화탄소가 영향을 준다.(이산화탄소와 물의 반응으로 에너지를 생산한다.)
③ 생물권이 생물권한테 영향을 줌으로써 먹이 사슬을 유지할 수 있도록 영향을 준다.
④ 지권이 생물권에 영향을 주는데 있어서 생물의 서식처와 영양분을 제공해 준다.

답— 7.④ 8.②

9 다음 물에 대한 설명이다. 다음 설명 중 옳은 것은?

① 비열이 낮아 온도를 일정하게 유지하는데 좋다.

② 우리가 이용하는 물은 해수이며 비율이 굉장히 적다.

③ 지구에서 차지하고 있는 물의 비중은 높지 않다.

④ 풍화, 침식에도 영향을 주며 암석의 순환에도 영향을 준다.

10 다음은 공기의 구성 성분을 나타낸 그림이다. 다음 보기의 설명 중 옳은 것은?

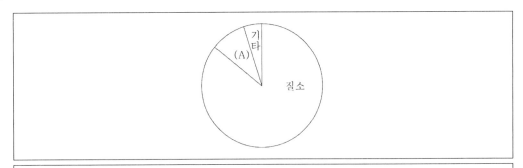

ㄱ (A)를 통해 인류가 호흡을 할 수 있다.
ㄴ 질소는 뿌리혹 박테리아에 영향을 준다.
ㄷ 공기의 구성 성분들은 상황마다 불규칙적인 비율을 이루고 있다.

① ㄱ   ② ㄷ

③ ㄱㄴ   ④ ㄴㄷ

ADVICE

9 ① 비열이 높아 온도를 일정하게 유지하는데 좋다.
 ② 우리가 이용하는 물은 담수이며 비율이 굉장히 적다.
 ③ 지구에서 차지하고 있는 물의 비중은 높다.
 ④ 풍화, 침식에도 영향을 주며 암석의 순환에도 영향을 준다.(대기와의 상호 작용을 통해 이루어진다.)

10 ㄱ (A)를 통해 인류가 호흡을 할 수 있다.((A)는 산소이다. 산소를 통해 생명 유지가 가능하다.)
 ㄴ 질소를 통해 뿌리혹 박테리아에 영향을 준다.(질소 역시도 순환 과정을 통해 중요한 역할을 한다.)
 ㄷ 공기의 구성 성분들은 상황마다 규칙적인 비율을 이루고 있다.

답 9.④ 10.③

11 다음 설명은 수자원에 대한 것이다. 다음 설명 중 옳은 것은?

① 우리나라는 연간 강수량은 풍부하지만 여름에 집중되기 때문에 전체적으로는 물이 넉넉하지 않다.

② 계절과 장소에 관계없이 수량을 확보할 수 있는 장점이 있다.

③ 해수만으로 충분히 이용할 수 있는 물을 확보할 수 있다.

④ 우리나라는 3면이 바다이기에 수자원에 대한 걱정은 거의 없는 편이다.

12 해양 자원개발의 중요성에 해당하지 않는 것은?

① 부족한 에너지 자원에 대한 대체가 시급하게 필요할 때이다.

② 더 많은 자산을 보유하기 위한 도구일 뿐이다.

③ 인구 증가와 환경오염으로 인한 영향도 무시할 수 없다.

④ 많은 나라들에서 대체 자원을 찾기 위해 심혈을 기울이고 있다.

ADVICE

11 ① 우리나라는 연간 강수량은 풍부하지만 여름에 집중되기 때문에 전체적으로는 물이 넉넉하지 않다. (우리나라는 물부족 국가에 속한다.)
② 계절과 장소에 민감하며 수량을 확보를 위해 많은 노력을 기울여야 한다.
③ 담수호와 하천수로 물을 확보하며 해수는 담수화 시키는 과정을 통해 이용할 수 있는 물을 얻을 수 있다.
④ 우리나라는 3면이 바다이지만, 이용할 수 있는 물은 하천수나 담수호이기 때문에 바다와는 큰 연관이 없다.

12 ① 부족한 에너지 자원에 대한 대체가 시급하게 필요할 때이다.
② 보존과 동시에 개발이 필요하며 미래 후손을 위한 적절한 조치가 절실하게 필요하다.
③ 인구 증가와 환경오염으로 인한 영향도 무시할 수 없다.
④ 많은 나라들에서 대체 자원을 찾기 위해 심혈을 기울이고 있다.

답 11.① 12.②

13 다음 보기의 설명 중 옳은 것은?

> ㉠ 해양 수산 자원 대부분 공업에 사용되고 간혹 식용으로도 사용된다.
> ㉡ 해양 광물 자원 개발이 미미한 상태이며 양이 극소수이다.
> ㉢ 해저에 매장되어 에너지원이 많으며 그 중에 석유나 천연가스도 있다.

① ㉠   ② ㉢

③ ㉠㉡   ④ ㉠㉢

14 우리나라의 해양 자원에 대한 설명으로 옳은 것은?

① 동해는 조수간만의 차이가 크기 때문에 조력 발전을 하기 좋다.

② 서해는 한류와 난류의 영향으로 플랑크톤 등이 풍부하다.

③ 남해는 수온의 연간 변화량이 작기 때문에 양식장을 하기 좋다.

④ 황해에 하이드레이트가 발견되어 각광을 받고 있다.

ADVICE

13 ㉠ 해양 수산 자원 대부분 식용에 사용되고 간혹 공업 원료나 의약품 등에도 사용되고 있다.
㉡ 해양 광물 자원 개발이 한창 중이며 매장된 자원이 많아 각국에서도 심혈을 기울이고 있다.
㉢ 해저에 매장되어 에너지원이 많으며 그 중에 석유나 천연가스도 있다.(그 외에도 많은 자원들이 묻혀 있다.)

14 ① 서해는 밀물과 썰물로 인한 조수간만의 차이가 크기 때문에 조력 발전을 하기 좋다.
② 동해는 한류와 난류의 영향으로 조경 수역을 이루며 플랑크톤 등이 풍부하다.
③ 남해는 수온의 연간 변화량이 작기 때문에 양식장을 하기 좋다.(난류의 영향을 받는다.)
④ 동해의 독도 근처에 하이드레이트가 발견되어 각광을 받고 있다.

🔖— 13.②   14.③

15 친환경 에너지 개발의 필요성으로 옳지 않은 것은?

① 화석 연료는 양이 제한되어 있기 때문에 조만간 고갈될 것이다.

② 환경오염의 주된 원인으로 화석 연료가 꼽힌다.

③ 탄소 배출로 인한 지구 온난화 현상이 가속화되고 있다.

④ 화석 연료를 계속 사용해도 되지만, 높은 에너지 효율 때문에 친환경 에너지를 어쩔 수 없이 사용하고 있다.

16 태양 에너지에 대한 설명으로 옳은 것은?

① 무공해이며 양도 제한이 거의 없다.

② 태양 빛이 없어도 사용할 수 있기 때문에 각광받고 있다.

③ 전기 에너지를 열 에너지로 전환하여 사용한다.

④ 시간적으로 언제든 사용할 수 있는 장점이 있다.

ADVICE

15 ① 화석 연료는 양이 제한되어 있기 때문에 조만간 고갈될 것이다.
② 환경오염의 주된 원인으로 화석 연료가 꼽힌다.
③ 탄소 배출로 인한 지구 온난화 현상이 가속화되고 있다.
④ 화석 연료를 계속 사용하기 보다는 높은 에너지 효율을 가지고 있는 친환경 에너지를 사용하는 것이 더 낫다.

16 ① 무공해이며 양도 제한이 거의 없다.
② 태양 빛이 없으면 사용할 수 없기 때문에 생산량을 일정하게 하기 어려운 단점도 있다.
③ 증기로 터빈을 돌리며 전기 에너지로 전환하여 사용한다.
④ 햇빛이 없는 날이나 저녁 때 사용하기 어렵고 초기 비용이 많이 든다는 단점이 있다.

답— 15.④ 16.①

17 다음은 풍력 에너지에 대한 설명이다. 다음 설명 중 옳은 것은?

> ㉠ 바람을 이용하여 전기 에너지를 생산하며 친환경 에너지이다.
> ㉡ 설비가 굉장히 복잡하다.
> ㉢ 바람이 불지 않더라도 전기 에너지 생산이 가능하다는 장점이 있다.

① ㉠
② ㉡
③ ㉠㉡
④ ㉡㉢

18 다음 보기의 설명 중 옳은 것은?

> ㉠ 조력 발전은 계절에 관계없이 조수간만의 차이가 큰 곳에서 전력 생산이 가능하다.
> ㉡ 파력 발전은 바람에 의한 파도를 이용한 발전이다.
> ㉢ 지열 발전은 지구 내부에 있는 에너지를 이용한다.

① ㉠㉡
② ㉠㉢
③ ㉡㉢
④ ㉠㉡㉢

ADVICE

17 ㉠ 바람을 이용하여 전기 에너지를 생산하며 친환경 에너지이다.(우리나라 뿐만 아니라 다른 여러 나라에서도 사용하고 있다.)
㉡ 설비가 굉장히 간단하다.
㉢ 바람이 불어야 하며 바람의 세기나 방향이 늘 변하기 때문에 발전량을 예측하기가 쉽지 않다.

18 ㉠ 조력 발전은 계절에 관계없이 조수간만의 차이가 큰 곳에서 전력 생산이 가능하다.(갯벌이 사라질 수도 있는 단점이 있다.)
㉡ 파력 발전은 바람에 의한 파도를 이용한 발전이다.(파도의 상하좌우 운동을 이용한다.)
㉢ 지열 발전은 지구 내부에 있는 에너지를 이용한다.(청정 에너지이지만, 초기 비용이 꽤 든다.)

답— 17.① 18.④

19 관광 자원에 대한 설명이다. 다음 중 옳지 않은 것은?

① 관광 자원을 통한 경제적 이익을 남길 수 있다.

② 자연 환경도 중요하지만 이윤 창출이 보다 더 중요할 수 있다.

③ 때로는 사람의 손길을 피해 보호할 필요도 있다.

④ 친환경적인 요소들과 사람들의 환경에 대한 인식이 매우 중요하다.

20 각 나라의 관광 자원에 대한 설명으로 옳은 것은?

① 미국의 그랜드캐년은 융기를 통해 생성된 화산 지형이다.

② 알프스 산맥 정상은 융기 현상으로 발생된 것이다.

③ 제주도의 성산 일출봉은 화산 지형이다.

④ 일본의 후지산은 지진으로 인해 만들어진 것이다.

ADVICE

19 ① 관광 자원을 통한 경제적 이익을 남길 수 있다.(자연 환경을 이용하여 사람들을 끌어들인다.)

② 이윤 창출도 중요하지만, 그보다 자연환경을 더욱 더 가꾸는 것이 중요할 수 있다.

③ 때로는 사람의 손길을 피해 보호할 필요도 있다.(너무나 많은 훼손은 주변에 많은 피해를 줄 수 있다.)

④ 친환경적인 요소들과 사람들의 환경에 대한 인식이 매우 중요하다.(우리뿐만 아니라 후손들에게 빌려 쓰고 있다는 책임감이 필요하다.)

20 ① 미국의 그랜드캐년은 퇴적된 후 융기 후에 부분적으로 침식되어 형성된 것이다.

② 알프스 산맥 정상은 빙하에 의한 침식 현상으로 발생된 것이다.

③ 제주도의 성산 일출봉은 화산 지형이다.(마그마의 분출로 인한 화산 지형이다.)

④ 일본의 후지산은 화산 활동으로 인해 만들어진 것이다.

답— 19.② 20.③

아름다운 한반도

1 다음 그림은 한반도의 암석 분포 현황이다. 다음 보기의 설명 중 옳은 것은?

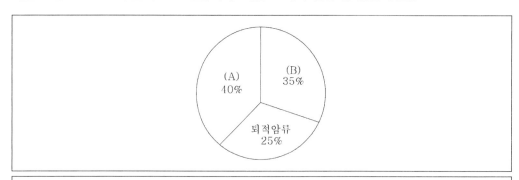

ⓒ 가장 많이 차지하고 있는 (A)는 변성암류이다.
ⓒ (B)는 선캄브리아 시대의 것이 차지하고 있는 것이다.
ⓒ 퇴적암류에 생물의 화석들이 발견된다.

① ㄱ   ② ㄷ
③ ㄱㄷ   ④ ㄴㄷ

ADVICE

1 ⓒ 가장 많이 차지하고 있는 (A)는 변성암류이며 선캄브리아 시대의 것이 차지하고 있는 것이다.
ⓒ (B)는 화성암류이며 중생대 시대의 것이 차지하고 있는 것이다.
ⓒ 퇴적암류에 생물의 화석들이 발견된다.(다양한 지각변동으로 쌓이고 쌓인 지역에서 화석들이 발견된다.)

답 1.③

2 한반도 그림이다. 다음 보기의 설명 중 옳은 것은?

> ⊙ 우리나라는 서고동저형의 지형을 이루고 있다.
> ㉡ 삼면이 바다로 둘러싸여 있으며 어장량이 풍부하다.
> ㉢ 하천의 중하류 지역에는 충적 평야가 있다.

① ⊙   ② ㉡
③ ⊙㉡   ④ ㉡㉢

3 한반도의 특수한 지형에 대한 설명이다. 다음 설명 중 옳은 것은?

① 카르스트 지형은 주로 화강암 지대에서 발견된다.
② 동해안은 단조로운 리아스식 해안의 발달이 이루어져 있다.
③ 한반도는 화산활동이 과거에서부터 전혀 없었다.
④ 남해안은 복잡한 리아스식 해안으로 이루어져 있다.

ADVICE

2 ⊙ 우리나라는 동고서저형의 지형을 이루고 있기 때문에 물이 동에서 서나 남으로 흘러간다.
　㉡ 삼면이 바다로 둘러싸여 있으며 어장량이 풍부하다.(특히 동해는 조경수역을 이루고 있다.)
　㉢ 하천의 중하류 지역에는 충적 평야가 있다.(한반도 지형의 일반적인 특징이라 볼 수 있다.)

3 ① 카르스트 지형은 석회암 지대에서 발견된다.
　② 동해안은 단조로운 해안선을 가지고 있으며 석호와 해안 단구의 발달이 이루어져 있다.
　③ 한반도는 화산활동이 과거시대에 있었다.
　④ 남해안은 복잡한 리아스식 해안으로 이루어져 있다.(만조와 간조가 있고 섬들도 많이 있다.)

🖙 2.④ 3.④

4 다음은 제주도에 대한 그림이다. 다음 보기의 설명 중 옳은 것은?

제주도

㉠ 화산 쇄설물로 인한 응회암이 일부 있다.
㉡ 전체 면적의 대부분이 화강암류로 이루어져 있다.
㉢ 육각기둥 모양의 주상 절리가 있다.

① ㉠   ② ㉡
③ ㉠㉡   ④ ㉠㉢

5 울릉도와 독도에 대한 설명이다. 다음 설명 중 옳지 않은 것은?

① 울릉도는 유동성이 큰 용암의 불출로 인한 종상 화산이다.
② 울릉도에는 화구 분지가 있다.
③ 독도는 화산섬 중 가장 오랜 역사를 지니고 있다.
④ 독도는 동도와 서도로 분리되어 있다.

ADVICE

4 ㉠ 화산 쇄설물로 인한 응회암이 일부 있다.
㉡ 전체 면적의 대부분이 현무암류로 이루어져 있다.
㉢ 육각기둥 모양의 주상 절리가 있다.

5 ① 울릉도는 유동성이 작은 용암의 불출로 인한 종상 화산이다.
② 울릉도에는 화구 분지가 있다.
③ 독도는 화산섬 중 가장 오랜 역사를 지니고 있다.
④ 독도는 동도와 서도로 분리되어 있다.

답— 4.④ 5.①

6 다음 그림은 (A)는 한반도에서 가장 높은 산이고, (B)는 강원도의 평야지대이다. 다음 보기의 설명 중 옳은 것은?

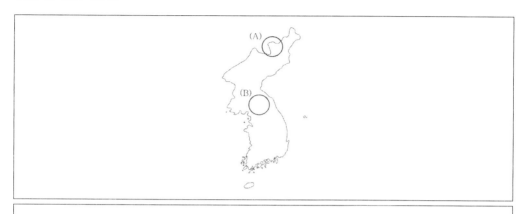

> ㉠ (A)는 수많은 화산활동으로 형성되었고 천지가 존재한다.
> ㉡ (B)는 용암 대지가 침식 작용을 받아 형성되었다.
> ㉢ (B)는 화강암질 용암이 분출하였다.

① ㉠   ② ㉢
③ ㉠㉡   ④ ㉠㉢

7 다음은 설악산에 대한 설명이다. 다음 보기의 설명 중 옳은 것은?

> ㉠ 신생대에 만들어진 암석의 영향을 받았다.
> ㉡ 판상 절리가 많이 분포한다.
> ㉢ 단조로움과 평탄함으로 경관을 이루고 있다.

① ㉠   ② ㉡
③ ㉢   ④ ㉠㉢

ADVICE

6 ㉠ (A)는 수많은 화산활동으로 형성되었고 천지가 존재한다.((A)는 백두산이고 정상에 칼데라호가 있다.)
   ㉡ (B)는 용암 대지가 침식 작용을 받아 형성되었다.((B)는 철원 평야이고, 현무암 주상 절리가 있다.)
   ㉢ (B)는 현무암질 용암이 분출하였다.

7 ㉠ 중생대에 만들어진 암석의 영향을 받았다.
   ㉡ 판상 절리가 많이 분포한다.
   ㉢ 다양한 절벽들의 조화로 아름다운 경관을 이루고 있다.

답— 6.③ 7.②

8 다음은 서울 북한산과 불암산에 대한 설명이다. 다음 보기의 설명 중 옳은 것은?

> ㉠ 고생대에 만들어진 암석의 영향을 받았다.
> ㉡ 현무암의 노출과 압력 감소로 인한 판상 절리의 형성이 잘 되어 있다.
> ㉢ 북한산이나 불암산은 화강암으로 이루어져 있다.

① ㉠   ② ㉡

③ ㉢   ④ ㉡㉢

9 다음은 변성 작용과 조직에 대한 설명이다. 다음 보기의 설명 중 옳은 것은?

> ㉠ 사암은 변성 작용으로 규암이 된다.
> ㉡ 접촉 변성 작용은 대규모 지각 변동에 의해 일어난다.
> ㉢ 광역 변성 작용은 마그마 관입에 의해 일어난다.

① ㉠   ② ㉡

③ ㉢   ④ ㉠㉢

ADVICE

8 ㉠ 중생대에 만들어진 화강암의 영향을 받았다.
   ㉡ 화강암의 노출과 압력 감소로 인한 판상 절리의 형성이 잘 되어 있다.
   ㉢ 북한산이나 불암산은 화강암으로 이루어져 있다.

9 ㉠ 사암은 변성 작용으로 규암이 된다.(접촉 변성 작용을 받는다.)
   ㉡ 광역 변성 작용은 대규모 지각 변동에 의해 일어난다. 높은 열과 압력에 의해 변성된다.
   ㉢ 접촉 변성 작용은 마그마 관입에 의해 일어난다. 높은 열과 압력에 의해 변성된다.

답— 8.③ 9.①

10 다음 그림을 통해 보기에서 옳은 설명을 고른 것은?

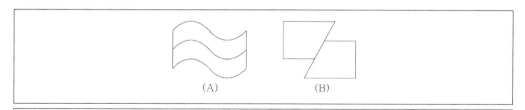

(A)   (B)

㉠ (A)는 습곡이고 장력을 받은 지질구조이다.
㉡ (B)는 단층이며 지층의 어긋남을 통해 이루어진 지질구조이다.
㉢ (B)는 상반이 하반 위로 간 역단층 구조이다.

① ㉠㉡   ② ㉠㉢
③ ㉡㉢   ④ ㉠㉡㉢

11 다음은 변성암 지역에 대한 설명이다. 다음 설명 중 옳은 것은?

① 지리산은 중생대 시대의 변성암으로 구성되어 있다.
② 옹진군 대이작도는 가장 최근의 암석이 분포하고 있다.
③ 군산시 고군산군도는 횡압력으로 인한 역단층을 이루고 있다.
④ 백령도 두무진 일대는 해식 절벽과 동굴이 있다.

ADVICE

10 ㉠ (A)는 습곡이고 횡압력을 받은 지질구조이다.
　　㉡ (B)는 단층이며 지층의 어긋남을 통해 이루어진 지질구조이다. (지층의 균열로 이루어진다.)
　　㉢ (B)는 상반이 하반 위로 간 역단층 구조이다. (상반이 아래에 있고, 하반이 위에 있으면 정단층 구조이다.)

11 ① 지리산은 선캄브리아 시대의 변성암으로 구성되어 있다.
　　② 옹진군 대이작도는 가장 오래된 암석이 분포하고 있다.
　　③ 군산시 고군산군도는 횡압력으로 인한 습곡을 이루고 있다.
　　④ 백령도 두무진 일대는 해식 절벽과 동굴이 있다. (규암이 해파의 침식작용으로 생긴 것이다.)

답 ― 10.③ 11.④

12 다음 중 변성암에 해당되지 않는 것은?

① 혼펠스
② 편암
③ 셰일
④ 대리암

13 다음은 퇴적암에 대한 설명이다. 보기의 설명 중 옳은 것은?

> ㉠ 역암, 사암 등은 화학적 퇴적암이다.
> ㉡ 층리가 발달되어 있고 화석들이 발견된다.
> ㉢ 석탄이나 처트 등은 유기적 퇴적암이다.

① ㉠
② ㉢
③ ㉡㉢
④ ㉠㉡㉢

14 다음은 퇴적 구조와 환경에 대한 설명이다. 다음 중 옳은 것은?

① 사층리는 위로 올라갈수록 퇴적물의 입자 크기가 작아진다.
② 점이층리는 물결 작용에 의해 생긴다.
③ 연흔은 층리면이 기울어져 있다.
④ 건열은 갈라진 자국이 있다.

ADVICE

12 ① 혼펠스 전에 셰일이다.
② 편암 전에 셰일이다.
③ 셰일은 퇴적암이고 변성되면 혼펠스가 된다.
④ 대리암 전에 셰일이다.

13 ㉠ 역암, 사암 등은 풍화, 침식으로 생성된 쇄설성 퇴적암이다.
㉡ 층리가 발달되어 있고 화석들이 발견된다.
㉢ 석탄이나 처트 등은 유기적 퇴적암이다.

14 ① 점이층리는 위로 올라갈수록 퇴적물의 입자 크기가 작아진다.
② 연흔은 물결 작용에 의해 생긴다.
③ 사층리는 층리면이 기울어져 있다.
④ 건열은 갈라진 자국이 있다.

답— 12.③ 13.③ 14.④

15 다음은 지역별 퇴적암과 지형에 대한 설명이다. 다음 중 옳은 것은?

① 채석강은 신생대 시대에 두껍게 쌓인 구조를 지닌다.

② 마이산은 주로 집괴암으로 구성되어 있다.

③ 경남 고성군 덕명리 해안은 화석들이 많이 발견된다.

④ 전남 신안군 홍도는 주로 석회암으로 구성되어 있다.

16 다음 보기에 대한 설명으로 옳은 것은?

㉠ 석회 동굴 안에는 종유석, 석순, 석주 등이 있다.
㉡ 강원도 태백시 구문소는 현무암 지층으로 이루어져 있다.
㉢ 제주도 수월봉은 주로 석회암층으로 이루어져 있다.

---

① ㉠

② ㉡

③ ㉠㉢

④ ㉡㉢

15 ① 채석강은 선캄브리아 시대에 퇴적암이 두껍게 쌓인 구조를 지니며 해수의 침식과 융기도 있었다.
② 마이산은 주로 역암으로 구성되어 있고 풍화, 침식이 활발하여 동굴이 형성되었다.
③ 경남 고성군 덕명리 해안은 화석들이 많이 발견된다.(공룡이나 새의 발자국이 발견되었다.)
④ 전남 신안군 홍도는 사암이나 규암으로 구성되어 있고 습곡, 단층, 절리가 있다.

16 ㉠ 석회 동굴 안에는 종유석, 석순, 석주 등이 있다.
㉡ 강원도 태백시 구문소는 고생대에 퇴적된 석회암 지층으로 이루어져 있다.
㉢ 제주도 수월봉은 주로 화산 활동으로 인해 발생한 응회암으로 이루어져 있다.

답- 15.③ 16.①

17 한반도 지형에 대한 감상으로 옳지 않은 것은?

① 산의 지형이 굽이굽이 있고 사계절과 잘 어울러져 있다.

② 삼면이 바다이고 탁 트인 공간은 편안함을 준다.

③ 자연에 대한 감상을 다룬 작품들이 존재하지 않아 안타까움을 준다.

④ 자연에 대한 아름다움을 예찬할 수 있는 공간이 많이 존재한다.

18 다음 보기의 설명 중 옳은 것은?

ⓐ 주상절리는 화강암에서 잘 나타난다.
ⓑ 판상절리는 현무암에서 잘 나타난다.
ⓒ 주상 절리와 판상 절리는 절리의 방향에 따라 분류된 것이다.
---

① ㉠

② ㉢

③ ㉠㉢

④ ㉡㉢

17 ① 산의 지형이 굽이굽이 있고 사계절과 잘 어울러져 있다.
② 삼면이 바다이고 탁 트인 공간은 편안함을 준다.
③ 자연에 대한 감상을 다룬 작품들이 많고, 시나 그림 등 자연을 찬미한 것들이 많이 있다.
④ 자연에 대한 아름다움을 예찬할 수 있는 공간이 많이 존재한다.

18 ㉠ 주상절리는 용암이 급격히 냉각된 화산암(현무암)에서 잘 나타난다.
㉡ 판상절리는 심성암(화강암)에서 잘 나타난다.
㉢ 주상 절리와 판상 절리는 절리의 방향에 따라 분류된 것이다.(절리는 화성암이 급격한 냉각으로 인해 수축
될 때 생긴 틈을 말한다.)

답— 17.③ 18.②

※ 다음 (A)는 현무암질 용암이고 (B)는 유문암질 용암이다. [19~20]

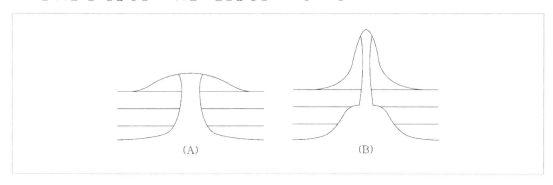

19 다음 보기의 설명 중 옳은 것은?

> ㉠ (A)는 온도가 높고, (B)는 온도가 낮다.
> ㉡ (A)는 유동성이 크고, (B)는 유동성이 작다.
> ㉢ (A)는 점성이 높고, (B)는 점성이 낮다.

① ㉠   ② ㉡

③ ㉠㉡   ④ ㉡㉢

20 다음 설명 중 옳은 것은?

① (A)는 경사가 급격한 종상 화산이다.

② (B)는 경사가 완만한 순상 화산이다.

③ (A)에는 한라산이 포함된다.

④ (B)는 철원의 용암대지가 포함된다.

ADVICE

19 ㉠ (A)는 온도가 높고, (B)는 온도가 낮다.
　　㉡ (A)는 유동성이 크고, (B)는 유동성이 작다.
　　㉢ (A)는 점성이 낮고, (B)는 점성이 크다.

20 ① (B)는 경사가 급격한 종상 화산이다.
　　② (A)는 경사가 완만한 순상 화산이다.
　　③ (A)에는 한라산이 포함된다.(현무암질 용암이다.)
　　④ (A)는 철원의 용암대지가 포함된다.

답— 19.③ 20.③

고체 지구의 변화

1 다음에서 (A)는 현무암질 용암, (B)는 안산암질 용암, (C)는 유문암질 용암이다. 다음 보기의 설명 중 옳은 것은?

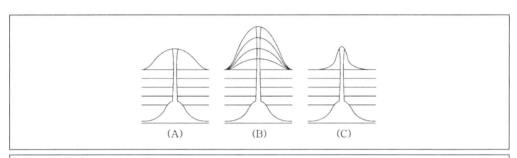

(A)   (B)   (C)

㉠ (A)의 화산 가스는 (C)에 비해 많은 편이다.
㉡ (B)의 지형으로는 성층 화산이 있다.
㉢ (C)의 분출형태는 굉장히 폭발적이다.

---

① ㉠   ② ㉢
③ ㉠㉡   ④ ㉡㉢

ADVICE

1 ㉠ (A)의 화산 가스는 (C)에 비해 적은 편이다.
㉡ (B)의 지형으로는 성층 화산이 있다.((A)의 지형으로는 순상 화산이, (C)의 지형으로는 종상 화산이 있다.)
㉢ (C)의 분출형태는 굉장히 폭발적이다.((A)는 고요한 편이고, (B)는 용암과 화산 쇄설물이 교대로 분출한다.)

답— 1.④

2 화산 활동에 대한 설명이다. 다음 보기의 설명 중 옳은 것은?

> ㉠ 마그마가 지각의 약한 틈을 뚫고 저온의 용암과 함께 분출한다.
> ㉡ 화산가스 대부분을 차지하고 있는 것은 수증기이다.
> ㉢ 화산 쇄설물은 입자크기에 따라 화산진, 화산재 등으로 구분한다.

① ㉠

② ㉡

③ ㉠㉡

④ ㉡㉢

3 다음 그림은 지진파에 대한 것이다. 다음 보기의 설명 중 옳은 것은?

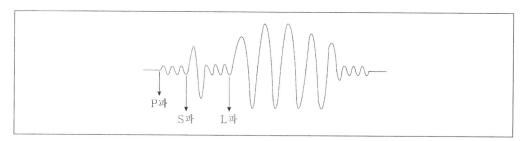

> ㉠ P파는 S파나 L파에 비해 전파 속도가 빠른 편이다.
> ㉡ S파는 종파이며 통과 매질은 액체이다.
> ㉢ L파는 P파나 S파에 비해 진폭이 작은 편이다.

① ㉠

② ㉢

③ ㉠㉡

④ ㉠㉢

ADVICE

2 ㉠ 마그마가 지각의 약한 틈을 뚫고 고온의 용암 및 여러 가지 물질들과 함께 분출한다.
㉡ 화산가스 대부분을 차지하고 있는 것은 수증기이다.(그 외에도 탄소, 질소 등이 있다.)
㉢ 화산 쇄설물은 입자크기에 따라 화산진, 화산재 등으로 구분한다.(그 외에도 화산력, 화산암괴 등이 있다.)

3 ㉠ P파는 S파나 L파에 비해 전파 속도가 빠른 편이다.(P파는 종파이고, 피해 정도가 비교적 작다.)
㉡ S파는 횡파이며 통과 매질은 고체이다.
㉢ L파는 P파나 S파에 비해 진폭이 큰 편이고 다른 파들에 비해 피해정도 큰 편이다.)

답 2.④ 3.①

4 지진의 세기에 대한 설명이다. 다음 보기의 설명 중 옳은 것은?

> ㉠ 지진의 세기는 규모와 진도로 구분할 수 있다.
> ㉡ 진도는 진앙으로부터의 거리에 관계없이 세기가 일정하다.
> ㉢ 규모는 아라비아 숫자로 소수 첫째 자리까지 표기한다.

① ㉡　　　　　　　　　　② ㉢
③ ㉠㉢　　　　　　　　　④ ㉡㉢

5 다음 그림은 화산대와 지진대에 대한 그림이다. 다음 보기의 설명 중 옳은 것은?

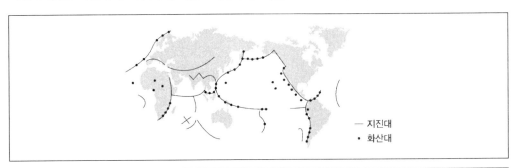

> ㉠ 화산대와 지진대의 분포는 다르다.
> ㉡ 칠레나 아이슬란드는 화산과 지진으로부터 자유롭다.
> ㉢ 환태평양 지진대와 화산대는 전 세계 대부분을 이곳을 차지하고 있다.

① ㉡　　　　　　　　　　② ㉢
③ ㉠㉢　　　　　　　　　④ ㉠㉡㉢

ADVICE

4 ㉠ 지진의 세기는 규모와 진도로 구분할 수 있다.
　　㉡ 규모는 진앙으로부터의 거리에 관계없이 세기가 일정하다.
　　㉢ 규모는 아라비아 숫자로 소수 첫째 자리까지 표기한다.

5 ㉠ 화산대와 지진대의 분포는 거의 일치한다.
　　㉡ 칠레나 아이슬란드는 화산과 지진이 언제든 일어날 수 있다.
　　㉢ 환태평양 지진대와 화산대는 전 세계 대부분을 차지하고 있다.(태평양 주변부를 따라 분포한다.)

답— 4.③ 5.②

6 다음은 변동대에 대한 설명이다. 다음 설명 중 옳은 것은?

① 지각 변동이 거의 없는 지역을 말한다.

② 중생대 이전에는 주로 태평양과 유라시아 대륙 주변부에 분포했다.

③ 신생대에는 풍화, 침식 작용으로 낮은 산맥으로 변했다.

④ 변동대 지형들로는 해령, 해구, 습곡 산맥 등이 있다.

7 다음 그림은 암석권과 연약권에 대한 그림이다. 다음 보기의 설명 중 옳은 것은?

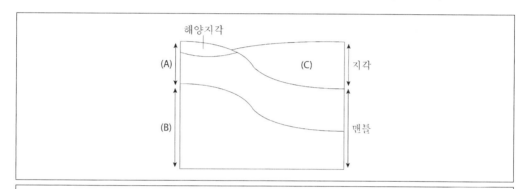

ㄱ (A)는 맨틀 대류에 의해 움직인다.
ㄴ (B)는 맨틀 대류의 영향이 미치지 않아 유동성이 없다.
ㄷ (C)는 대륙지각이다.

① ㄴ　　　　　　　　　　　　　② ㄱㄴ
③ ㄱㄷ　　　　　　　　　　　　④ ㄴㄷ

ADVICE

6 ① 지각 변동이 활발한 지역을 말한다.
② 신생대 이전에는 주로 태평양과 유라시아 대륙 주변부에 분포했다.
③ 중생대에는 풍화, 침식 작용으로 낮은 산맥으로 변했다.
④ 변동대 지형들로는 해령, 해구, 습곡 산맥 등이 있다.(그 외에도 호상 열도 등이 있다.)

7 ㄱ (A)는 맨틀 대류에 의해 움직인다.((A)는 암석권이며 단단한 부분이다. 맨틀 대류에 의해 어긋날 때 지진이 일어나곤 한다.)
ㄴ (B)는 연약권이고 맨틀 대류를 통해 이동하며 부분적으로 용융되어 유동성이 있다.
ㄷ (C)는 대륙지각이다.(지각에는 대륙지각과 해양지각이 있다.)

답 – 6.④ 7.③

8 다음 그림은 진원과 지진에 대한 것이다. 다음 보기의 설명 중 옳은 것은?

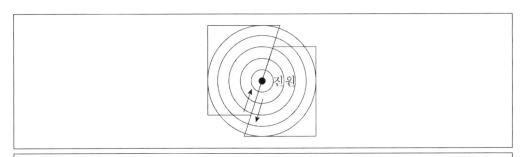

⊙ 발생 원인은 알 수 없다.
© 지진이 발생하여 역단층이 형성되었다.
© 진원에서 가장 가까운 지표면의 지점을 진앙이라고 한다.

① ⊙   ② ©
③ ⊙©   ④ ©©

ADVICE

8 ⊙ 발생 원인은 단층 작용, 화산 활동 등이 있다.
© 지진이 발생하여 역단층이 형성되었다. (상반이 위에 있고 하반이 아래 있으면 역단층이다.)
© 진원에서 가장 가까운 지표면의 지점을 진앙이라고 한다. (진원은 지진이 발생한 지구 내부의 곳이다.)

답 8.④

※ 다음 그림은 우리나라 주변의 지각변동에 관련된 그림이다. 【9~10】

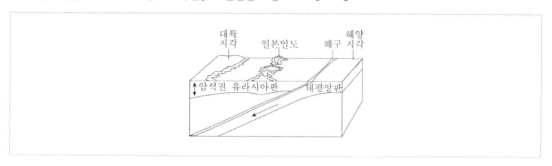

9 다음 보기의 설명 중 옳은 것은?

> ⊙ 우리나라는 지진이 일어날 가능성이 없다.
> ⓒ 해구는 깊은 해저 골짜기로 지진과 화산 활동이 있다.
> ⓒ 일본은 호상 열도에 속한다.

① ⊙   ② ⓒ
③ ⊙ⓒ   ④ ⓒⓒ

10 다음 설명 중 옳은 것은?

① 베니오프대를 형성하고 있다.
② 일본 열도는 화산이나 지진활동이 미미하다.
③ 우리나라는 화산이나 지진활동과는 거리가 멀다.
④ 일본 해구를 경계로 해서 밀도가 큰 유라시아 판 쪽에서 지진과 화산 활동이 빈번하다.

ADVICE

9 ⊙ 우리나라는 지진이 일어날 가능성이 있고 근래에 빈도수가 늘어나고 있는 추세이다.
   ⓒ 해구는 깊은 해저 골짜기로 지진과 화산 활동이 있다.
   ⓒ 일본은 호상 열도에 속한다.

10 ① 베니오프대를 형성하고 있다.(해양판이 대륙판 아래로 비스듬히 들어가면서 진원이 집약적으로 분포하는 비스듬한 곳이다.)
   ② 일본 열도는 화산이나 지진활동이 활발하고 그로 인한 피해가 많은 편에 속한다.
   ③ 우리나라는 화산이나 지진활동 점차 많아지고 있기 때문에 더 이상 안전하다고만 말할 수는 없다.
   ④ 일본 해구를 경계로 해서 밀도가 작은 유라시아 판 쪽에서 지진과 화산 활동이 빈번하다.

답 9.④ 10.①

11 다음 그림은 발산형 경계에 대한 그림이다. 다음 보기의 설명 중 옳은 것은?

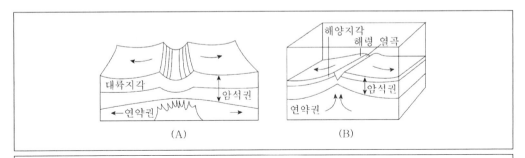

ㄱ (A)는 열곡대가 형성되고 지진과 화산활동이 생긴다.
ㄴ (B)는 새로운 대륙 지각이 형성된다.
ㄷ (B)에서 해령이 형성될 때 주변은 잠잠하다.

① ㄱ   ② ㄴ
③ ㄷ   ④ ㄴㄷ

11 ㄱ (A)는 열곡대가 형성되고 지진과 화산활동이 생긴다.(대륙판과 대륙판의 발산이다.)
ㄴ (B)는 새로운 해양 지각이 형성된다.
ㄷ (B)에서 해령이 형성될 때 지진활동과 화산활동이 활발하게 일어난다.

답 11.①

12 다음 그림은 수렴형 경계에 대한 그림이다. 다음 보기의 설명 중 옳은 것은?

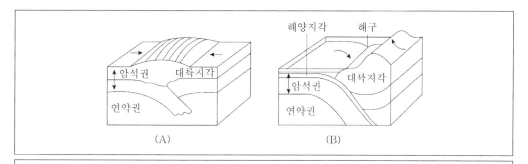

ㄱ (A)는 호상 열도가 발달한다.
ㄴ (B)는 습곡 산맥이 만들어진다.
ㄷ (B)에서 해구 쪽에서는 지진과 화산활동이 활발하다.

① ㄱ   ② ㄷ
③ ㄱㄷ   ④ ㄴㄷ

ADVICE

12 ㄱ (B)는 호상 열도가 발달한다.
ㄴ (A)와 (B) 모두 습곡 산맥이 만들어진다.
ㄷ (B)에서 해구 쪽에서는 지진과 화산활동이 활발하다.(대륙쪽으로 갈수록 진원의 깊이가 깊어진다.)

답 12.④

13 다음 그림은 보존형 경계에 대한 그림이다. 다음 보기의 설명 중 옳은 것은?

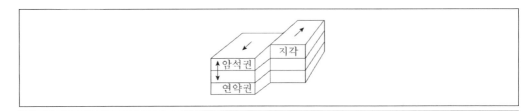

ㄱ 판이 형성되거나 소멸된다.
ㄴ 화산활동은 일어나지 않는다.
ㄷ 서로 반대 방향으로 수직으로 어긋난다.

① ㄱ   ② ㄴ
③ ㄴㄷ   ④ ㄱㄴㄷ

14 다음 지역들에 해당하는 판의 경계는?

알프스 산맥, 일본 해구, 마리아나 해구, 히말라야 산맥

① 발산형 경계   ② 보존형 경계
③ 수렴형 경계   ④ 대륙형 경계

ADVICE

13 ㄱ 판이 형성되거나 소멸되지 않는다.
　 ㄴ 화산활동은 일어나지 않는다.
　 ㄷ 서로 반대 방향으로 평행하게 어긋난다.

14 ① 발산형 경계 : 열곡대, 해령, 열곡 등의 지형을 만든다.
　 ② 보존형 경계 : 변환 단층 등의 지형을 만든다.
　 ③ 수렴형 경계(습곡 산맥, 해구, 호상 열도 등의 지형을 만든다.)

답— 13.② 14.③

15 다음은 풍화 작용에 대한 설명이다. 다음 설명 중 옳은 것은?

① 짧은 시간에 걸쳐 성분이 변하거나 잘게 부서지는 것을 풍화라 한다.

② 지표에 영향을 주지 않고 암석만을 순환시킨다.

③ 토양을 만드는데 있어서 미미한 영향을 준다.

④ 쓸 수 있는 좋은 자원을 만든다.

16 다음은 풍화 작용에 대한 종류이다. 다음 보기의 설명 중 옳은 것은?

> ㉠ 기계적 풍화 작용은 용해 또는 파괴되는 작용이다.
> ㉡ 화학적 풍화 작용은 기온의 일교차가 큰 지역에서 일어난다.
> ㉢ 생물학적 풍화 작용은 기계적 또는 화학적 풍화 작용을 거친다.

① ㉠   ② ㉡

③ ㉢   ④ ㉠㉡㉢

ADVICE

15 ① 장시간에 걸쳐 성분이 변하거나 잘게 부서지는 것을 풍화라 한다.
　② 지표에 영향을 많이 주고 암석을 순환시킨다.
　③ 토양을 만드는데 있어서 많은 영향을 준다.
　④ 쓸 수 있는 좋은 자원을 만든다.(고령토 등이 많은 것들이 있다.)

16 ㉠ 화학적 풍화 작용은 용해 또는 파괴되는 작용이다. 주로 고온 다습한 열대지방에서 일어난다.
　㉡ 기계적 풍화 작용은 기온의 일교차가 큰 지역에서 일어난다. 주로 극지방이나 사막지역에서 우세하게 나타난다.
　㉢ 생물학적 풍화 작용은 기계적 또는 화학적 풍화 작용을 거친다.(식물 뿌리의 성장이나 생물의 분비물에
　　영향을 준다.)

답 15.④ 16.③

17 다음 보기의 설명 중 사태의 원인으로 맞는 것은?

> ㉠ 지면에 작용하는 힘이 영향을 줄 수 있다.
> ㉡ 토양의 물의 포함 유무가 영향을 줄 수 있다.
> ㉢ 개발에 의한 환경 변화가 영향을 줄 수 있다.

① ㉠　　　　　　　　　　　　② ㉠㉡
③ ㉠㉢　　　　　　　　　　　④ ㉠㉡㉢

18 사태의 종류에 대한 설명이다. 보기의 설명 중 옳은 것은?

> ㉠ 유동에 의한 사태가 있다.
> ㉡ 미끄러짐에 의한 사태가 있다.
> ㉢ 낙하에 의한 사태가 있다.

① ㉠　　　　　　　　　　　　② ㉠㉡
③ ㉠㉢　　　　　　　　　　　④ ㉠㉡㉢

ADVICE

17 ㉠ 지면에 작용하는 힘이 영향을 줄 수 있다.
　　㉡ 토양의 물의 포함 유무가 영향을 줄 수 있다.
　　㉢ 개발에 의한 환경 변화가 영향을 줄 수 있다.

18 ㉠ 유동에 의한 사태가 있다.
　　㉡ 미끄러짐에 의한 사태가 있다.
　　㉢ 낙하에 의한 사태가 있다.

답 17.④　18.④

19 다음 그림은 해저면의 변위에 의해 발생한 지진해일(쓰나미)을 나타낸 것이다. 이에 대한 설명으로 〈보기〉에서 옳은 것만을 모두 고르면?

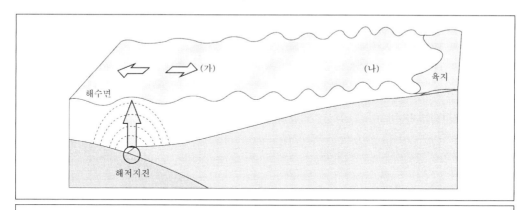

〈보기〉
⊙ (가)에서 (나)로 갈수록 파장이 짧아진다.
ⓒ (가)에서 (나)로 갈수록 파고가 높아진다.
ⓒ (가)에서 (나)로 갈수록 전파속도가 빨라진다.
ⓔ 지진해일은 해수면의 갑작스러운 수직 변동에 의해 발생한다.

① ⊙ⓒ

② ⓒⓔ

③ ⊙ⓒⓔ

④ ⓒⓒⓔ

20 화산과 사태의 피해와 그 대책으로 옳은 것은?

① 화산에 대한 분출을 예측할 수 없다.
② 화산은 피해만을 줄 뿐이다.
③ 사태는 주로 강수현상이 집중될 때 발생한다.
④ 사태는 예방할 수 없다.

ADVICE
---

19 (가)에서 (나)로 갈수록 파장이 짧아지고 파고가 높아진다. 그리고 전파속도가 느려진다. 지진해일은 해수면의 수직 변동으로 발생한다.

20 ① 화산에 대한 분출을 예측할 수 있다.
② 화산은 비옥한 토양을 제공할 수 있다.
③ 사태는 주로 강수현상이 집중될 때 발생한다.
④ 사태는 예방할 수 있다.

답— 19.③ 20.③

유체 지구의 변화

1 다음 그림은 우리나라에 미치는 기단을 나타낸 것이다. 다음 설명 중 옳지 않은 것은?

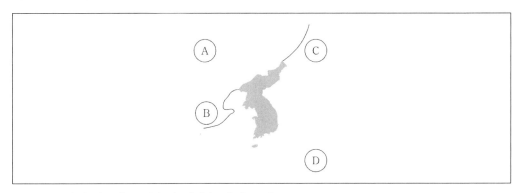

① (A)는 한랭 건조하고 겨울에 영향을 많이 준다.

② (B)는 온난 건조하고 황사와 관련이 많다.

③ (C)는 온난 다습하고 장마전선에 영향을 많이 준다.

④ (D)는 고온 답습하고 무더위를 동반한다.

ADVICE

1 ① (A)는 시베리아 기단이며 한랭 건조하고 겨울에 영향을 많이 준다. 한파의 영향도 준다.
② (B)는 양쯔강 기단이며 온난 건조하고 황사와 관련이 많다. 봄과 가을에 영향을 많이 준다.
③ (C)는 오호츠크 기단이며 한랭 다습하고 장마전선에 영향을 많이 준다.(초여름에 영향을 많이 주며 높새 바람에도 영향을 준다.)
④ (D)는 북태평양 기단이며 고온 답습하고 무더위를 동반한다. 여름에 영향을 많이 준다.

답— 1.③

2 다음 그림은 온대저기압을 나타낸 그림이다. 다음 보기의 설명 중 옳은 것은?

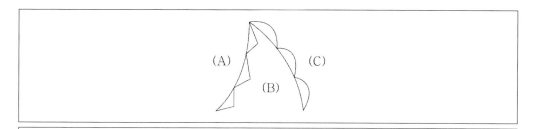

> ㉠ (A)일 때 적운형 구름이 발달되어 있다.
> ㉡ (B)일 때 남서풍이 분다.
> ㉢ (C)일 때 지속적으로 비가 내린다.

① ㉠   ② ㉠㉡

③ ㉠㉢   ④ ㉠㉡㉢

3 다음은 고기압과 저기압에 대한 설명이다. 다음 보기의 설명 중 옳은 것은?

> ㉠ 고기압은 시계 방향으로 바람이 불어 들어간다.
> ㉡ 저기압은 중심부에 기류가 상승한다.
> ㉢ 고기압은 날씨가 흐리거나 비가 내린다.

① ㉠   ② ㉡

③ ㉢   ④ ㉡㉢

ADVICE

2 ㉠ (A)일 때 적운형 구름이 발달되어 있다.(한랭 전선 후면이며 좁은 지역에 소나기가 내린다.)
   ㉡ (B)일 때 남서풍이 분다.(온난 전선과 한랭 전선 사이에 있으며 날씨가 쾌청하고 온도가 높다.)
   ㉢ (C)일 때 지속적으로 비가 내린다.(온난 전선 전면이며 층운형 구름이 발달되어 있다.)

3 ㉠ 고기압은 시계 방향으로 바람이 불어 나간다.
   ㉡ 저기압은 중심부에 기류가 상승한다.(저기압은 주위보다 기압이 낮고 시계 방향으로 바람이 불어 들어간다.)
   ㉢ 고기압은 날씨가 맑고, 저기압은 구름이 발달하여 날씨가 흐리거나 비나 눈이 내린다.

답 2.④ 3.②

4 다음 그림은 태풍에 대한 진로이다. 다음 설명 중 옳지 않은 것은?

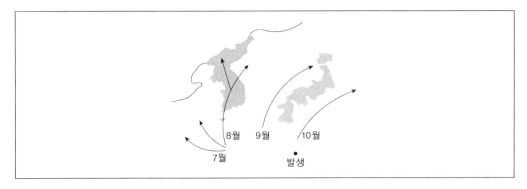

① 태풍의 중심은 주변보다 날씨가 맑고 바람이 약하다.
② 우리나라는 보통 7~8월에 영향을 가장 많이 받는다.
③ 태풍의 에너지원은 수증기의 잠열이다.
④ 오른쪽 반원보다 왼쪽 반원의 피해가 더 크다.

5 다음은 일기도에 대한 설명이다. 다음 설명 중 옳은 것은?

① 지역적 특성보다는 일반적인 특성을 고려한다.
② 등압선의 간격이 클수록 바람이 강하다.
③ 바람은 기압이 높은 곳에서 낮은 곳으로 분다.
④ 시간에 관계없이 일기도를 작성한다.

ADVICE

4 ① 태풍의 중심은 주변보다 날씨가 맑고 바람이 약하다. 중심부는 하강 기류이다.
② 우리나라는 보통 7~8월에 영향을 가장 많이 받는다.
③ 태풍의 에너지원은 수증기의 잠열이다.
④ 왼쪽 반원보다 오른쪽 반원의 피해가 더 크다.(오른쪽은 태풍의 풍향과 이동방향이 비슷하기 때문이다.)

5 ① 지역적 특성을 고려하여 일기도를 작성한다.
② 등압선의 간격이 클수록 바람이 약하다.
③ 바람은 기압이 높은 곳에서 낮은 곳으로 분다.
④ 일정한 시간을 두고 일기도를 작성한다.

답— 4.④ 5.③

6 다음은 뇌우와 우박에 대한 설명이다. 다음 설명 중 옳은 것은?

① 강한 하강 기류에 의해 적란운이 발달하면서 생기는 현상이 뇌우이다.

② 낙뢰는 지속적으로 발생한다.

③ 우박은 보통 한여름이나 겨울에 일어나지 않는다.

④ 우박은 농작물에 좋은 영향을 준다.

7 다음은 호우에 대한 설명이다. 다음 설명 중 옳은 것은?

① 집중호우는 장시간에 걸쳐 한 곳에 집중적으로 내린다.

② 호우는 시공간에 대한 제약 없이 엄청난 비가 내리는 현상이다.

③ 주로 강한 하강 기류로 인해 형성된다.

④ 주변에 피해보다는 도움을 주곤 한다.

ADVICE

6 ① 강한 상승 기류에 의해 적란운이 발달하면서 천둥과 번개를 동반하여 생기는 현상이 뇌우이다.
② 낙뢰는 갑작스런 온도상승으로 발생한다.
③ 우박은 보통 한여름이나 겨울에 일어나지 않는다.(한여름은 온도가 너무 뜨겁고 겨울에는 차갑기 때문이다.)
④ 우박은 농작물에 많은 피해를 입힌다.

7 ① 집중호우는 짧은 시간에 걸쳐 한 곳에 집중적으로 내린다.
② 호우는 시공간에 대한 제약 없이 엄청난 비가 내리는 현상이다.
③ 주로 강한 상승 기류로 인해 형성된다.
④ 주변에 홍수나 산사태와 같은 많은 피해를 준다.

답 6.③ 7.②

8 다음은 토네이도와 해일에 대한 설명이다. 다음 설명 중 옳은 것은?

① 우리나라는 아직까지 토네이도의 발견 사례가 없다.

② 거대한 적란운에서 발생하며 수직방향으로 발생한다.

③ 지진 해일은 기압 하강에 따른 수면 상승으로 일어난다.

④ 폭풍 해일은 수중 산사태나 수중 폭발에 의해 발생한다.

9 다음은 강풍과 폭설, 한파에 대한 설명이다. 다음 설명 중 옳은 것은?

① 겨울에는 시베리아 기단으로, 여름에는 태풍의 영향으로 강풍에 대한 피해를 입는다.

② 강풍은 평균 풍속이 14m/s 이하의 바람을 말한다.

③ 폭설은 시베리아 기단의 영향으로 하강 기류가 발달하면서 생긴다.

④ 한파는 오호츠크해 기단의 영향을 많이 받는다.

10 다음은 폭염과 열대야, 건조에 대한 설명이다. 다음 설명 중 옳은 것은?

① 폭염은 낮 최고 기온이 33도 이하인 경우를 말한다.

② 열대야는 밤 최저 기온이 25도 이상일 때를 말한다.

③ 건조는 습도가 높은 상태를 말한다.

④ 건조로 인해 냉방기 사용이 많아짐으로 전력소비량이 증가한다.

ADVICE

8 ① 우리나라에서 최근에 일산에서 발생하였다.
② 거대한 적란운에서 발생하며 수직방향으로 발생한다.(주로 미국 중부 지방에서 많이 발생한다.)
③ 폭풍 해일은 기압 하강에 따른 수면 상승으로 일어난다.
④ 지진 해일은 수중 산사태나 수중 폭발에 의해 발생한다.

9 ① 겨울에는 시베리아 기단으로, 여름에는 태풍의 영향으로 강풍에 대한 피해를 입는다.
② 강풍은 평균 풍속이 14m/s 이상의 바람을 말한다.
③ 폭설은 시베리아 기단의 영향으로 상승 기류가 발달하면서 생긴다.
④ 한파는 시베리아 기단의 영향을 많이 받는다.

10 ① 폭염은 낮 최고 기온이 33도 이상인 경우를 말한다.
② 열대야는 밤 최저 기온이 25도 이상일 때를 말한다.
③ 건조는 습도가 낮은 상태를 말한다.
④ 폭염과 열대야로 인해 냉방기 사용이 많아짐으로 전력소비량이 증가한다.

답 8.② 9.① 10.②

11 다음은 황사가 우리나라로 오는 것에 대한 그림이다. 다음 보기의 설명 중 옳은 것은?

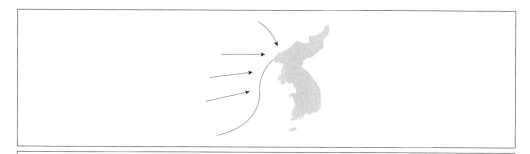

⊙ 발원지는 주로 러시아에서 발생한다.
ⓒ 황사는 강한 바람과 상승기류가 있어야 한다.
ⓒ 주로 봄철에 발생하며 빈도수가 증가하고 있다.

① ⊙
② ⓒ
③ ⊙ⓒ
④ ⓒⓒ

ADVICE

11 ⊙ 발원지는 주로 중국이나 몽골에서 발생한다.
   ⓒ 황사는 강한 바람과 상승기류가 있어야 한다.(토양은 건조하고 입자들은 미세해야 한다.)
   ⓒ 주로 봄철에 발생하며 빈도수가 증가하고 있다.(중국의 사막화의 증가가 원인이 되고 있다.)

답— 11.④

12 다음 그림은 기단의 이동에 대한 것이다. 다음 보기의 설명 중 옳은 것은?

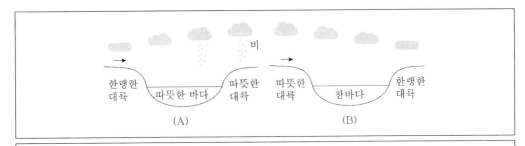

> ㉠ (A)는 적운이나 적란운이 발생된다.
> ㉡ (B)는 공기층이 불안정하다.
> ㉢ (B)는 주로 층운이나 안개가 발생한다.

① ㉠   ② ㉢

③ ㉠㉢   ④ ㉡㉢

ADVICE

12 ㉠ (A)는 적운이나 적란운이 발생된다.((A)는 한랭한 기단의 이동을 나타내고 있다.)
　　㉡ (B)는 공기층이 안정하다.
　　㉢ (B)는 주로 층운이나 안개가 발생한다.((B)는 온난한 기단의 이동을 나타내고 있다.)

답— 12.③

13 다음 그림은 한랭전선과 온난전선을 나타낸 그림이다. 다음 보기의 설명 중 옳은 것은?

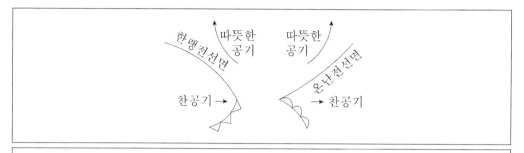

⊙ 한랭 전선의 이동 속도는 빠르다.
ⓒ 온난전선의 강수 구역은 좁다.
ⓒ 한랭 전선의 기울기는 완만한 편이다.

① ⊙ ② ⓒ
③ ⊙ⓒ ④ ⓒⓒ

14 다음은 대기 대순환에 대한 설명이다. 다음 설명 중 옳은 것은?

① 공간 규모가 클수록 시간 규모는 작다.
② 대기의 대순환은 지구 공전이 영향을 준다.
③ 위도에 따른 복사 에너지의 차이를 가지고 순환한다.
④ 대기 순환의 근본적 원인은 위도에 따른 에너지의 균형성에 있다.

ADVICE

13 ⊙ 한랭 전선의 이동 속도는 빠르다. (적운형 구름을 생성하거나 소나기가 내린다.)
ⓒ 온난전선의 강수 구역은 넓고 전선면은 완만한 편이다. 그리고 층운형의 구름이 형성되고 지속적인 비가 내린다.
ⓒ 한랭 전선의 기울기는 급격한 편이고 전선면이 지나가고 나서 기온이 하강한다.

14 ① 공간 규모가 클수록 시간 규모도 크다.
② 대기의 대순환은 지구 자전이 영향을 준다.
③ 위도에 따른 복사 에너지의 차이를 가지고 순환한다. (에너지의 불균형을 가지고 있다.)
④ 대기 순환의 근본적 원인은 위도에 따른 에너지의 불균형성에 있다.

답— 13.① 14.③

15 다음 그림은 위도별 열수지에 대한 그림이다. 다음 설명 중 옳은 것은?

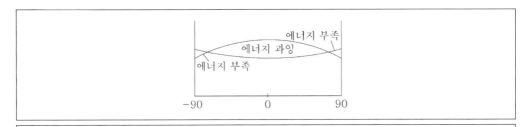

┌───┐
│ ㉠ 저위도로 갈수록 태양복사에너지보다 지구 복사에너지의 양이 더 많다. │
│ ㉡ 저위도의 에너지 과잉과 고위도의 에너지 부족의 양은 서로 같다. │
│ ㉢ 대기와 해수의 순환은 위도별 열수지에 영향을 미세하게 준다. │
└───┘

① ㉠   ② ㉡
③ ㉠㉡   ④ ㉡㉢

16 다음은 대기 대순환의 모형에 대한 설명이다. 다음 설명 중 옳은 것은?

① 해들리 순환은 위도 30도 부근에서 하강하여 60도 부근에서 상승한다.

② 페렐 순환은 적도 부근에서 상승하여 위도 30도 부근에서 하강한다.

③ 극 순환은 위도 60도 부근에서 한대 전선대를 형성한다.

④ 페렐 순환과 해들리 순환은 직접 순환에 해당한다.

━━━━━━━━━━━━━━━━━━━━━━━ **ADVICE** ━━━━━━━━━━━━━━━━━━━━━━━

15 ㉠ 저위도로 갈수록 태양복사에너지보다 지구 복사에너지의 양이 더 적어 에너지 과잉으로 나타난다.
  ㉡ 저위도의 에너지 과잉과 고위도의 에너지 부족의 양은 서로 같다.(대기와 해수의 순환이 영향을 준다.)
  ㉢ 대기와 해수의 순환은 위도별 열수지에 영향을 많이 준다.

16 ① 페렐 순환은 위도 30도 부근에서 하강하여 60도 부근에서 상승한다.
  ② 해들리 순환은 적도 부근에서 상승하여 위도 30도 부근에서 하강한다.
  ③ 극 순환은 위도 60도 부근에서 한대 전선대를 형성한다.(극지방에서 하강하여 위도 60도 부근에서 상승한다.)
  ④ 페렐 순환과 해들리 순환은 간접 순환에 해당한다.

답— 15.② 16.③

17 다음은 표층 해류에 대한 설명이다. 다음 설명 중 옳은 것은?

① 대기 대순환은 표층 해류가 발생하는 것을 방해한다.

② 해수면의 마찰력이 영향을 준다.

③ 북태평양 해류는 남동 무역풍에 의해 동에서 서로 흐른다.

④ 불규칙한 속도와 시시때때로 바뀌는 방향을 가지고 있다.

18 다음 그림은 엘니뇨가 발생했을 때 ㈎와 ㈏ 지역 사이의 대기 순환과 표층해수의 이동방향을 나타낸 것이다. 이에 대한 설명으로 〈보기〉에서 옳은 것만을 모두 고르면?

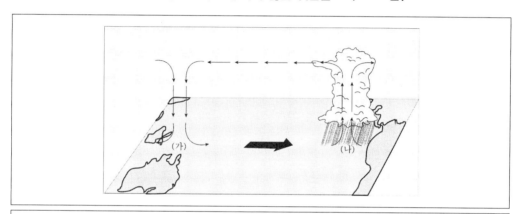

㉠ ㈎와 ㈏ 지역 사이의 수온차가 평상시보다 커진다.

㉡ ㈎ 지역은 평상시보다 강수량이 줄어들어 가뭄이 발생한다.

㉢ ㈏ 지역에서 무역풍이 약화되어 ㈎에서 ㈏ 방향으로 표층해수가 이동한다.

㉣ ㈏ 지역에서 용승이 평상시보다 활발하게 일어나 좋은 어장이 형성된다.

① ㉠㉡　　　　　　　　　　　② ㉠㉣

③ ㉡㉢　　　　　　　　　　　④ ㉢㉣

ADVICE

17 ① 대기 대순환은 표층 해류가 발생하는 것에 영향을 준다.

② 해수면의 마찰력이 영향을 준다.(대기 대순환에 의한 바람과 같이 영향을 끼친다.)

③ 북태평양 해류는 편서풍에 의해 서에서 동으로 흐른다.

④ 일정한 속도와 방향을 가지고 있다.

18 엘리뇨는 태평양 서쪽에서 높은 표층 수온으로 인한 상승 기류로 강수량이 많고, 동쪽에서는 낮은 표층 수온으로 인한 하강기류로 강수량이 작다. ㈎ 지역은 줄은 강수량으로 가뭄이 나고, ㈏ 지역은 무역풍으로 약화로 표층해수가 이동한다.

답— 17.② 18.③

※ 다음 그림은 우리나라 주변의 해류에 대한 그림이다. 【19~20】

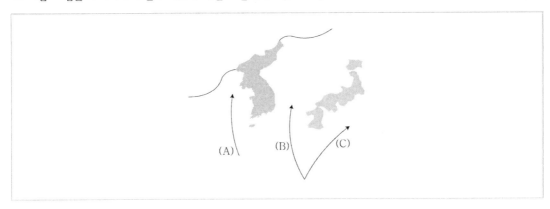

19 다음 보기의 설명 중 옳은 것은?

> ㉠ (A)가 흐르는 곳은 조경수역이고 어장이 굉장히 풍부하다.
> ㉡ (B)가 흐르는 곳에서는 갯벌이 풍부하고 대륙붕이 많다.
> ㉢ (C)가 흐르는 곳에서는 한류와의 만남이 있다.

① ㉠   ② ㉢

③ ㉠㉡   ④ ㉡㉢

20 다음 설명 중 옳은 것은?

① 한류는 용존산소량이 높다.   ② 난류는 플랑크톤이 풍부하다.

③ 한류는 염분이 높다.   ④ 난류는 영양 염류가 많다.

ADVICE

19 ㉠ (A)는 황해 난류이고, 흐르는 곳은 갯벌이 풍부하고 대륙붕이 비교적 많은 편이다.
    ㉡ (B)는 동한 난류이고 동해안 쪽의 한류와 만나서 조경 수역을 이루며 어장량이 풍부하다.
    ㉢ (C)가 흐르는 곳에서는 한류와의 만남이 있다. ((C)는 쿠로시오 해류이고 한류와의 만남이 이루어진다.)

20 ① 한류는 용존산소량이 높다.(물 속에 녹아 있는 산소량이 많고 영양염류가 많아 플랑크톤이 많이 있다.)
    ② 난류는 플랑크톤이 적다.
    ③ 한류는 염분이 낮다.
    ④ 난류는 영양 염류가 적다.

답— 19.② 20.①

환경오염

1 다음 그림은 오염 물질 배출량 비율이다. 다음 보기의 설명 중 옳은 것은?

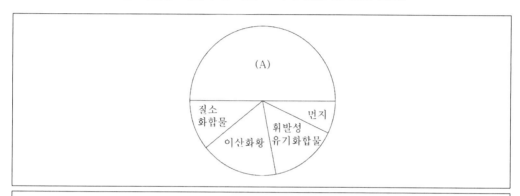

> ㉠ (A)는 이산화탄소이다.
> ㉡ 그림은 인위적인 배출원이다.
> ㉢ 긍정적 영향을 주는 배출원들이다.

① ㉠   ② ㉡

③ ㉠㉡   ④ ㉡㉢

ADVICE

1 ㉠ (A)는 일산화탄소이다.
㉡ 그림은 인위적인 배출원이다.(인위적 배출원은 사람들의 활동 가운데서 나타나는 것이다. 자연적인 배출원도 있다.)
㉢ 부정적 영향을 주는 배출원들이다.

답—1.②

2 다음 대기 오염 물질에 대한 설명 중 옳은 것은?

① 기체상 오염 물질은 먼지나 매연 등이 있다.

② 입자상 오염 물질은 산업 과정에서 대기로 배출되는 것들이다.

③ 1차 오염 물질에 질소 산화물 등이 있다.

④ 2차 오염 물질에는 일산화탄소 등이 있다.

3 주요 대기 오염 물질의 종류에 대한 설명으로 옳은 것은?

① 일산화탄소는 색깔과 냄새, 독성이 없다.

② 탄화수소는 완전 연소 때 볼 수 있다.

③ 미세 먼지는 하늘을 불투명하게 만들지만 호흡에 도움이 된다.

④ 오존은 농도가 적절할 때는 도움이 되지만 높을 때는 피해를 준다.

ADVICE

2 ① 입자상 오염 물질은 먼지나 매연 등이 있다.
② 기체상 오염 물질은 산업 과정에서 대기로 배출되는 것들이다.
③ 1차 오염 물질에 질소 산화물 등이 있다.(그 외에도 일산화탄소나 이산화황 등이 있다.)
④ 2차 오염 물질에는 오존이나 황산 등이 있고 대기 중의 화학적인 반응에 의해서 발생한다.

3 ① 일산화탄소는 색깔과 냄새는 없지만 독성이 강하다.
② 탄화수소는 불완전 연소 때 나타난다.
③ 미세 먼지는 하늘을 불투명하게 만들고 호흡에 안 좋은 영향을 미치며 호흡 질환을 일으킬 수도 있다.
④ 오존은 농도가 적절할 때는 도움이 되지만 높을 때는 피해를 준다.(자외선 차단도 해 주지만, 농도가 높을 때는 호흡기나 눈에 안 좋은 영향을 미칠 수 있다.)

답— 2.③ 3.④

4 대기 오염 방지 대책에 대해 옳지 않은 것은?

① 연료 탈황 장치를 설치하거나 이산화황 제거 장치를 설치한다.

② 자동차에 촉매 변환기 설치를 권장한다.

③ 대체에너지의 사용을 유도한다.

④ 화석 연료의 사용을 권장하여 더 나은 미래 에너지를 확보한다.

5 다음은 스모그에 대한 설명이다. 다음 보기의 설명 중 옳은 것은?

> ㉠ 런던형 스모그는 주로 질소 산화물로 인해 생긴다.
> ㉡ 로스앤젤레스형 스모그는 황 산화물이 원인이 된다.
> ㉢ 런던형 스모그는 주로 새벽이나 겨울철 밤에 나타날 확률이 높다.

① ㉠   ② ㉡

③ ㉢   ④ ㉡㉢

ADVICE

4 ① 연료 탈황 장치를 설치하거나 이산화황 제거 장치를 설치한다.(황 산화물을 통한 대기 오염을 억제할 수 있다.)
　② 자동차에 촉매 변환기 설치를 권장한다.(질소 산화물에 대한 대기 오염을 억제할 수 있다.)
　③ 대체에너지의 사용을 유도한다.(앞으로 나아가야 할 건전한 제시 방향이다.)
　④ 화석 연료의 사용을 줄이고 더 나은 미래 에너지의 확보를 위한 노력을 해야 한다.

5 ㉠ 로스앤젤레스형 스모그는 주로 질소 산화물로 인해 생긴다.
　㉡ 런던형 스모그는 황 산화물이 원인이 된다.
　㉢ 런던형 스모그는 주로 새벽이나 겨울철 밤에 나타날 확률이 높다.(화석 연료가 원인이 된다.)

답 4.④ 5.③

6 대기 오염 현상에 대한 설명이다. 다음 보기의 설명 중 옳은 것은?

> ㉠ 대기 오염에는 바람, 지형 등이 영향을 준다.
> ㉡ 먼지 지붕은 자외선을 차단하여 도움을 준다.
> ㉢ 산성비는 pH 5.6 이상의 산성을 띠며 토양과 호수를 산성화 시킨다.

① ㉠

② ㉡

③ ㉢

④ ㉠㉢

7 수질 오염의 원인으로 옳지 않은 것은?

① 세제 사용 등을 통한 생활하수

② 토양을 위한 자연 퇴비

③ 산업 공정을 통해 나온 산업 폐수

④ 농업 생산력 증진을 위한 농약 사용

ADVICE

6 ㉠ 대기 오염에는 바람, 지형 등이 영향을 준다.(그 외에도 고도에 따른 온도 분포가 영향을 줄 수 있다.)
  ㉡ 먼지 지붕은 먼지가 도시 상공을 덮음으로써 태양 복사 에너지의 양을 감소시킨다.
  ㉢ 산성비는 pH 5.6 이하의 산성을 띠며 토양과 호수를 산성화 시키고 피해를 준다.

7 ① 세제 사용 등을 통한 생활하수
  ② 토양을 위한 자연 퇴비(토양의 질과 자연 생태계를 회복시킨다.)
  ③ 산업 공정을 통해 나온 산업 폐수
  ④ 농업 생산력 증진을 위한 농약 사용

답 6.① 7.②

8 다음 그림은 생물 농축에 대한 그림이다. 다음 보기의 설명 중 옳은 것은?

> 식물성 플랑크톤 → 동물성 플랑크톤 → 작은 물고기 → 큰 물고기 → 조류

> ㉠ 식물성 플랑크톤에서 조류로 갈수록 농축양은 증가한다.
> ㉡ 생태계에 안 좋은 영향을 줄 수 있다.
> ㉢ 중금속은 다행히 먹이 사슬 과정에서 조금씩 줄어든다.

① ㉠

② ㉡

③ ㉠㉡

④ ㉠㉢

9 다음 빈 칸에 들어갈 적절한 용어로 옳지 않은 것은?

> 물 속에 스며들어 있는 산소의 양을 (A)라고 한다. 이 값이 높을수록 (B)이 낮다. 물 속의 유기물이 호기성 박테리아에 의해 분해될 때 필요한 산소의 양을 (C)라고 한다. 이 값은 (D)이 악화될수록 높아진다.

① A-DO

② B-수온

③ C-BOD

④ D-대기오염

8 ㉠ 식물성 플랑크톤에서 조류로 갈수록 농축양은 증가한다.(분해되지 않고 점차 증가한다.)
  ㉡ 생태계에 안 좋은 영향을 줄 수 있다.(인간이 먹을 때는 이 모든 것을 더하여 쌓이게 된다.)
  ㉢ 중금속은 먹이 사슬 과정에서 분해되지 않고 계속 증가하여 생태계에 많은 피해를 주게 된다.

9 물 속에 스며들어 있는 산소의 양을 (DO-용존산소량)라고 한다. 이 값이 높을수록 (수온)이 낮다. 물 속의 유기물이 호기성 박테리아에 의해 분해될 때 필요한 산소의 양을 (BOD-생화학적 산소 요구량)라고 한다. 이 값은 (수질오염)이 악화될수록 높아진다.

🔁 8.③ 9.④

10 배출 형태에 따른 오염원에 대한 다음 보기의 설명으로 옳은 것은?

> ⊙ 점 오염원은 넓은 지역에서 배출된다.
> ⓒ 비점 오염원은 계절에 따른 변화가 크다.
> ⓒ 점 오염원은 처리 효율이 높은 편이다.

① ⊙   ② ⓒ

③ ⊙ⓒ   ④ ⓒⓒ

11 다음 보기 중 적조에 대한 설명으로 옳은 것은?

> 〈보기〉
> ⊙ 적조는 물의 영양화로 발생한다.
> ⓒ 플랑크톤의 급증으로 인한 산소 부족이 발생한다.
> ⓒ 물의 색깔이 적색이나 갈색 등으로 변한다.

① ⊙   ② ⓒ

③ ⊙ⓒ   ④ ⓒⓒ

ADVICE

10 ⊙ 점 오염원은 좁은 지역에서 배출된다.
  ⓒ 비점 오염원은 계절에 따른 변화가 크다.(논이나 밭 등에서 배출되며 오염원의 위치가 불투명하다.)
  ⓒ 점 오염원은 처리 효율이 높은 편이다.(공장이나 가정 하수 등에서 배출되며 오염 물질에 대한 수거가 용이하다.)

11 ⊙ 적조는 물의 부영양화로 발생한다.
  ⓒ 플랑크톤의 급증으로 인한 산소 부족이 발생한다.
  ⓒ 물의 색깔이 적색이나 갈색 등으로 변한다.

                     답 10.④ 11.④

12 수질 오염을 줄이기 위한 방안으로 옳지 않은 것은?

① 공장 폐수 등을 정화하여 내보낸다.

② 세제는 한 번에 모아놓고 사용한다.

③ 농약과 비료 등의 사용을 자제한다.

④ 산업 공정에서 생산 효율화를 통해 오염물질 발생을 적게 한다.

13 토양 오염에 대한 설명이다. 다음 설명 중 옳은 것은?

① 토양 오염 물질에 중금속이나 수은, 납 등이 있다.

② 농약이나 비료 등은 영향을 주지 않는다.

③ 페놀류 등은 토양을 중성화시킨다.

④ 자연 활동으로 오염된 부분을 말한다.

14 토양 오염의 특징을 설명한 것이다. 다음 설명 중 옳은 것은?

① 만성보다는 급성적인 피해가 더 크다.

② 오염 물질을 제거하는데 있어서 시간이 짧게 걸린다.

③ 물이나 대기에도 영향을 미친다.

④ 오염 상태가 금방 드러난다.

ADVICE

12 ① 공장 폐수 등을 정화하여 내보낸다.
② 세제는 가급적 사용을 자제한다.
③ 농약과 비료 등의 사용을 자제한다.
④ 산업 공정에서 생산 효율화를 통해 오염물질 발생을 적게 한다.

13 ① 토양 오염 물질에 중금속이나 수은, 납 등이 있다.
② 농약이나 비료 등이 영향을 준다.
③ 페놀류 등은 토양을 오염시키며 피해를 준다.
④ 인간 활동으로 오염된 부분을 말한다.

14 ① 급성보다는 만성적인 피해가 더 크다.
② 오염 물질을 제거하는데 있어서 시간이 오래 걸리고 비용 또한 많이 들어간다.
③ 물이나 대기에도 영향을 미친다.
④ 오염 상태가 서서히 드러난다.

답 12.② 13.① 14.③

15 토양 오염에 대한 피해와 방지 대책으로 옳지 않은 것은?

① 먹이 사슬로 인해 사람에게도 많은 피해를 주게 된다.

② 토양 오염 실태를 파악하여 대비해야 한다.

③ 유기질 비료 대신 화학비료를 사용한다.

④ 재활용 사용을 권장하고 절약 정신을 바탕으로 소모해야 한다.

16 해양 오염의 원인에 대한 설명이다. 보기의 설명 중 옳은 것은?

> ㉠ 육지를 통한 유입은 거의 없는 편이다.
> ㉡ 과도한 바다 매입이 영향을 줄 수 있다.
> ㉢ 갯벌이 사라짐으로써 해양을 살릴 수 있게 된다.

① ㉠   ② ㉡

③ ㉢   ④ ㉠㉢

17 해양에 유출된 기름을 제거하는 방법으로 옳지 않은 것은?

① 오일펜스   ② 흡착포

③ 유화제   ④ 영양화

ADVICE

15 ① 먹이 사슬로 인해 사람에게도 많은 피해를 주게 된다.
② 토양 오염 실태를 파악하여 대비해야 한다.
③ 화학비료 대신 유기질 비료를 사용한다.
④ 재활용 사용을 권장하고 절약 정신을 바탕으로 소모해야 한다.

16 ㉠ 육지를 통한 유입으로는 생활 쓰레기, 가축 분뇨 등이 있고 해양 환경을 악화시키고 있다.
㉡ 과도한 바다 매입이 영향을 줄 수 있다.(생태계의 파괴를 가져 오고 있다.)
㉢ 갯벌의 사라짐은 해양 오염의 원인이 되며 연안 지역의 부영영화에 영향을 줄 수 있다.

17 ④ 영양화는 해양에 유출된 기름 제거와 관계없다.

답— 15.③ 16.② 17.④

18 해양 오염의 피해 사례이다. 다음 보기 중 맞는 것은?

> ㉠ 북태평양의 쓰레기 섬
> ㉡ 미국 멕시코 만 원유 유출
> ㉢ 일본 방사능 유출 사건

① ㉠㉡

② ㉠㉢

③ ㉡㉢

④ ㉠㉡㉢

19 우주 쓰레기에 대한 설명이다. 다음 설명 중 옳은 것은?

① 운석들이 지구 주위를 돌고 있는 것을 말한다.

② 수명이 다 된 인공위성은 다른 우주선들과의 충돌을 일으킬 수 있다.

③ 아직까지 다행히 피해사례가 없다.

④ 대기권 안쪽으로 들어오지 않는다.

20 우주 쓰레기를 줄일 수 있는 방법으로 적절한 것은?

① 레이저 빗자루

② 우주 안개 분무기

③ 왕복 우주선

④ 우주 플라이페이퍼

ADVICE

18 ㉠ 북태평양의 쓰레기 섬(북태평양 아열대 환류로 인한 각종 쓰레기들이 모여 있고 그 크기가 굉장하다.)
㉡ 미국 멕시코 만 원유 유출(석유 시추 시설이 폭발함으로써 원유가 새어나와 엄청난 피해를 끼쳤다.)
㉢ 일본 방사능 유출 사건은 대기 오염을 가지고 왔다.

19 ① 수명이 다 된 우주선이나 발사체가 지구 주위를 돌고 있는 것을 말한다.
② 수명이 다 된 인공위성은 다른 우주선들과의 충돌을 일으킬 수 있다.
③ 피해사례가 점차 늘어나고 있다.
④ 지구의 중력으로 인해 대기권 안쪽으로 들어올 수 있다.

20 ③ 왕복 우주선은 우주 쓰레기를 줄이는 방법과 거리가 멀다.

답 18.① 19.② 20.③

기후변화

1 과거의 기후를 조사하는 방법으로 보기의 설명 중 맞는 것은?

> ㉠ 빙하 시추물 연구
> ㉡ 나무의 나이테 조사
> ㉢ 지층의 퇴적물과 화석 연구

① ㉠㉡ ② ㉠㉢
③ ㉡㉢ ④ ㉠㉡㉢

2 각 지질 시대의 기후에 대한 설명이다. 다음 설명 중 옳은 것은?

① 선캄브리아 시대는 전반적으로 열대 기후였다.

② 고생대는 말기에 넓은 지역의 평야가 있었다.

③ 중생대는 빙하기가 없었다.

④ 신생대는 온난하였다가 나중에 열대로 바뀌었다.

ADVICE

1 ㉠ 빙하 시추물 연구(시추된 얼음 속의 줄무늬를 바탕으로 빙하의 생성시기를 파악할 수 있다.)
㉡ 나무의 나이테 조사(나이테를 통해 과거의 온도와 강수량의 변화 등을 예측할 수 있다.)
㉢ 지층의 퇴적물과 화석 연구(퇴적물 속의 생태 환경을 통해 과거의 환경을 알아볼 수 있다.)

2 ① 선캄브리아 시대는 전반적으로 온난 기후였고 나중에 큰 빙하기가 존재하였다.
② 고생대는 말기에 넓은 지역에 빙하가 있었다.
③ 중생대는 빙하기가 없었다.(전체적으로 온난한 기후의 특성을 지니고 있었다.)
④ 신생대는 온난하였다가 나중에 빙하기로 바뀌었다.

답 1.④ 2.③

3 지구 외적 요인에 대한 설명이다. 다음 설명 중 옳지 않은 것은?

① 지구 공전축의 방향 변화

② 지구 자전축 경사각 변화

③ 지구 공전 궤도 이심률 변화

④ 태양 활동의 변화

4 다음 그림은 남극 빙하를 시추하여 알아낸 과거 45만년 동안의 대기 중 이산화탄소(CO_2) 농도 변화와 지구 평균 기온의 변화를 나타낸 것이다. 이에 대한 설명으로 옳지 않은 것은?

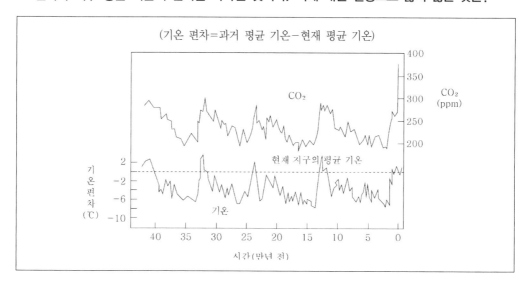

① 대기 중 이산화탄소 농도가 높아지면 온실 효과가 증가한다.

② 기온 변화는 빙하 속의 탄소 동위원소 비를 이용하여 알아낼 수 있다.

③ 기온 편차 변화와 이산화탄소 농도 변화는 대체로 비슷한 경향을 보인다.

④ 이산화탄소 농도 변화는 빙하 속에 들어 있는 기포를 이용하여 알아낼 수 있다.

5 다음 그림은 대기에 의한 태양과 지구복사에너지에 대한 그림이다. 다음 설명 중 옳은 것은?

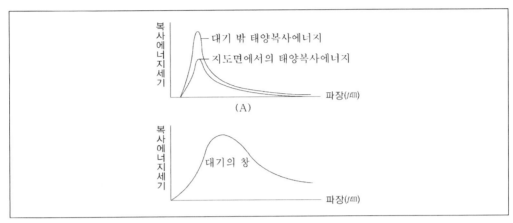

① 자외선은 주로 수증기와 이산화탄소를 통해, 적외선은 오존층을 통해 흡수된다.

② 태양 광선의 40% 가까이가 가시광선이다.

③ 지구복사에너지는 자외선에 주로 집중되어 있다.

④ 대기의 창은 지구복사가 잘 흡수되는 파장이다.

ADVICE

5 ① 적외선은 주로 수증기와 이산화탄소를 통해, 자외선은 오존층을 통해 흡수된다.
   ② 태양 광선의 40% 가까이가 가시광선이다. (가시광선의 파장 영역은 $0.4 \sim 0.7 \mu m$에 해당한다.)
   ③ 지구복사에너지는 적외선에 주로 집중되어 있다.
   ④ 대기의 창은 지구복사가 잘 흡수되지 않고 대부분 우주공간으로 빠져나가는 파장이다.

답 5.②

6 다음 그림은 지구복사평형에 대한 그림이다. 다음 보기의 설명 중 옳은 것은?

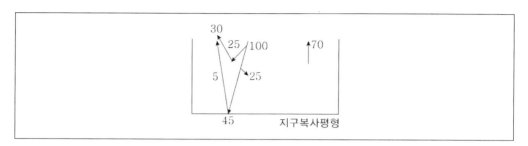

> ㉠ 지구는 복사 불평형을 이루고 있다.
> ㉡ 태양복사에너지의 30은 우주 공간으로 반사된다.
> ㉢ 지구에서 70만큼 에너지를 방출하고 있다.

① ㉠

② ㉢

③ ㉡㉢

④ ㉠㉡㉢

ADVICE

6 ㉠ 지구는 복사 평형을 이루고 있다.
　㉡ 태양복사에너지의 30은 우주 공간으로 반사된다.(알베도 또는 반사율이라고도 한다.)
　㉢ 지구에서 70만큼 에너지를 방출하고 있다.(지구가 흡수하고 방출하는 에너지는 평형을 이루고 있다.)

답― 6.③

7 다음 그림은 온실 효과에 관한 실험이다. 다음 보기의 설명 중 옳은 것은?

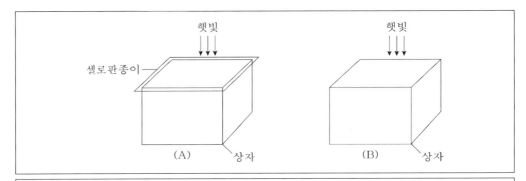

> ㉠ (A)보다 (B)의 온도가 더 높다.
> ㉡ (A)의 셀로판 종이를 통해 온실효과와 같은 효과를 가지고 온다.
> ㉢ (B)는 복사 평형이 이루어지어지지 않는다.

① ㉠

② ㉡

③ ㉢

④ ㉠㉡

ADVICE

7 ㉠ (B)보다 (A)의 온도가 더 높다.
　㉡ (A)의 셀로판 종이를 통해 온실효과와 같은 효과를 가지고 온다.(온도가 상승하는 효과를 가지고 온다.)
　㉢ (A)나 (B)는 복사 평형을 이루고 있다.

답 7.②

8 다음 그림은 지구 온난화에 따른 해수면의 높이 변화이다. 다음 보기의 설명 중 옳은 것은?

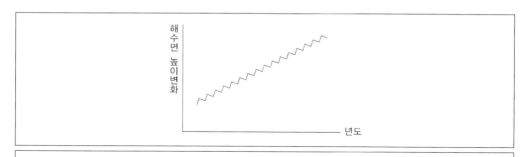

ㄱ 기상 이변의 횟수나 강도가 감소한다.
ㄴ 기후의 변화로 인한 생태계의 변화가 감지된다.
ㄷ 해수면 상승의 원인은 아직까지 밝혀지지 않고 있다.

① ㄱ
② ㄴ
③ ㄷ
④ ㄱㄷ

ADVICE

8 ㄱ 기상 이변의 횟수나 강도가 점차 증가하고 있고 전 세계적인 문제로 대두되고 있다.
ㄴ 기후의 변화로 인한 생태계의 변화가 감지된다.(식량 생산 감소나 질병의 발생 등에 영향을 미치고 있다.)
ㄷ 해수면 상승의 원인은 빙하가 녹고 해수의 열팽창으로 인해 상승한다. 무분별한 개발이 원인 제공을 하고 있다.

답 8.②

9 다음은 엘리뇨에 대한 설명이다. 다음 설명 중 옳은 것은?

① 표층 수온이 주변보다 낮아지는 현상을 말한다.

② 태평양 적도 부근에서 편서풍에 의해 해수가 서쪽으로 이동한다.

③ 태평양 서쪽에서는 강수량이 감소한다.

④ 태평양 동쪽에서는 가뭄이 잦아들게 된다.

10 다음은 라니냐에 대한 설명이다. 다음 설명 중 옳은 것은?

① 무역풍이 강해지면서 발생한다.

② 수온이 평상시보다 높아지는 현상을 말한다.

③ 인도네시아와 같은 지역은 가뭄이 발생할 수 있다.

④ 남아메리카에서는 홍수가 국지적으로 발달될 수 있다.

ADVICE

9 ① 표층 수온이 주변보다 높아지는 현상을 말한다.
   ② 태평양 적도 부근에서 무역풍에 의해 해수가 서쪽으로 이동한다.
   ③ 태평양 서쪽에서는 강수량이 감소한다.(평상시는 강수량이 많다. 그러나 엘리뇨 현상으로 가뭄이 든다.)
   ④ 태평양 동쪽에서는 홍수가 잦아들게 된다.

10 ① 무역풍이 강해지면서 발생한다.(라니냐는 동태평양 적도 부근 해역의 수온으로 말미암아 발생한다.)
   ② 수온이 평상시보다 낮아지는 현상을 말한다.
   ③ 인도네시아와 같은 지역은 홍수가 발생할 수 있다.
   ④ 남아메리카에서는 가뭄이 발달될 수 있다.

답 9.③ 10.①

11 다음 그림은 위도별 열수지에 대한 그림이다. 다음 보기의 설명 중 옳은 것은?

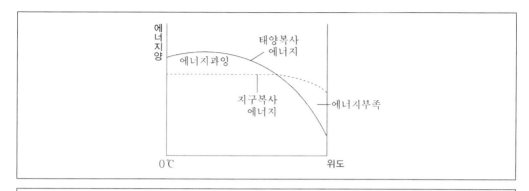

┌──┐
│ ㉠ 지구 전체적으로 복사 평형을 이룬다.
│ ㉡ 위도별로 복사 평형을 이루며 평균 기온이 일정하다.
│ ㉢ 대기와 해수의 순환을 통해 복사 평형을 이룬다.
└──┘

① ㉠

② ㉡

③ ㉠㉢

④ ㉡㉢

12 지구 온난화에 따른 연쇄반응으로 해당하지 않는 것은?

① 삼림 벌채로 인한 이산화탄소의 증가를 가지고 올 수 있다.

② 해수면 상승으로 인한 해안 지역의 침수가 있을 수 있다.

③ 해수 온도 상승으로 인한 이산화탄소의 용해율 감소가 있을 수 있다.

④ 지구 온난화로 인한 빙하량 증가가 있을 수 있다.

ADVICE

11 ㉠ 지구 전체적으로 복사 평형을 이룬다.(대기와 해수의 순환의 영향으로 복사 평형을 이룬다.)
    ㉡ 위도별로 에너지 불균형을 이루고 있다.
    ㉢ 대기와 해수의 순환을 통해 복사 평형을 이룬다.(저위도의 에너지가 고위도 쪽으로 수송된다.)

12 ① 삼림 벌채로 인한 이산화탄소의 증가를 가지고 올 수 있다.
    ② 해수면 상승으로 인한 해안 지역의 침수가 있을 수 있다.
    ③ 해수 온도 상승으로 인한 이산화탄소의 용해율 감소가 있을 수 있다.
    ④ 지구 온난화로 인한 빙하량 감소가 있을 수 있다.

🔑 11.③ 12.④

13 오존층 파괴에 대한 설명이다. 다음 설명 중 옳은 것은?

① 프레온 가스가 중간권에 도달하여 영향을 준다.

② 프레온 가스에서 분리된 염소 원자가 오존을 파괴할 수도 있다.

③ 오존 농도가 높아지면 오존 구멍이 형성될 수 있다.

④ 남극의 오존 구멍은 대체로 1~2월 사이에 가장 크다.

14 다음 빈 칸에 적절한 용어로 알맞지 않은 것은?

(A)의 오존층은 유해한 (B)을 흡수한다. 생명체에게 유익한 영향을 준다. 지구 대기의 (C) 중 90% 이상이 오존층에 존재한다. 이러한 오존층이 무분별한 개발로 인해 (D)이 생겨 대책이 필요한 실정이다.

① A-중간권   ② B-자외선

③ C-오존   ④ D-오존구멍

15 오존층 파괴로 인한 영향으로 옳지 않은 것은?

① 환자가 증가하고 면역체계에 손상을 준다.

② 광합성 활동이 저하되고 플랑크톤이 감소한다.

③ 대기 오염이 더욱 심각해진다.

④ 피부 노화를 방지할 수 있다.

ADVICE

13 ① 프레온 가스가 성층권에 도달하여 영향을 준다.
② 프레온 가스에서 분리된 염소 원자가 오존을 파괴할 수도 있다.
③ 오존 농도가 낮아지면 오존 구멍이 형성될 수 있다.
④ 남극의 오존 구멍은 대체로 9~10월 사이에 가장 크다.

14 (성층권)의 오존층은 유해한 (자외선)을 흡수한다. 생명체에게 유익한 영향을 준다. 지구 대기의 (오존) 중 90%이상이 오존층에 존재한다. 이러한 오존층이 무분별한 개발로 인해 (오존구멍)이 생겨 대책이 필요한 실정이다.

15 ① 환자가 증가하고 면역체계에 손상을 준다.
② 광합성 활동이 저하되고 플랑크톤이 감소한다.
③ 대기 오염이 더욱 심각해진다.
④ 피부 노화가 촉진될 수 있다.(자외선 차단이 줄어들어 피부에 직접적인 영향을 준다.)

답— 13.② 14.① 15.④

16 사막화에 대한 설명이다. 다음 설명 중 옳은 것은?

① 토양의 생산력의 증대로 일어난다.

② 강수량의 감소가 원인이 될 수 있다.

③ 황사는 감소된다.

④ 경작과 벌채 등은 사막화를 방지한다.

17 다음 그림은 중국 황사에 대한 설명이다. 다음 보기의 설명 중 옳은 것은?

ㄱ 한반도는 상층의 편서풍에 의한 피해를 받는다.
ㄴ 주로 봄철에 많이 발생한다.
ㄷ 질병이나 정밀 기기의 고장을 야기할 수 있다.

① ㄱ

② ㄷ

③ ㄱㄴ

④ ㄱㄴㄷ

ADVICE

16 ① 토양의 생산력의 감소로 일어난다.
② 강수량의 감소가 원인이 될 수 있다.(물 부족으로 인한 사막화가 촉진된다.)
③ 황사는 증대된다.
④ 경작과 벌채 등은 사막화를 촉진시킨다.

17 ㄱ 한반도는 상층의 편서풍에 의한 피해를 받는다.
ㄴ 주로 봄철에 많이 발생한다.
ㄷ 질병이나 정밀 기기의 고장을 야기할 수 있다.

답— 16.② 17.④

18 환경 보존을 위한 대책으로 옳지 않은 것은?

① 대체 에너지에 대한 전략적 개발이 필요하다.

② 삼림에 대한 보존을 더 강화한다.

③ 오존층 파괴에 관련된 물질들의 사용을 억제한다.

④ 화석 연료의 사용을 증진하여 통해 미래 에너지 개발에 박차를 가한다.

19 지구 환경 보존을 위한 국제 협약으로 옳지 않은 것은?

① 몬트리올 의정서

② 국제무역기구

③ 기후 변화에 관한 국제 연합 기본 협약

④ 교토 의정서

20 사막화로 인한 피해가 아닌 것은?

① 식생 파괴   ② 토양 침식

③ 피부암   ④ 황사의 증가

ADVICE

18 ① 대체 에너지에 대한 전략적 개발이 필요하다.
② 삼림에 대한 보존을 더 강화한다.
③ 오존층 파괴에 관련된 물질들의 사용을 억제한다.
④ 화석 연료의 사용을 억제하며 미래 에너지 개발에 박차를 가하여 후손들을 위해 대비한다.

19 ① 몬트리올 의정서(오존층 보호)
③ 기후 변화에 관한 국제 연합 기본 협약(지구 온난화 방지)
④ 교토 의정서(온실 기체 감축)

20 ① 식생 파괴
② 토양 침식
③ 피부암(오존층 파괴의 영향)
④ 황사의 증가

답 18.④ 19.② 20.③

08

천체 관측

1 다음은 별자리에 대한 특징이다. 다음 설명 중 옳은 것은?

① 별들의 실제 거리와 관련이 깊다.

② 현재 사용되고 있는 별자리는 50개 정도가 된다.

③ 별자리를 이용하면 별의 위치를 가늠해볼 수 있다.

④ 황도 부근의 별자리는 황도 8궁이라 불린다.

2 별자리 이동에 대한 설명이다. 다음 설명 중 옳은 것은?

① 천구의 북극 근처의 별자리는 북극을 중심으로 시계 반대 방향으로 돈다.

② 북반구 전체는 동쪽에서 남쪽을 지나 서쪽으로 진다.

③ 서쪽 지면에서 올라와 동쪽 지면으로 진다.

④ 계절에 따라 별자리는 이동하지 않는다.

ADVICE

1 ① 별들의 실제 거리와 관련이 없다.
② 현재 사용되고 있는 별자리는 88개 정도가 된다.
③ 별자리를 이용하면 별의 위치를 가늠해볼 수 있다.(각 별자리는 거리가 서로 다르다.)
④ 황도 부근의 별자리는 황도 12궁이라 불린다.

2 ① 천구의 북극 근처의 별자리는 북극을 중심으로 시계 반대 방향으로 돈다.
② 북극을 제외한 북반구는 동쪽에서 남쪽을 지나 서쪽으로 진다.
③ 동쪽 지면에서 올라와 서쪽 지면으로 진다.
④ 계절에 따라 별자리는 이동한다.

답 1.③ 2.①

3 다음은 별자리 보기판에 대한 설명이다. 다음 보기의 설명 중 옳은 것은?

> ㉠ 고정판과 회전판으로 이루어져 있다.
> ㉡ 회전판으로 월일을 알 수 있다.
> ㉢ 회전판으로 관측 시각을 알 수 있다.

① ㉠   ② ㉢
③ ㉠㉡   ④ ㉠㉡㉢

4 지구의 자전과 천체의 일주 운동에 대한 설명이다. 다음 설명 중 옳은 것은?

① 지구는 동에서 서로 자전한다.

② 별의 운동 경로에 따라 주극성, 전몰성, 출몰성으로 나눈다.

③ 천체가 서에서 동으로 회전하는 겉보기 운동을 한다.

④ 천구와 적도는 수직으로 방향을 이루고 있다.

ADVICE

3 ㉠ 고정판과 회전판으로 이루어져 있다.
㉡ 회전판으로 월일을 알 수 있다.
㉢ 회전판으로 관측 시각을 알 수 있다.

4 ① 지구는 서에서 동으로 자전한다.
② 별의 운동 경로에 따라 주극성, 전몰성, 출몰성으로 나눈다.
③ 천체가 동에서 서로 회전하는 겉보기 운동을 한다.
④ 천구와 적도는 나란한 방향을 이루고 있다.

답 3.④ 4.②

5 다음 그림을 통해 지구의 공전과 태양의 연주 운동에 대한 보기의 설명 중 옳은 것은?

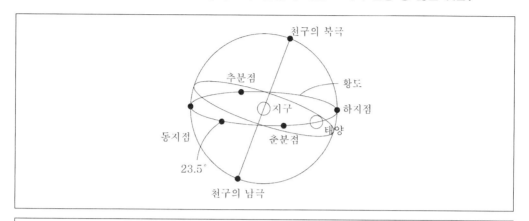

ㄱ 지구가 태양 주위를 동에서 서로 돈다.
ㄴ 태양이 황도를 따라 하루에 약 1도씩 동에서 서로 이동하는 것처럼 보이는 겉보기 운동이다.
ㄷ 계절에 따라 관측할 수 있는 별자리가 달라진다.

① ㄱ

② ㄷ

③ ㄱㄴ

④ ㄴㄷ

5 ㄱ 지구가 태양 주위를 서에서 동으로 돈다.
ㄴ 태양이 황도를 따라 하루에 약 1도씩 서에서 동으로 이동하는 것처럼 보이는 겉보기 운동이다.
ㄷ 계절에 따라 관측할 수 있는 별자리가 달라진다.

답 5.②

6 다음 그림은 천구의 기준점과 기준선이다. 다음 보기의 설명 중 옳은 것은?

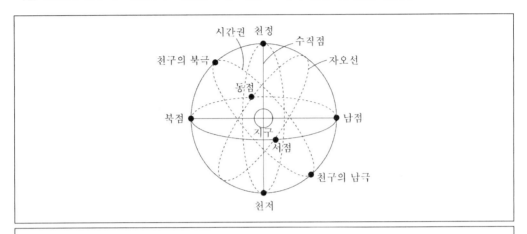

ㄱ 지구의 자전축을 연장할 때 천구와 만나는 두 점을 천구의 북극, 천구의 남극이라 부른다.
ㄴ 천체의 위치는 거리에 비례하여 방향을 표시한다.
ㄷ 자오선은 관측자가 서 있는 평면을 연장하여 천구와 만나는 대원이다.

① ㄱ   ② ㄴ
③ ㄱㄴ   ④ ㄴㄷ

ADVICE

6 ㄱ 지구의 자전축을 연장할 때 천구와 만나는 두 점을 천구의 북극, 천구의 남극이라 부른다.
ㄴ 천체의 위치는 거리에 상관없이 방향을 표시한다.
ㄷ 지평선은 관측자가 서 있는 평면을 연장하여 천구와 만나는 대원이다.

답 6.①

7 다음 그림은 지평 좌표계이다. 다음 보기의 설명 중 옳은 것은?

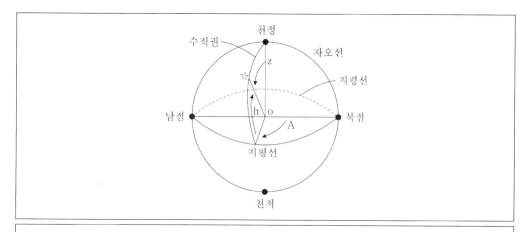

> ㉠ A는 고도를 나타낸다.
> ㉡ h는 방위각을 나타내며 지평선을 따라 시계 반대 방향으로 잰다.
> ㉢ z는 천정에서 수직권을 따라 잰 각이다.

① ㉠　　　　　　　　　　　　　　② ㉡

③ ㉢　　　　　　　　　　　　　　④ ㉡㉢

7 ㉠ h는 고도를 나타낸다.
　ㄴ A는 방위각을 나타내며 지평선을 따라 시계 반대 방향으로 잰다.
　ㄷ z는 천정에서 수직권을 따라 잰 각이다.(천정 거리로써 $z=90°-h$ 이다.)

답— 7.③

8 다음 그림은 적도 좌표계이다. 다음 보기의 설명 중 옳은 것은?

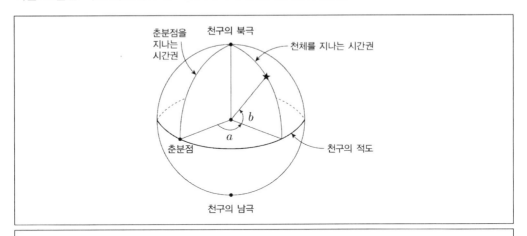

> ㉠ a는 적경으로써 춘분점을 기준으로 한다.
> ㉡ b는 적위로써 천구의 적도를 기준으로 북쪽은 −, 남쪽은 +로 나타낸다.
> ㉢ 천체의 위치를 적경과 적위로 나타낸 것이다.

① ㉠

② ㉡

③ ㉢

④ ㉠㉢

8 ㉠ a는 적경으로써 춘분점을 기준으로 한다.
㉡ b는 적위로써 천구의 적도를 기준으로 북쪽은 +, 남쪽은 − 로 나타낸다.
㉢ 천체의 위치를 적경과 적위로 나타낸 것이다.

답 8.④

9 태양의 일주 운동에 대한 설명 중 옳은 것은?

① 태양이 관측자의 북쪽 자오선을 통과할 때의 고도를 남중 고도라고 한다.

② 춘분과 추분에는 적위가 0도이고 밤낮의 길이가 비슷하다.

③ 하짓날은 태양의 적위가 −23.5이고 밤의 길이가 가장 짧다.

④ 동짓날은 태양의 적위가 23.5이고 낮의 길이가 가장 짧다.

10 다음 빈 칸에 들어가 용어로 적절하지 않은 것을 고르면?

> 지구가 (A)를 (B)하므로 (C)에 따라 관측되는 별자리가 달라진다.(D) 부근에 있는 별자리는 1년 내내 관측이 가능하다.

① A−태양 둘레   ② B−공전

③ C−시간   ④ D−북극성

ADVICE

9 ① 태양이 관측자의 남쪽 자오선을 통과할 때의 고도를 남중 고도라고 한다.

② 춘분과 추분에는 적위가 0도이고 밤낮의 길이가 비슷하다.(태양이 천구의 적도에 위치한다.)

③ 하짓날은 태양의 적위가 23.5이고 밤의 길이가 가장 짧다.

④ 동짓날은 태양의 적위가 −23.5이고 낮의 길이가 가장 짧다.

10 지구가 (태양 둘레)를 (공전)하므로 (계절)에 따라 관측되는 별자리가 달라진다.(북극성) 부근에 있는 별자리는 1년 내내 관측이 가능하다.

답— 9.② 10.③

09 우주 탐사

1 다음은 우주 탐사에 대한 설명이다. 다음 설명 중 옳은 것은?

① 우주 정거장을 만들어야 된다.

② 각 나라마다 인공위성의 개발을 줄이고 있다.

③ 우주 탐사선은 중력권을 벗어나지 않아도 된다.

④ 우주 망원경은 지구 대기의 영향을 받지 않는다.

2 태양계 탐사의 역사에 대한 설명이다. 다음 설명 중 옳은 것은?

① 1960년대 소련보다 미국이 먼저 대기권 밖으로 우주선을 보냈다.

② 1970년대 나사가 조직되기 시작하였다.

③ 1990년대 허블 망원경 등으로 우주 탐사가 이뤄지기 시작했다.

④ 2000년 이후 더 이상의 우주 탐사선은 진행되고 있지 않다.

ADVICE

1 ① 우주 정거장이 현재 만들어져 있고 세계 16국이 참여하고 있다.

② 각 나라마다 인공위성의 개발을 늘리고 있다.

③ 우주 탐사선은 중력권을 벗어나야 한다.

④ 우주 망원경은 지구 대기의 영향을 받지 않는다.(지상 망원경보다 선명하게 관측할 수 있다.)

2 ① 1960년대 미국보다 소련이 먼저 대기권 밖으로 우주선을 보냈다.

② 1950년대 나사가 조직되기 시작하였다.

③ 1990년대 허블 망원경 등으로 우주 탐사가 이뤄지기 시작했다.(태양계의 작은 천체들에 대한 탐사가 이뤄지기 시작했다.)

④ 2000년 이후 우주 탐사선의 진행은 더욱 활발해지고 있다.

답— 1.④ 2.③

3 태양계 탐사 방법에 대한 설명이다. 다음 설명 중 옳지 않은 것은?

① 원접 통과　　　　　　　　② 궤도 선회

③ 표면 충돌　　　　　　　　④ 탐사정 낙하

4 다음 그림은 지구형 행성과 목성형 행성에 대한 그림이다. 다음 보기의 설명 중 옳은 것은?

ㄱ 지구형 행성은 질량이 크다.
ㄴ 목성형 행성은 평균 밀도가 크다.
ㄷ 지구형 행성으로는 수성, 금성, 지구, 화성이 있다.

① ㄱ　　　　　　　　　　　② ㄴ

③ ㄷ　　　　　　　　　　　④ ㄴㄷ

ADVICE

3 ② **궤도 선회** : 탐사할 천체의 주위를 돌면서 조사한다.
　③ **표면 충돌** : 물체를 천체 표면에 충돌시켜 조사한다.
　④ **탐사정 낙하** : 착륙이 불가능한 행성에 투입하여 조사한다.

4 ㄱ 지구형 행성은 질량이 작다.
　ㄴ 목성형 행성은 평균 밀도가 작다.
　ㄷ 지구형 행성으로는 수성, 금성, 지구, 화성이 있다. (목성형 행성으로는 목성, 토성, 천왕성, 해왕성이 있다.)

답– 3.① 4.③

5 수성에 대한 설명이다. 다음 보기의 설명 중 옳은 것은?

> ㉠ 일교차가 일정하다.
> ㉡ 약한 자기장의 존재가 있다.
> ㉢ 운석 구덩이가 드물게 존재한다.

① ㉠   ② ㉡
③ ㉢   ④ ㉠㉢

6 금성에 대한 설명이다. 다음 설명 중 옳은 것은?

① 표면을 직접 관찰할 수 있다.
② 대기의 대부분을 질소가 차지하고 있다.
③ 자전방향과 공전방향이 서로 다르다.
④ 반사율이 매우 낮다.

ADVICE

5 ㉠ 일교차가 굉장히 크다.
　 ㉡ 약한 자기장의 존재가 있다.(메신저 호가 빠르게 변하는 자기장의 존재를 발견하였다.)
　 ㉢ 운석 구덩이가 굉장히 많이 존재한다.

6 ① 표면을 직접 관찰할 없다.
　 ② 대기의 대부분을 이산화탄소가 차지하고 있다.
　 ③ 자전방향과 공전방향이 서로 다르다.(자전 주기가 공전 주기보다 길다.)
　 ④ 반사율이 매우 크다.

답— 5.② 6.③

7 화성에 대한 설명이다. 다음 설명 중 옳은 것은?

① 계절에 대한 변화가 없다.

② 산화철이 포함된 모래먼지들로 인해 파랗게 보인다.

③ 대기의 대부분이 일산화탄소로 이루어져 있다.

④ 과거에 물이 흘렀던 흔적들이 발견된다.

8 목성에 대한 설명이다. 다음 보기의 설명 중 옳은 것은?

① 행성들 중에서 자전 주기가 제일 짧다.

② 위성이 존재하지 않는다.

③ 약한 자기장으로 인한 오로라가 있다.

④ 적도 부근에 대적점이 존재한다.

ADVICE

7 ① 계절에 대한 변화가 있다.
② 산화철이 포함된 모래먼지들로 인해 붉게 보인다.
③ 대기의 대부분이 이산화탄소로 이루어져 있다.
④ 과거에 물이 흘렀던 흔적들이 발견된다.(그 외에도 큰 화산과 대협곡이 있다.)

8 ① 행성들 중에서 자전 주기가 제일 짧다.(행성들 중에서 질량과 반지름이 가장 크다.)
② 위성이 존재한다.
③ 강한 자기장으로 인한 오로라가 있다.
④ 남반구에 대적점이 존재한다.

답─ 7.④ 8.①

9 토성에 대한 설명이다. 다음 설명 중 옳은 것은?

① 자전 속도가 느린 편이며 편평도가 제일 크다.

② 남반구에 줄무늬가 있다.

③ 위성 중에 타이탄에는 에탄으로 이루어진 바다가 존재하고 있다.

④ 고리는 얼음과 암석 부스러기로 이루어져 있다.

10 천왕성에 대한 설명이다. 다음 보기의 설명 중 옳은 것은?

ㄱ 대기 중에 소량의 메테인이 존재한다.
ㄴ 자전과 공전 방향이 같다.
ㄷ 위성이 존재한다.

① ㄱ   ② ㄴ

③ ㄱㄷ   ④ ㄴㄷ

ADVICE

9 ① 자전 속도가 빠른편이며 편평도가 제일 크다.
② 적도 부근에 줄무늬가 있다.
③ 위성 중에 타이탄에는 메테인으로 이루어진 액체상태의 바다가 존재하고 있다.
④ 고리는 얼음과 암석 부스러기로 이루어져 있다.(고리가 굉장히 뚜렷하다.)

10 ㄱ 대기 중에 소량의 메테인이 존재한다.(청록색으로 관찰된다.)
ㄴ 자전과 공전 방향이 서로 다르다.
ㄷ 위성이 존재한다.(다수 존재한다.)

답— 9.④ 10.③

11 해왕성에 대한 설명이다. 다음 보기의 설명 중 옳은 것은?

> ㉠ 크기나 대기 성분 등이 천왕성과 비슷하다.
> ㉡ 대기의 소용돌이 현상이 존재하지 않는다.
> ㉢ 위성이 존재하지 않는다.

① ㉠ ② ㉡
③ ㉠㉡ ④ ㉡㉢

12 왜소행성에 대한 설명이다. 다음 보기의 설명 중 옳은 것은?

> ㉠ 태양의 바깥 궤도에서 움직인다.
> ㉡ 충분한 질량을 갖는다.
> ㉢ 다른 행성의 위성이어야 한다.

① ㉡ ② ㉢
③ ㉠㉡ ④ ㉡㉢

ADVICE

11 ㉠ 크기나 대기 성분 등이 천왕성과 비슷하다.
㉡ 대기의 소용돌이 현상이 존재하지 않는다.
㉢ 위성이 존재한다.

12 ㉠ 태양을 중심으로 돌아야 한다.
㉡ 충분한 질량을 갖는다.
㉢ 다른 행성의 위성이 아니고 천체여야 한다.

답 — 11.③ 12.①

13 소행성에 대한 설명이다. 다음 설명 중 옳은 것은?

① 대부분의 모양이 규칙적이다.

② 목성과 토성의 공전궤도 사이에 많이 분포한다.

③ 위성을 가지고 있는 것도 있다.

④ 밝기가 규칙적이다.

14 혜성에 대한 설명이다. 다음 보기의 설명 중 옳은 것은?

① 머리와 꼬리는 핵과 코마로 이루어져 있다.

② 이심률이 작은 타원이나 포물선 궤도를 따라 행성을 공전한다.

③ 태양 가까이 접근하면 짧은 꼬리가 만들어진다.

④ 먼지 꼬리는 태양 방향으로 반듯한 모양으로 뻗는다.

ADVICE

13 ① 대부분의 모양이 불규칙적이다.
② 화성과 목성의 공전궤도 사이에 많이 분포한다.
③ 위성을 가지고 있는 것도 있다.(행성이 생성될 시기의 정보를 담고 있어 중요한 자료가 될 수 있다.)
④ 밝기가 불규칙적이다.

14 ① 머리와 꼬리는 핵과 코마로 이루어져 있다.
② 이심률이 큰 타원이나 포물선 궤도를 따라 태양을 공전한다.
③ 태양 가까이 접근하면 긴 꼬리가 만들어진다.
④ 먼지 꼬리는 태양 반대 방향으로 휘어진 모양으로 뻗는다.

답— 13.③ 14.①

15 천체 망원경에 대한 설명이다. 다음 보기의 설명 중 옳은 것은?

> ㉠ 광학 망원경은 자외선을 관측한다.
> ㉡ 전파 망원경은 성운, 은하 등을 관측한다.
> ㉢ 우주 망원경은 선명하게 천체를 관찰할 수 있다.

① ㉠   ② ㉢

③ ㉠㉢   ④ ㉡㉢

16 다음 그림은 굴절 망원경에 대한 설명이다. 다음 보기의 설명 중 옳은 것은?

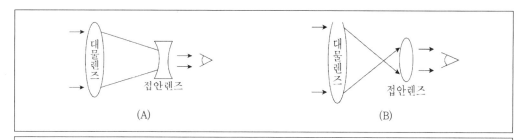

> ㉠ (A)식은 현재 천체용으로 사용되지 않는다.
> ㉡ (B)식은 시야가 넓다.
> ㉢ 상이 안정적인 편이다.

① ㉠   ② ㉢

③ ㉠㉢   ④ ㉠㉡㉢

ADVICE

15 ㉠ 광학 망원경은 가시광선을 관측한다.
　　㉡ 전파 망원경은 성운, 은하 등을 관측한다.(천체로부터 나오는 전파를 통해 관측한다.)
　　㉢ 우주 망원경은 선명하게 천체를 관찰할 수 있다.(대기의 영향을 받지 않는다.)

16 ㉠ (A)식은 현재 천체용으로 사용되지 않는다.((A)식은 갈릴레이식이고 시야가 좁다.)
　　㉡ (B)식은 시야가 넓다.((B)식은 케플러식이고 관측에 많이 이용되고 있다.)
　　㉢ 상이 안정적인 편이다.(경통 내부가 밀폐되어 있다.)

답- 15.④ 16.④

17 다음 그림은 반사 망원경에 대한 설명이다. 다음 보기의 설명 중 옳은 것은?

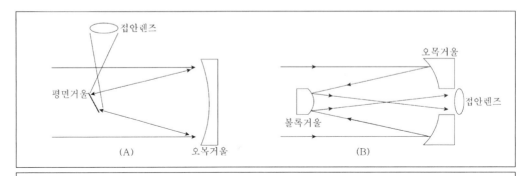

ㄱ (A)는 빛이 들어오는 방향과 접안렌즈로 관찰하는 방향이 평행이다.
ㄴ (B)는 카세그레인식이다.
ㄷ 어두운 천체를 보기에 좋다.

① ㄱ　　　　　　　　　　　　② ㄴ
③ ㄴㄷ　　　　　　　　　　　④ ㄱㄴㄷ

18 천체 망원경의 성능에 대한 설명이다. 다음 보기의 설명 중 옳은 것은?

ㄱ 집광력이 작을수록 어두운 천체를 보기에 좋다.
ㄴ 분해능이 좋을수록 보기에 좋다.
ㄷ 배율이 높아지면 상이 작아진다.

① ㄱ　　　　　　　　　　　　② ㄴ
③ ㄷ　　　　　　　　　　　　④ ㄱㄷ

■ ADVICE ■

17 ㄱ (A)는 뉴턴식이고 빛이 들어오는 방향과 접안렌즈로 관찰하는 방향이 수직이다.
　　ㄴ (B)는 카세그레인식이다.(부경으로 볼록 거울을 이용한다.)
　　ㄷ 어두운 천체를 보기에 좋다.(성단, 성운 등을 관찰하기에 좋다.)

18 ㄱ 집광력이 높을수록 어두운 천체를 보기에 좋다.
　　ㄴ 분해능이 좋을수록 보기에 좋다.(최소각 거리가 작아진다.)
　　ㄷ 배율이 높아지면 상이 커진다.

답— 17.③　18.②

19 차세대 망원경에 대한 설명이다. 다음 보기의 설명 중 옳은 것은?

> ㉠ 알마는 분해능이 허블 우주 망원경보다 좋다.
> ㉡ 거대 마젤란 망원경은 반사경 4장을 모아서 주경을 이룬다.
> ㉢ 제임스 웹 우주 망원경은 자외선 영역에서 관찰한다.

① ㉠
② ㉡
③ ㉢
④ ㉡㉢

20 외계 행성 탐사 방법에 대한 설명이다. 다음 보기의 설명 중 옳은 것은?

> ㉠ 별빛의 스펙트럼을 활용하여 탐사할 수 있다.
> ㉡ 별 주위를 공전하는 행성이 중심별 뒷면을 지날 때를 활용해서 탐사할 수 있다.
> ㉢ 미세 중력 렌즈현상을 활용하여 탐사할 수 있다.

① ㉠㉡
② ㉠㉢
③ ㉡㉢
④ ㉠㉡㉢

19 ㉠ 알마는 분해능이 허블 우주 망원경보다 좋다.(최대 규모의 천문대이다.)
㉡ 거대 마젤란 망원경은 반사경 7장을 모아서 주경을 이룬다.
㉢ 제임스 웹 우주 망원경은 적외선 영역에서 관찰한다.

20 ㉠ 별빛의 스펙트럼을 활용하여 탐사할 수 있다.(도플러 효과를 이용한 것이다.)
㉡ 별 주위를 공전하는 행성이 중심별 앞면을 지날 때를 활용해서 탐사할 수 있는데 식 현상을 이용한 것이다.
㉢ 큰 행성 탐사에도 용이하다.

답— 19.① 20.②

PART
05

최근기출문제분석

2018. 4. 7 인사혁신처 시행
2018. 5. 19 제1회 지방직 시행
2018. 6. 23 제2회 서울특별시 시행

2018. 4. 7 인사혁신처 시행

1 그림 (가)는 폐포를, (나)는 폐포의 단면을 나타낸 것이다. ㉠과 ㉡은 각각 산소와 이산화탄소 중 하나이다. 이에 대한 설명으로 〈보기〉에서 옳은 것만을 모두 고른 것은?

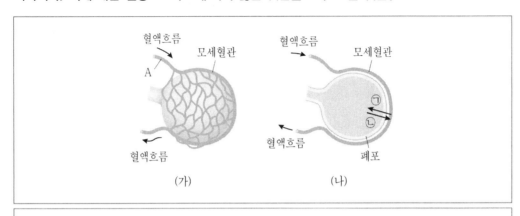

〈보기〉

ㄱ. A에는 동맥혈이 흐른다.
ㄴ. ㉠은 이산화탄소이다.
ㄷ. 폐포에서 기체가 교환될 때 에너지가 소모된다.

① ㄱ   ② ㄴ
③ ㄷ   ④ ㄴ, ㄷ

✹ **TIP** ㄱ. A는 산소 함량이 적은 정맥혈이 흐른다.
ㄴ. ㉠은 이산화탄소, ㉡은 산소이다.
ㄷ. 폐포에서 기체 교환 시 에너지를 소모하지 않는 확산을 이용한다.

2 개체군 내의 상호 작용이 아닌 것은?

① 텃세   ② 포식과 피식
③ 순위제   ④ 리더제

✹ **TIP** ② 포식과 피식은 군집 내의 상호작용에 해당한다.

3 표는 바이러스와 세균에 대해 특성 (가)~(라)의 유무를 나타낸 것이다. 이에 대한 설명으로 옳은 것은?

특성 종류	(가)	(나)	(다)	(라)
바이러스	×	×	○	○
세균	○	×	○	×

※ ○: 있음, ×: 없음

① '독립적으로 증식한다.'는 (가)에 해당한다.

② '유전물질이 있다.'는 (나)에 해당한다.

③ '세포막이 있다.'는 (다)에 해당한다.

④ '물질대사를 할 수 있다.'는 (라)에 해당한다.

✹ **TIP** ① 바이러스는 독립적으로 증식할 수 없으며, 세균은 독립적으로 증식 가능하다.
②③ 유전 물질은 둘 다 가지고 있으며, 세포막은 세균만 가지고 있다.
④ 물질대사는 둘 다 가능하다. 단 바이러스는 숙주 세포 내에서 물질대사 가능하다.

4 표는 우리 몸의 방어 작용에 관여하는 세포 (가)와 (나)의 특성을 나타낸 것이다. (가)와 (나)는 각각 독성 T 림프구와 형질 세포 중 하나이다. 이에 대한 설명으로 옳은 것은?

세포	특성
(가)	항체를 생성한다.
(나)	세포성 면역 반응을 일으킨다.

① (가)는 기억 세포로 분화할 수 있다.

② (가)는 가슴샘에서 성숙한다.

③ (나)는 식균 작용을 한다.

④ (나)는 2차 방어 작용에 관여한다.

✹ **TIP** (가)는 항체를 생성하는 형질 세포이며, (나)는 독성 T 림프구이다. 형질 세포는 골수에서 성숙한다. (나)는 2차 방어 작용에 관여하며 식균 작용은 1차 방어 작용에 해당한다.

ANSWER 1.② 2.② 3.① 4.④

5 표는 유전자형이 AaBb인 식물 P를 자가 수분시켜 얻은 자손(F_1) 400개체의 표현형에 따른 개체 수를 나타낸 것이다. 대립 유전자 A, B는 대립 유전자 a, b에 대해 각각 완전 우성이다. 이에 대한 설명으로 옳지 않은 것은? (단, 돌연변이와 교차는 없다)

표현형	A_B_	A_bb	aaB_	aabb
개체 수	200	100	100	0

① P에서 A와 b가 연관되어 있다.

② P에서 꽃가루의 유전자형은 2가지이다.

③ F_1에서 표현형이 A_B_인 개체들의 유전자형은 2가지이다.

④ F_1에서 표현형이 A_bb인 개체와 aaB_인 개체를 교배하면 자손(F_2)들의 표현형은 1가지이다.

✸ TIP ①② P에서는 유전자 A와 b가 연관되어 있으며, P에서 꽃가루의 유전자형은 Ab, aB이다.
③ F_1에서 표현형이 A_B_인 개체들의 유전자형은 모두 AaBb이다.
④ F_1에서 표현형이 A_bb인 개체가 생성할 수 있는 생식 세포의 유전자형은 Ab이며 aaB_인 개체가 생성할 수 있는 생식 세포의 유전자형은 aB이므로 F_2의 표현형은 A_B_ 한 가지만 가진다.

6 표준 모형을 구성하는 입자에 대한 설명으로 옳은 것은?

① 전자는 렙톤에 속한다.

② 중성미자는 음(−)전하를 띤다.

③ 뮤온은 약한 상호 작용을 매개하는 입자이다.

④ 위 쿼크와 아래 쿼크의 전하량은 크기가 같고 부호는 반대이다.

✸ TIP ① 전자는 경입자인 렙톤에 속한다.
②③ 중성미자는 전하를 띠지 않으며 약한 상호 작용을 매개하는 입자로 뮤온은 해당하지 않는다.
④ 위 쿼크의 전하량은 +2/3이며 아래 쿼크의 전하량은 −1/3이다.

7 그림과 같이 서로 다른 물질 A와 B의 경계면을 향해 빛이 입사각 θ로 입사하여 일부는 반사되고 일부는 굴절되었다. 이에 대한 설명으로 〈보기〉에서 옳은 것만을 모두 고른 것은?

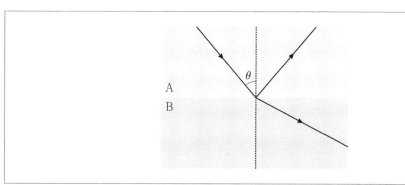

〈보기〉

㉠ θ가 임계각보다 커지면 굴절되는 빛이 사라진다.

㉡ 빛의 속도는 A에서가 B에서보다 더 크다.

㉢ A, B를 이용하여 광섬유를 제작한다면 A를 코어로, B를 클래딩으로 사용해야 한다.

① ㉠

② ㉡

③ ㉠, ㉢

④ ㉡, ㉢

✹ **TIP** ㉠ 굴절각이 90°일 때의 입사각을 임계각이라고 하며 θ가 임계각보다 커지면 굴절되는 빛이 사라지는 전반사 현상이 나타날 수 있다.

㉡ 빛의 속도는 A에서 느리고 B에서는 빠르다.

㉢ 광섬유 제작 시 굴절률이 큰 A를 코어로, 굴절률이 작은 B를 클래딩으로 사용해야 한다.

8 고열원에서 열을 흡수하여 외부에 일을 하고 저열원으로 열을 방출하는 열기관이 있다. 이 열기관의 열효율이 40%이고 저열원으로 방출한 열이 600 J일 때 열기관이 외부에 한 일[J]은?

① 200

② 240

③ 360

④ 400

✹ **TIP** ④ 열효율 = $1 - \dfrac{T_2}{T_1}$ (T_1 : 고열원, T_2 : 저열원)이므로 $1 - \dfrac{600}{T_1} = 0.4$

고열원 T_1은 1000J이고 이때 열기관이 외부에 한 일은 1000J−600J=400J이다.

9 그림과 같이 직선상에 일정한 간격 d 로 점전하 Q_1, Q_2와 두 지점 A, B가 있다. A에서 Q_1 에 의한 전기장의 세기는 1 N/C이고, Q_1과 Q_2에 의한 전기장의 합은 0이다. B에서 Q_1과 Q_2에 의한 전기장의 합의 세기[N/C]는?

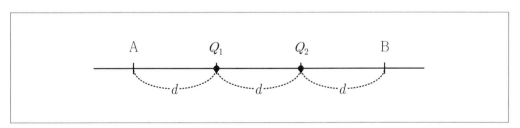

① $\dfrac{17}{4}$

② $\dfrac{15}{4}$

③ $\dfrac{5}{2}$

④ $\dfrac{3}{2}$

✱ **TIP** ② A에서 Q_1과 Q_2에 의한 전기장의 합은 0이므로 $k\dfrac{Q_1}{d^2}+k\dfrac{Q_2}{(2d)^2}=0$이며, $k\dfrac{Q_2}{(2d)^2}=-k\dfrac{Q_1}{d^2}$ 에서 $Q_1:Q_2=1:4$이다. B에서 Q_1과 Q_2에 의한 전기장의 합은 $k\dfrac{1}{(2d)^2}-k\dfrac{4}{d^2}=-k\dfrac{15}{4d}$ 즉 $\dfrac{15}{4}$ N/C 이다.

10 x 축상에서 움직이는 물체가 $+x$ 방향으로 $20\,\mathrm{m/s}$의 속도로 등속도 운동하여 일정한 거리를 진행한 후, 곧이어 등가속도 운동하여 물체의 최종 속도가 $+x$ 방향으로 $4\,\mathrm{m/s}$가 되었다. 등속도 운동으로 진행한 거리와 등가속도 운동으로 진행한 거리가 같다면, 전체 운동 시간 동안 이 물체의 평균 속력[m/s]은?

① $8\sqrt{2}$

② 12

③ $10\sqrt{2}$

④ 15

✱ **TIP** ④ x축을 시간, y축은 속력인 그래프를 그려서 등속도 운동 한 구간의 시간을 구하면 3초, 등가속도 운동을 한 구간의 시간은 8초 시점이 된다. 즉 전체 시간은 8초이고 전체 이동 거리는 그래프의 넓이를 구해보면 120m가 나오므로 평균 속력은 전체 이동거리를 전체 시간으로 나눈 120m/8s = 15m/s 이다.

11 표는 가시광 망원경 A와 B의 구경과 초점 거리를 나타낸 것이다. 망원경의 집광력비 ($\frac{A의\ 집광력}{B의\ 집광력}$)와 배율비($\frac{A의\ 배율}{B의\ 배율}$)를 옳게 짝지은 것은?

망원경		A	B
구경[mm]		200	50
초점 거리 [mm]	대물 렌즈	500	100
	접안 렌즈	50	20

<table>
<tr><td>집광력비</td><td>배율비</td></tr>
</table>

집광력비   배율비

①   4   2

②   4   2.5

③   16   2

④   16   2.5

> ✸ **TIP** ③ 집광력비는 구경의 제곱과 비례하므로 A:B=16:1이 나오고, 배율은 대물 렌즈 초점 거리를 접안 렌즈 초점 거리로 나누면 A:B=2:1이 된다.

12 환경오염에 대한 설명으로 옳은 것은?

① 지표면에 기온의 역전층이 형성되면 지표면 대기의 오염 농도가 낮아진다.

② 물에 축산 폐수량이 증가할수록 용존 산소량(DO)이 감소한다.

③ 토양의 오염은 수질이나 대기의 오염에 비해 정화되는 속도가 빠르다.

④ 광화학 스모그를 일으키는 주된 물질은 이산화탄소이다.

> ✸ **TIP** ① 지표면에 기온 역전층이 형성되면 오염물질 확산이 잘 일어나지 않아 지표면 대기의 오염 농도가 높아진다.
> ③ 토양의 오염은 수질이나 대기의 오염에 비해 정화되는 속도가 느리고 비용이 많이 든다.
> ④ 광화학 스모그는 강한 자외선이 자동차 배기가스의 탄화수소와 질소 산화물에 작용해 발생한다.

13 그림은 북반구 대기 대순환 모형을 나타낸 것이다. 이에 대한 설명으로 〈보기〉에서 옳은 것만을 모두 고른 것은?

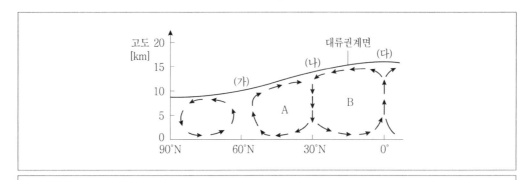

〈보기〉

㉠ A 순환은 직접 순환이다.
㉡ B 순환의 명칭은 해들리 순환이다.
㉢ (나)의 지상에서는 강수량이 증발량보다 많다.

① ㉠   ② ㉡
③ ㉠, ㉢   ④ ㉡, ㉢

✹ **TIP** ㉠ A 순환은 간접 순환이다.
　　　　　　 ㉢ (나)의 지상에서는 강수량이 증발량보다 적다.

14 그림 (가)와 (나)는 북반구의 온대 저기압에서 발생한 두 전선을 나타낸 모식도이다. 이에 대한 설명으로 옳은 것은?

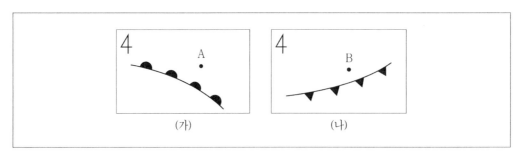

① (가)에서는 층운형 구름, (나)에서는 적운형 구름이 형성된다.
② 전선의 이동 속도는 (가)가 (나)보다 빠르다.
③ A 지역에서는 북풍 계열의 바람이 분다.
④ B 지역에서는 날씨가 맑다.

15 그림은 달의 공전궤도와 상대적 위치 A, B, C를 나타낸 모식도이다. 우리나라에서 관측한 현상에 대한 설명으로 옳은 것은?

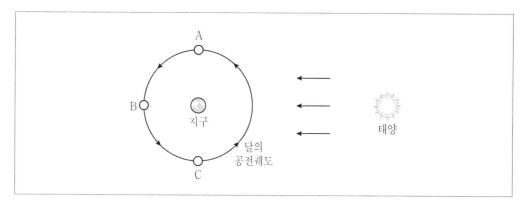

① A의 달은 상현달로 다음 날에는 뜨는 시각이 빨라진다.

② B의 달은 하짓날보다 동짓날의 남중 고도가 낮다.

③ 개기 일식이 관측된다면 달은 B에 위치할 것이다.

④ C의 달은 오전 9시경 남서쪽 하늘에 떠있다.

16 2주기 원소인 A와 B의 원자 반지름에 대한 이온 반지름의 비($\dfrac{\text{이온 반지름}}{\text{원자 반지름}}$)가 A는 1.0보다 작고 B는 1.0보다 클 때, 이에 대한 설명으로 옳지 않은 것은? (단, A와 B는 임의의 원소 기호이며 1족과 17족 원소 중 하나이다)

① 전기 음성도는 A가 B보다 작다.

② 이온화 에너지는 A가 B보다 작다.

③ B_2분자에는 비공유 전자쌍이 없다.

④ B는 이온이 될 때 전자를 얻는다.

> ✸ **TIP** ③ 주기율표의 왼쪽 중앙에 속하는 금속 원소의 경우 전자를 잃고 양이온이 되면 전자 껍질 수가 감소하므로 원자보다 이온의 반지름이 더 줄어든다. 그에 반해 주기율표의 오른쪽에 속하는 비금속 원소의 경우 전자를 얻어 음이온이 되면 전자사이 반발력이 증가해 원자보다 이온이 되었을 경우 반지름이 더 증가한다. 즉 A는 전자를 잃고 양이온이 되려는 경향성이 큰 금속 원소이고, B는 비금속 원소이다. B_2 분자의 경우 비공유 전자쌍이 있다.

17 그림은 어떤 염산(HCl) 수용액과 수산화나트륨(NaOH) 수용액을 다양한 부피비로 섞은 용액의 최고 온도를 나타낸 것이다. 이에 대한 설명으로 옳은 것은? (단, 열손실은 없다고 가정한다)

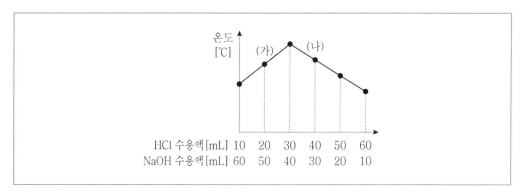

① (가) 용액에 페놀프탈레인 용액을 가하면 색이 변하지 않는다.

② (나) 용액의 pH는 7보다 작다.

③ (가)와 (나)의 용액을 섞은 혼합 용액은 산성이다.

④ HCl 수용액과 NaOH 수용액의 단위 부피당 전체 이온 수의 비는 3 : 4이다.

> ✸ **TIP** ① (가) 용액은 염기성이므로 페놀프탈레인 용액의 색이 붉게 변한다.
> ② (나)의 용액은 산성이므로 pH가 7보다 작다.
> ③ (가)와 (나)의 용액을 섞으면 중성이 된다.
> ④ HCl의 부피가 30mL, NaOH의 부피가 40mL일 때 중화점이므로 같은 부피일 때 이온의 수는 HCl:NaOH=4:3이다.

18 표는 원소 A~F의 이온들에 대한 전자배치를 나타낸 것이다. 이에 대한 설명으로 옳은 것은? (단, A~F는 임의의 원소 기호이다)

이온	전자배치
A^-, B^{2-}, C^+, D^{2+}	$1s^2 2s^2 2p^6$
E^-, F^+	$1s^2 2s^2 2p^6 3s^2 3p^6$

① 3주기 원소는 3가지이다.

② A와 E는 금속 원소이다.

③ 원자 반지름은 C가 D보다 작다.

④ 화합물 CA의 녹는점은 DB보다 높다.

☀ **TIP** 3주기 원소는 C, D, E 3가지이고 원자 반지름은 등전자 이온의 경우 원자핵의 전하량이 높을수록 핵과 인력이 증가해 감소한다. 즉 원자 반지름은 C가 D보다 크다. 이온 결합 화합물의 경우 녹는점은 전하량의 곱에 비례한다. 즉 CA가 DB보다 녹는점이 더 낮다.

19 표는 탄화수소 (가)와 (나)에 대한 자료이다. 이에 대한 설명으로 옳지 않은 것은?

탄화수소	분자식	H원자 2개와 결합한 C원자 수
(가)	C_3H_6	1
(나)	C_4H_8	4

① (가)는 사슬 모양이다.

② (나)는 고리 모양이다.

③ (나)에서 H원자 3개와 결합한 C원자 수는 1이다.

④ (가)와 (나) 중 포화 탄화수소는 1가지이다.

☀ **TIP** (가)는 프로펜으로 2중 결합을 가지는 사슬 모양 불포화 탄화수소인 알켄이다. (나)는 단일 결합만 가지는 고리 모양 포화 탄화수소인 사이클로 알케인이다.
③ (나)에서 H원자 3개와 결합한 C는 없다.

20 그림은 탄화수소 X, Y를 각각 완전 연소시켰을 때, 반응한 X, Y의 질량 변화에 따라 생성된 H_2O의 질량을 나타낸 것이다. 이에 대한 설명으로 옳은 것은? (단, 수소, 탄소, 산소의 원자량은 각각 1, 12, 16이다)

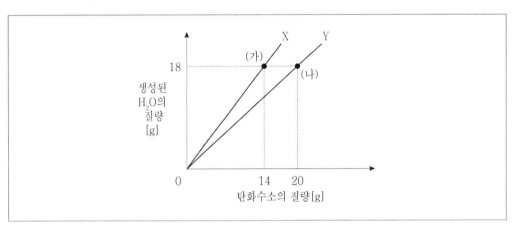

① X의 실험식은 CH_3이다.

② X와 Y의 실험식량의 비는 7 : 10이다.

③ X가 Y보다 탄소의 질량 백분율이 크다.

④ (가)와 (나)에서 생성된 이산화탄소(CO_2)의 질량비는 2 : 3이다.

✲ TIP ①②③ X는 C_2H_4, Y는 C_3H_4로 X의 실험식은 CH_2이고 X와 Y의 실험식량의 비는 7 : 20, Y가 X보다 탄소의 질량 백분율이 크다.
④ (가)와 (나)에서 생성된 이산화 탄소의 질량비는 각 물질의 탄소 수와 비례하므로 2 : 3이다.

02

2018. 5. 19 제1회 지방직 시행

1 그림은 생태계에서 일어나는 질소 순환 과정 중 일부를 나타낸 것이다. 물질 A는 이온 형태이며, (다) 과정에는 뿌리혹박테리아가 관여한다. 이에 대한 설명으로 옳지 않은 것은?

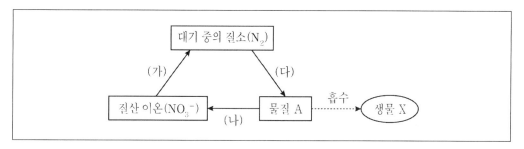

① 물질 A는 암모늄 이온(NH_4^+)이다.

② 물질 A를 흡수하는 생물 X에는 식물이 포함된다.

③ (가) 과정은 세균에 의해 일어난다.

④ (나) 과정은 질소 동화 작용이다.

✹ **TIP** ④ (나) 과정은 질화 작용이다.

2 다음은 어느 생명과학자가 수행한 탐구 과정의 일부를 순서대로 나타낸 것이다. 이 탐구 과정에서 조작 변인으로 가장 적절한 것은? (단, 제시된 탐구과정 이외는 고려하지 않는다)

• 세균을 배양 중인 접시에 우연히 푸른곰팡이가 자란 것을 관찰하다가 푸른곰팡이 주변에는 세균이 증식하지 못한 것을 발견하였다.
• '푸른곰팡이가 만든 물질이 세균을 증식하지 못하게 하였을 것이다'라고 생각하였다.
• 모든 조건이 동일한 세균 배양 접시 A와 B를 준비한 후, A에는 푸른곰팡이 배양액을 넣고 B에는 푸른곰팡이 배양액을 넣지 않았다.
• A에서는 세균이 증식하지 못하고 B에서는 세균이 증식한 것을 확인하였다.
---

① 푸른곰팡이가 자란 곳 주변에는 세균이 증식하지 못한 현상

② 모든 조건이 동일한 세균 배양 접시 A와 B의 준비

③ A와 B에 푸른곰팡이 배양액의 첨가 여부

④ B에서만 세균이 증식한 현상

✹ TIP ③ 푸른곰팡이의 유무에 따른 세균 증식 가능 여부를 확인하기 위한 실험이므로 푸른 곰팡이 배양액의 첨가 여부가 조작 변인이다.

3 그림은 항원 X, Y에 노출되지 않았던 쥐의 체내에 항원 X, Y를 감염시켰을 때, 시간에 따른 항체 A와 B의 농도 변화를 나타낸 것이다. 이에 대한 설명으로 〈보기〉에서 옳은 것만을 모두 고르면? (단, X, Y 이외의 항원은 고려하지 않는다)

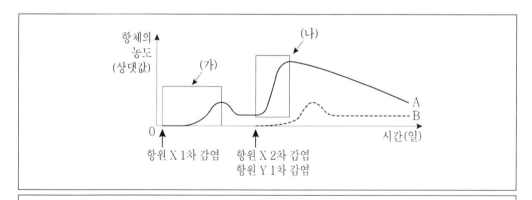

〈보기〉

㉠ A는 항원 X에 대한 항체이다.

㉡ ㈎보다 ㈏에서 항체의 농도가 빠르게 증가하는 것은 항원 X에 대한 기억세포가 존재하기 때문이다.

㉢ 항원 Y의 1차 감염 시점에 쥐의 체내에는 항원 Y에 대한 기억세포가 존재한다.
---

① ㉠, ㉡　　　　　　　　　　　　② ㉠, ㉢

③ ㉡, ㉢　　　　　　　　　　　　④ ㉠, ㉡, ㉢

✸ **TIP** ㉢ 항원 Y의 1차 감염 시점에서 Y에 대한 1차 면역 반응이 일어나는 시기이므로 항원 Y에 대한 기억세포는 없다.

4　그림은 시냅스에서 흥분이 전달되는 과정을 나타낸 것이다. 이에 대한 설명으로 옳지 <u>않은</u> 것은?

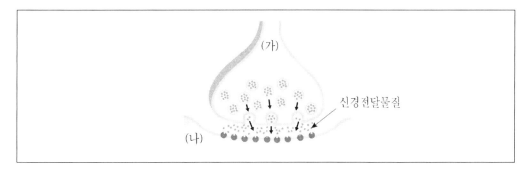

① 신경전달물질은 가지 돌기 말단에서 분비된다.

② 신경전달물질은 (나)의 탈분극에 관여한다.

③ 시냅스에서 흥분은 (가)에서 (나)의 방향으로 전달된다.

④ 시냅스에서 흥분의 전달은 뉴런에서 흥분의 전도보다 속도가 느리다.

✸ **TIP** ① 신경전달물질은 축삭 돌기 말단에서 분비된다.

5 그림은 핵상이 2n인 어떤 동물세포의 감수 분열이 일어날 때, 세포 1개당 DNA 양의 상대적인 변화를 나타낸 것이다. 이에 대한 설명으로 옳은 것은? (단, 돌연변이는 고려하지 않는다)

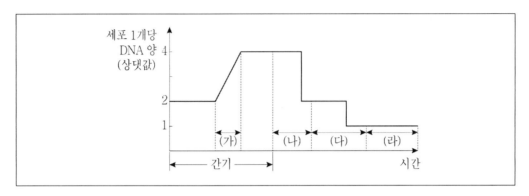

① (가) 시기에는 2가 염색체가 관찰된다.

② (나) 시기에는 상동 염색체가 분리된다.

③ (다) 시기에는 핵상이 2n에서 n으로 변한다.

④ (라) 시기에는 DNA의 복제가 일어난다.

> ✦ **TIP** ① (가) 시기는 간기에 해당하므로 2가 염색체가 관찰되지 않고 염색사가 관찰된다.
> ② (나)는 감수 1분열 시기로 상동 염색체가 분리되어 염색체 수가 절반이 되는 시기이다.
> ③ (다) 시기에서는 염색분체가 분열되는 2분열 시기이므로 핵상은 n→n으로 변화가 없다.
> ④ DNA복제가 일어나는 시기는 (가) 시기이다.

6 아인슈타인의 특수 상대성 이론으로 설명할 수 없는 현상만 나열한 것은?

① 중력파, 질량·에너지 동등성

② 길이 수축, 중력에 의한 시간 팽창

③ 중력 렌즈, 블랙홀

④ 수성의 세차 운동, 질량·에너지 동등성

> ✦ **TIP** ③ 중력파, 중력에 의한 시간 팽창, 중력 렌즈, 블랙홀, 수성의 세차 운동은 일반 상대성 이론으로 설명할 수 있는 이론이며, 질량·에너지 동등성, 길이 수축은 특수 상대성 이론으로 설명할 수 있는 이론이다.

7 그림 ㈎, ㈏는 길이와 굵기가 같은 두 종류의 관을 나타낸 것으로 ㈎는 한쪽 끝만 열려 있고 ㈏는 양쪽 끝이 열려 있다. ㈎, ㈏의 관 내부의 공기를 진동시키고 공명 현상을 이용하여 일정한 진동수의 음을 발생시킨다. ㈎에서 발생하는 음의 최소 진동수가 f일 때, ㈏에서 발생하는 음의 최소 진동수는? (단, 공기의 온도는 일정하다)

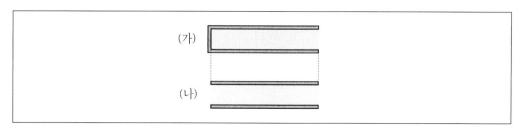

① $\dfrac{f}{4}$

② $\dfrac{f}{2}$

③ $2f$

④ $4f$

✱ **TIP** ③ ㈎는 폐관으로 파장이 개관인 ㈏의 2배이다. 파장과 진동수는 반비례하므로 진동수는 ㈎가 f라고 했을 때 ㈏는 2f가 된다.

8 그림과 같이 $+y$ 방향으로 세기가 일정한 전류 I가 흐르는 직선 도선 P가 y축에 고정되어 있고, $x = 3d$에 직선 도선 Q가 P와 나란히 고정되어 있다. x축 상의 점 $x = 2d$에서 자기장의 세기가 0이 되기 위하여 Q에 흐르는 전류의 세기와 방향은? (단, 두 도선은 가늘고 무한히 길다)

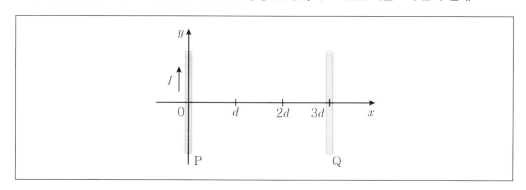

① $\dfrac{1}{4}I, \ +y$

② $\dfrac{1}{2}I, \ +y$

③ $\dfrac{1}{4}I, \ -y$

④ $\dfrac{1}{2}I, \ -y$

✱ **TIP** ② x = 2d인 지점에서 자기장의 세기가 0이 되려면 P와 Q에서 전류의 방향은 같아야 하며 2d와 O사이 거리 : 2d와 3d거리비는 2 : 1이므로 전류의 세기 비는 1 : 2가 되는데 2d 지점에서 자기장의 세기가 0이 되어야 하므로 Q에서 전류는 P의 절반이 되어야 한다.

9 그림은 열효율이 0.25인 카르노 열기관이 절대 온도 T_1의 고열원에서 Q_1의 열을 흡수하여 W의 일을 하고 절대 온도 T_2의 저열원으로 Q_2의 열을 방출하는 것을 나타낸 것이다. $Q_2 = 6Q$, $T_1 = 8T$일 때, Q_1과 T_2의 값은?

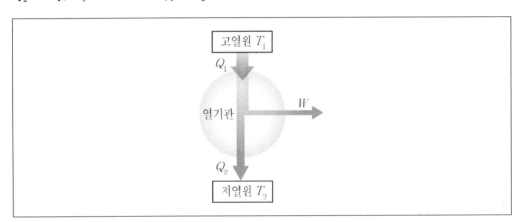

Q_1	T_2
① $8Q$	$6T$
② $10Q$	$6T$
③ $8Q$	$4T$
④ $10Q$	$4T$

✱ **TIP** ① 열효율$=1-\dfrac{Q_2}{Q_1}$를 이용해 계산해보면 $6Q/Q_1 = 3/4$, $Q_1=8Q$ 이다. 열효율$=1-\dfrac{T_2}{T_1}$이므로 $0.25=1-T_2/8T$, 즉 $T_2=6T$

10 그림 (가)는 마찰이 없는 수평면에서 운동 중인 질량이 4kg인 물체에 일정한 크기의 힘 F가 운동 방향으로 작용하여 물체가 10m를 이동한 것을 나타낸 것이다. 그림 (나)는 (가)의 물체에 F가 작용한 순간부터 물체의 운동 에너지를 이동 거리에 따라 나타낸 것이다. 이에 대한 설명으로 옳지 않은 것은?

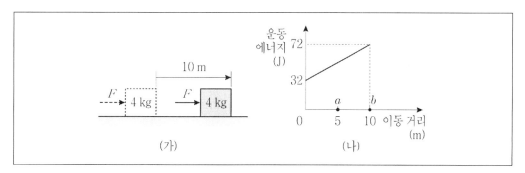

① F가 작용하기 직전 물체의 속력은 4m/s이다.

② a에서 물체의 가속도 크기는 1m/s^{2}이다.

③ F의 크기는 4N이다.

④ a에서 b까지 물체의 이동 시간은 2초이다.

> ✷ **TIP**
> ① F가 작용하기 직전 물체의 속력은 $32 = \frac{1}{2} \times 4 \times v^2$이므로 속력은 4m/s이다.
>
> ② a에서 물체의 가속도는 F = ma공식을 이용해 구했을 때 1m/s^{2}이다.
> ③ F의 크기는 나중 운동에너지에서 처음 운동에너지의 양을 뺀 값만큼 일로 전환되었다.

11 그림은 우리나라의 최근 30년과 10년 동안의 월 평균 황사 발생 일수를 비교하여 나타낸 것이다. 이에 대한 설명으로 〈보기〉에서 옳은 것만을 모두 고르면?

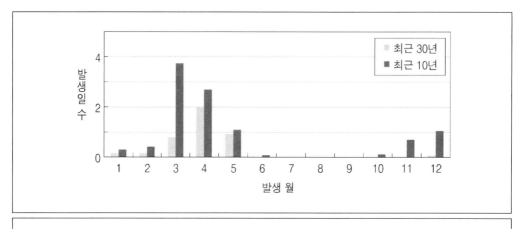

〈보기〉
㉠ 최근 10년 동안 몽골과 중국의 사막화 현상이 심화되었다.
㉡ 봄철에 황사가 심한 이유는 북태평양 기단의 활성화 때문이다.
㉢ 여름철의 황사 발생 일수가 적은 것은 강수량의 증가 때문이다.

① ㉠   ② ㉡
③ ㉠, ㉢   ④ ㉡, ㉢

✺ **TIP** ㉡ 봄철에 황사가 심한 이유는 양쯔강 기단의 활성화 때문이다.

12 다음은 태양에서 나타나는 현상 ㈎~㈐를 촬영한 것이다. 이에 대한 설명으로 〈보기〉에서 옳은 것만을 모두 고르면?

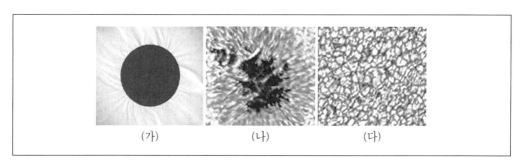

(가)   (나)   (다)

〈보기〉

㉠ (개)는 개기 일식 때 관측할 수 있다.
㉡ (내)의 이동을 이용하면 태양의 자전 주기를 구할 수 있다.
㉢ (대)는 태양의 대기층인 채층에서 나타나는 현상이다.

① ㉠, ㉡   ② ㉠, ㉢
③ ㉡, ㉢   ④ ㉠, ㉡, ㉢

★ **TIP** ㉢ (대)는 쌀알무늬로 태양의 표면인 광구에서 나타나는 현상이다.

13 그림은 북반구 태평양에서 대기와 표층 해수의 순환을 모식적으로 나타낸 것이다. 이에 대한 설명으로 〈보기〉에서 옳은 것만을 모두 고르면?

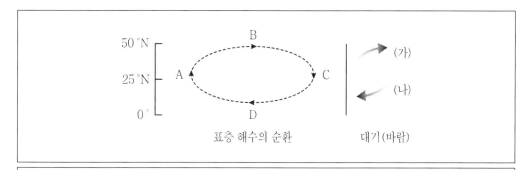

〈보기〉

㉠ A는 C보다 수온이 낮다.
㉡ (개)는 편서풍이고, (내)는 무역풍이다.
㉢ B는 북태평양 해류이고, D는 북적도 해류이다.

① ㉠   ② ㉡
③ ㉠, ㉢   ④ ㉡, ㉢

★ **TIP** ㉠ A는 저위도에서 상승하는 해수이므로 C보다 수온이 높다.

14 그림은 남반구 동태평양 적도 부근 해역의 평균 해수면 온도에 대한 편차이고, A와 B는 각각 엘니뇨 시기와 라니냐 시기 중 하나를 나타낸 것이다. 이에 대한 설명으로 옳지 않은 것은?

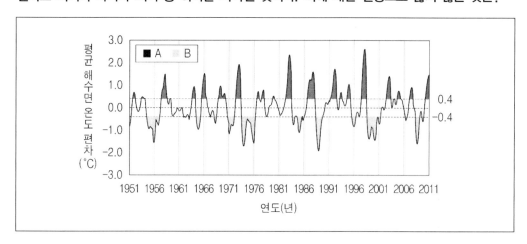

① A는 엘니뇨 시기이고, B는 라니냐 시기이다.

② A보다 B에서 동태평양 해수의 용승이 약화된다.

③ A보다 B에서 무역풍의 세기가 강하다.

④ A보다 B에서 동태평양의 따뜻한 해수층 두께가 얇다.

✹ **TIP** ② A는 남반구 동태평양 적도 부근 해역의 평균 해수면 온도차가 큰 엘니뇨이고, B는 라니냐이다. 라니냐의 경우 동태평양 해수의 용승이 강해진다.

15 그림 (가)와 (나)는 판의 경계를 나타낸 모식도이다. 이에 대한 설명으로 옳은 것은?

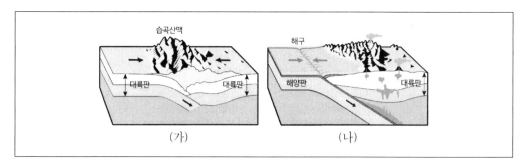

① 안데스 산맥은 (가)에, 히말라야 산맥은 (나)에 해당한다.

② 화산 활동은 (나)보다 (가)에서 활발하다.

③ (가)는 발산형 경계이고, (나)는 수렴형 경계이다.

④ (나)에서는 해구에서 대륙판 쪽으로 갈수록 진원의 깊이가 깊어진다.

16 그림 (개)~(다)에 해당하는 원자 모형에 대한 설명으로 옳은 것은?

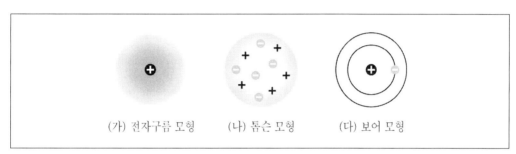

(가) 전자구름 모형　　　(나) 톰슨 모형　　　(다) 보어 모형

① (개)에서 전자는 원형 궤도를 따라 운동한다.

② (나)에서 원자의 중심에는 원자핵이 존재한다.

③ (다)에서 전자의 에너지 준위는 연속적인 값을 갖는다.

④ (개)~(다) 중 가장 먼저 제안된 모형은 (나)이다.

☀ **TIP** ① 전자가 원형 궤도를 따라 운동한다는 모형은 (다) 보어 모형이다.

② (나)의 경우 원자핵의 존재가 밝혀지기 전 모형이다.

③ (다)에서 에너지의 준위는 불연속적인 값을 갖는다.

④ 가장 먼저 제안된 모형부터 나열하면 (나), (다), (개)이다.

17 다음 질산(HNO_3) 수용액과 수산화 바륨($Ba(OH)_2$) 수용액의 화학 반응식에 대한 설명으로 옳지 않은 것은?

$$2HNO_3(aq) + Ba(OH)_2(aq)$$
$$\rightarrow Ba(NO_3)_2(aq) + 2H_2O(l)$$

① 중화 반응이다.

② 반응한 H^+의 몰수와 생성된 H_2O의 몰수는 같다.

③ 구경꾼 이온은 바륨 이온(Ba^{2+})과 수산화 이온(OH^-)이다.

④ 반응 전후에 원자의 산화수는 변하지 않는다.

✸ **TIP** ③ 질산은 산성이며 수산화 바륨은 염기성이다. 즉 산성과 염기성을 혼합해 반응시키는 중화 반응이다. 이 중화 반응에서 알짜 이온은 수소 이온과 수산화 이온이다. 나머지는 이온은 구경꾼 이온이다.

18 〈보기〉에 제시된 기체 분자에 대한 설명으로 옳은 것은? (단, ONF에서 중심 원자는 N이다)

〈보기〉
N_2, NO, NO_2, ONF

① NO의 모든 원자는 옥텟 규칙을 만족한다.

② ONF에서 질소(N) 원자의 산화수는 +3이다.

③ ONF의 분자 구조는 직선형이다.

④ 〈보기〉의 분자에서 질소(N) 원자의 가장 큰 산화수와 가장 작은 산화수의 차이는 5이다.

✸ **TIP** ② NO는 옥텟을 만족하지 않는다. ONF를 루이스 전자점식으로 나타내 보면 질소 원자에 비공유 전자쌍이 존재하므로 직선형이 될 수 없다. N_2, NO, NO_2, ONF에서 질소의 산화수는 순서대로 0, +2, +4, +3이다.

19 다음 이산화 황(SO_2)과 관련된 화학 반응식에 대한 설명으로 옳은 것은?

> (가) $SO_2(g) + 2H_2S(g) \rightarrow 2H_2O(l) + 3S(s)$
>
> (나) $SO_2(g) + 2H_2O(l) + Cl_2(g) \rightarrow H_2SO_4(aq) + 2HCl(aq)$

① (가)와 (나)에서 SO_2에 포함된 황(S) 원자의 산화수는 두 경우 모두 반응 후에 감소한다.

② (가)에서 H_2S는 산화제이다.

③ (나)에서 Cl_2는 산화된다.

④ (가)와 (나)에서 황(S) 원자의 가장 큰 산화수는 +6이다.

✱ **TIP** (가)의 SO_2, H_2S, S에서 S의 산화수는 순서대로 +4, -2, 0이다. (나)에서 H_2SO_4의 S 산화수는 +6이다. 또한 Cl_2, HCl에서 Cl의 산화수는 순서대로 0, -1이다. (가)에서 H_2S는 산화되므로 환원제이고 (나)에서 Cl_2는 환원된다.

20 다음 중 입자 수가 가장 많은 것은? (단, 0℃, 1기압에서 기체 1몰(mol)의 부피는 22.4L이다. 각 원자의 원자량은 H : 1, C : 12, N : 14, O : 16, Na : 23, Cl : 35.5이다)

① 물(H_2O) 18 g에 들어 있는 물 분자 수

② 암모니아(NH_3) 17 g에 들어 있는 수소 원자 수

③ 염화 나트륨(NaCl) 58.5 g에 들어 있는 전체 이온 수

④ 0℃, 1기압에서 이산화 탄소(CO_2) 기체 44.8 L에 들어 있는 이산화탄소 분자 수

✱ **TIP** ② 입자수 = 몰수 × 아보가드로수이므로 각 보기의 몰수를 비교해 보면 된다. 물 18g의 물 분자는 1몰, 암모니아 17g의 수소 원자수는 3몰, 염화 나트륨 58.5g에 들어 있는 전체 이온 수는 2몰, 이산화 탄소 기체 44.8L에 들어 있는 이산화 탄소는 2몰이다.

03

2018. 6. 23 제2회 서울특별시 시행

1 〈보기〉는 지구계가 형성되는 과정의 일부를 순서 없이 나열한 것이다. ⊙~@을 오래된 것부터 시간 순으로 가장 옳게 나열한 것은?

<보기>

⊙ 오존층 형성   ⓒ 원시 바다 형성
ⓒ 최초의 생명체 탄생   @ 최초의 육상 생물 출현

① ⊙ - ⓒ - ⓒ - @   ② ⓒ - ⓒ - ⊙ - @
③ ⓒ - @ - ⓒ - ⊙   ④ @ - ⊙ - ⓒ - ⓒ

TIP ② 지구계가 형성되는 과정은 원시 바다 형성→최초의 생명체 탄생→오존층 형성→최초의 육상 생물 출현이다.

2 〈보기〉는 생물의 구성 단계를 나타낸 것으로, ㈎와 ㈏는 각각 동물과 식물 중 하나이다. 이에 대한 설명으로 가장 옳지 않은 것은?

<보기>

㈎ 세포 → 조직 → 기관 → A → 개체
㈏ 세포 → B → 조직계 → C → 개체

① A는 기관계이다.
② ㈎는 동물, ㈏는 식물이다.
③ 상피 조직은 B에 해당한다.
④ C는 영양 기관과 생식 기관으로 구분된다.

TIP ③ 상피 조직은 동물에 존재하는 조직이다.

3 〈보기〉는 임의의 원소 A~D의 중성원자 혹은 이온의 전자 배치를 나타낸 것이다. 이에 대한 설명으로 가장 옳지 않은 것은?

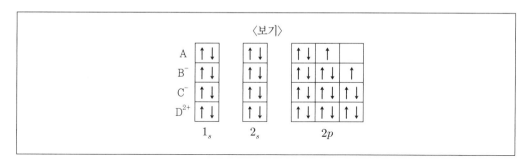

〈보기〉

① 이온반지름은 $C^- > D^{2+}$이다.

② A의 전자배치는 훈트규칙을 만족하지 못한다.

③ A~D의 중성원자 중 양성자 수가 가장 많은 원자는 D이다.

④ B^-이온은 옥텟규칙을 만족하는 안정한 이온이다.

> ✸ **TIP** C^-, D^{2+}는 등전자 이온인데 이러한 경우 핵 전하량이 클수록 핵과 전자 사이 인력이 작용해 이온의 반지름이 감소한다. 즉 D원자의 원자번호가 C보다 크므로 이온 반지름은 C^-가 D^{2+}보다 크다. A의 전자배치는 가능한 홀전자를 많게 배치하는 훈트 규칙에 어긋난다.
> ④ B^-이온은 전자를 하나 더 얻어야 옥텟규칙을 만족하는 안정한 이온이 된다.

4 〈보기〉는 어떤 동물(2n=4)의 분열 중인 세포를 나타낸 것으로 (가)와 (나)는 체세포 분열, 감수 1분열, 감수 2분열 중 한 단계이다. 이에 대한 설명으로 가장 옳지 않은 것은?

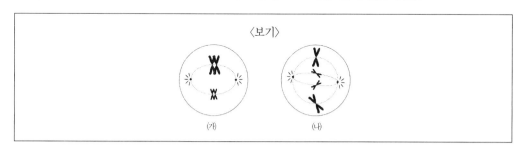

〈보기〉

① (가)는 감수 1분열에 해당한다.

② (나)를 통해 생물의 생장이 일어난다.

③ (가)와 (나)의 세포 하나당 DNA의 양은 같다.

④ (가)와 (나)의 결과 생성된 세포의 핵상은 같다.

> ✹ **TIP** (개는 2가 염색체가 존재하는 감수 1분열시기이고, (내는 2n=4의 핵상을 가지므로 체세포 분열 중기이다.
> ④ 감수 1분열 결과 핵상은 절반이 되고 체세포 분열을 할 때는 핵상의 변화가 없다.

5 〈보기〉는 어떤 집안의 ABO식 혈액형과 귓불 유전 가계도를 나타낸 것이다. 이에 대한 설명으로 가장 옳은 것은? (단, 혈액형과 귓불 유전자는 서로 다른 염색체에 존재한다.)

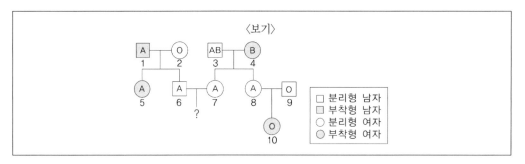

① 분리형 귓불이 부착형 귓불에 대해 열성이다.

② 5의 혈액형 유전자는 동형접합이다.

③ 3의 부착형 귓불 유전자 보유 여부를 판단할 수 있다.

④ 6과 7의 혈액형에 관한 유전자형은 같다.

> ✹ **TIP** 8, 9번은 귓불 표현형이 분리형인데 분리형 부모 사이에서 부착형 귓불을 가진 10이 태어났기 때문에 분리형이 우성, 부착형이 열성이다. 6과 7은 혈액형에 대한 유전자형이 AO로 같다. 5의 혈액형 유전자형은 AO로 이형접합(=잡종)이다.

6 〈보기 1〉은 고정되어 있는 두 점전하 A, B 주위의 전기력선을 나타낸 것이다. 이에 대한 설명으로 옳은 것을 〈보기 2〉에서 모두 고른 것은?

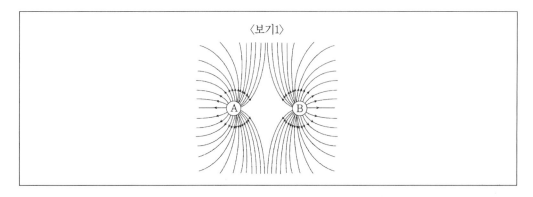

<보기2>

㉠ A는 양(+)전하이다.

㉡ A와 B의 전하량은 같다.

㉢ A와 B 사이에 전기적 인력이 작용한다.

① ㉠

② ㉢

③ ㉠, ㉡

④ ㉡, ㉢

✹ **TIP** ㉢ 전기력선은 (+)에서 나와 (−)로 들어가므로 A, B모두 (+)전하를 띤다. 따라서 두 극 사이에서는 척력이 작용한다.

7 〈보기 1〉은 X와 Y로 이루어진 화합물 A, B에 대한 설명이다. 이에 대한 설명으로 옳은 것을 〈보기 2〉에서 모두 고른 것은? (단, X, Y는 임의의 원소 기호이다.)

〈보기1〉

• A와 B의 분자당 구성 원자 수는 각각 2, 3이다.

• 같은 질량에 들어 있는 원소 Y의 질량비는 A : B = 11 : 14이다.

〈보기2〉

㉠ A는 2원자 화합물이다.

㉡ B는 X_2Y이다.

㉢ 1g당 원소 X의 질량은 A가 B의 2배이다.

① ㉠

② ㉢

③ ㉠, ㉢

④ ㉡, ㉢

✹ **TIP** ① A는 CO, B는 CO_2이다. 즉 B는 XY_2이고 1g당 CO의 몰수는 1/28몰이며 CO_2는 1/44몰이 되므로 X의 질량이 A가 B의 2배가 될 수 없다.

8 〈보기 1〉과 같이 점전하 B를 x축 위에 고정된 점전하 A, C로부터 거리가 각각 r, $2r$인 지점에 놓았더니 B가 정지해 있었다. 이에 대한 설명으로 옳은 것을 〈보기 2〉에서 모두 고른 것은?

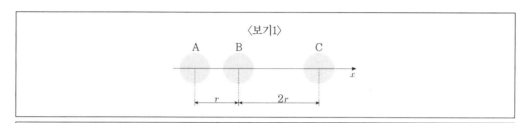

〈보기1〉

〈보기2〉

㉠ A와 C의 전하의 종류는 같다.

㉡ 대전된 전하량은 A가 C보다 크다.

㉢ A와 B 사이에 서로 당기는 힘이 작용하면 B와 C 사이에도 서로 당기는 힘이 작용한다.

① ㉠, ㉡　　　　　　　　　　　　② ㉠, ㉢

③ ㉡, ㉢　　　　　　　　　　　　④ ㉠, ㉡, ㉢

✹ **TIP** A와 C의 전하량의 종류가 같아야 B가 정지해 있을 수 있다. 대전된 전하량은 C가 A보다 크며 A와 B사이에 서로 당기는 힘이 작용하면 B와 C도 당기는 힘이 작용한다.

9 〈보기〉의 ㉠, ㉡, ㉢은 여러 가지 풍화 작용의 예를 나타낸 것이다. ㉠, ㉡, ㉢을 기계적 풍화 작용과 화학적 풍화 작용으로 가장 옳게 구분한 것은?

〈보기〉

㉠ 정장석이 풍화되어 고령토가 생성된다.

㉡ 물의 동결 작용으로 테일러스가 형성된다.

㉢ 석회암 지대에서 석회 동굴이 형성된다.

	기계적 풍화 작용	화학적 풍화 작용
①	㉠	㉡, ㉢
②	㉡	㉠, ㉢
③	㉠, ㉡	㉢
④	㉠, ㉢	㉡

✹ **TIP** ② ㉠ - 화학적 풍화 중 가수 분해, ㉡ - 기계적 풍화, ㉢ - 화학적 풍화 작용에 해당한다.

10 〈보기〉는 임의의 2주기 원소 X~Z의 루이스 전자점식을 나타낸 것이다. 이에 대한 설명으로 가장 옳지 않은 것은?

〈보기〉

$$\cdot \dot{X} \cdot \quad \cdot \ddot{Y} \cdot \quad \cdot \ddot{Z} :$$

① YH_4^+ 이온은 정사면체 구조이다.

② Y_2와 Z_2는 각각 삼중결합, 단일결합으로 이루어져 있다.

③ XZ_3와 YZ_3 중 분자의 쌍극자모멘트 합이 0인 것은 XZ_3이다.

④ 수소화합물 XH_3 분자는 무극성 공유결합으로 이루어진 무극성분자이다.

✸ **TIP** ④ X는 붕소, Y는 질소, Z는 플루오린이다. 수소 화합물 XH_3는 극성 공유결합으로 이루어진 극성분자이다.

11 〈보기〉의 (가)와 (나)는 온대 저기압에서 볼 수 있는 두 전선을 나타낸 것이다. 이에 대한 설명으로 가장 옳은 것은?

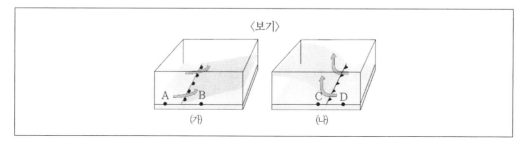

① (가)에서 두 지점의 온도는 A < B이다.

② 강수 현상이 나타나는 곳은 A, D 지점이다.

③ (나)의 전선은 뇌우를 동반하는 경우가 많다.

④ 햇무리나 달무리를 볼 수 있는 것은 (나)이다.

✸ **TIP** (가)는 온난 전선, (나)는 한랭 전선이다.
　① (가)에서 온도는 A가 B보다 높다.
　②③ 강수 현상은 B, C에서 나타나며 한랭 전선은 공기의 상승 기류가 강해 적운형 구름이 생기고 소나기가 내리므로 뇌우를 동반하는 경우가 많다.
　④ 햇무리나 달무리를 볼 수 있는 것은 온난 전선이다.

ANSWER 8.② 9.② 10.④ 11.③

12 〈보기〉와 같이 기울기가 일정하고 마찰이 없는 경사면에서 시간 $t=0$일 때 점 p에 물체 A를 가만히 놓는 순간, 물체 B가 v의 속력으로 경사면의 점 q를 통과하였다. 동일한 직선 경로를 따라 운동하는 A, B는 각각 L_A, L_B만큼 이동하여 t_0초 후 같은 속력으로 충돌하였다. 이때 $L_A : L_B$는?

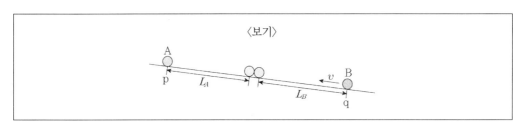

① 1 : 1

② 1 : 2

③ 1 : 3

④ 2 : 3

✹ TIP ③ A와 B에는 동일한 가속도가 작용하고 A의 초기 속도는 0이므로 A의 속도는 at이며 B의 초기 속도는 −v이므로 B의 속도는 −v + at이다. t0일 때 두 물체가 충돌했으므로 두 속도의 절대값은 동일해야 하므로 at0 = v − at0식을 통해 a=0.5v라는 관계식을 얻게 된다. x축을 시간, y축을 속력으로 그래프를 그려서 풀어보면 A의 경우 속력이 점점 증가하는 그래프에서 x축을 t0, y축은 v/2인 지점에서의 넓이인 1/4vt0가 거리가 된다. B의 경우 속력이 v/2에서 v로 줄어드는 그래프를 그리는데 v지점에서 시간은 t0가 된다. 이 때 사다리꼴의 넓이를 구해보면 3/4vt0가 되므로 L$_A$: L$_B$=1:3이 된다.

13 〈보기〉는 빛을 에너지의 근원으로 하여 유지되는 어떤 초원 생태계에서 A~D의 에너지양을 상댓값으로 나타낸 것이다. 이에 대한 설명으로 가장 옳지 않은 것은? (단, A~D는 각각 1차 소비자, 2차 소비자, 3차 소비자, 생산자 중 하나이며, 상위 영양 단계로 갈수록 에너지양은 감소한다.)

〈보기〉

구분	에너지양(상댓값)
A	3
B	100
C	1000
D	15

① 초식동물은 B에 해당한다.

② 에너지 효율은 A가 B의 2배이다.

③ 2차 소비자의 에너지 효율은 20%이다.

④ C는 무기물로부터 유기물을 합성한다.

☀ TIP ③ 생산자, 1차 소비자, 2차 소비자, 3차 소비자는 각각 순서대로 C, B, D, A이다. 2차 소비
자의 에너지 효율은 15/100 × 100 = 15% 이다.

14 〈보기〉는 사람의 6가지 질병을 A~C로 분류하여 나타낸 것이다. 이에 대한 설명으로 가장 옳은 것은?

〈보기〉	
구분	질병
A	고혈압, 당뇨병
B	결핵, 파상풍
C	AIDS, 독감

① A의 질병은 다른 사람에게 전염된다.

② B의 병원체는 스스로 물질대사를 할 수 없다.

③ B와 C의 병원체는 핵산을 가지고 있다.

④ C의 병원체를 제거하는 데에 일반적으로 항생제가 사용된다.

☀ TIP ① A는 비감염성 질병으로 다른 사람에게 전염되지 않는다.
② B의 병원체는 세균으로 스스로 물질대사를 할 수 있고 핵산도 가지고 있다.
③ C는 바이러스로 핵산을 가지고 있다.
④ 항생제는 세균을 제거할 때 사용한다.

15 〈보기〉는 오른쪽으로 진행하는 파장이 4cm인 파동의 한 점의 변위를 시간에 따라 나타낸 것이다. 이 파동에 대한 설명으로 가장 옳은 것은?

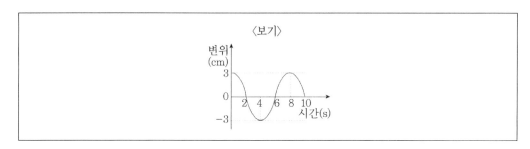

① 진행 속력은 0.5cm/s이다.　　　② 진동수는 1Hz이다.

③ 진폭은 6cm이다.　　　④ 주기는 4초이다.

★ **TIP** ① 진행 속력은 파장/주기 이므로 4cm/8s=0.5cm/s이다. 진동수는 1/8Hz, 진폭은 3cm이고 주기는 8초이다.

16 〈보기 1〉은 물체 A와 물체 B가 실로 연결된 채 정지한 상태에서 운동을 시작하여 경사면을 따라 등가속도 운동을 하는 모습을 나타낸 것이다. A, B의 질량은 각각 3m, 2m이다. A가 P에서 Q까지 이동하는 동안, 나타나는 현상에 대한 설명으로 옳은 것을 〈보기 2〉에서 모두 고른 것은? (단, 실의 질량과 모든 마찰은 무시한다.)

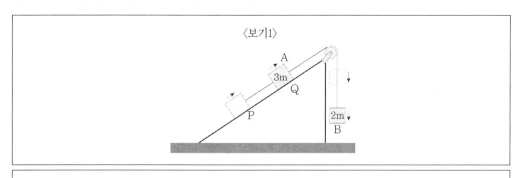

〈보기2〉
ㄱ A의 운동 에너지는 증가한다.
ㄴ B의 역학적 에너지는 일정하다.
ㄷ B에 작용하는 중력이 한 일은 B의 운동 에너지 증가량과 같다.

① ㄱ　　　② ㄷ

③ ㄱ, ㄴ　　　④ ㄴ, ㄷ

🟐 **TIP** ① 도르래를 통해 연결된 두 물체는 함께 운동하므로 한 물체의 역학적 에너지가 감소하면 나머지 한 물체의 역학적 에너지는 증가한다. 즉 B의 위치 에너지가 감소한 만큼 A의 운동 에너지가 증가한다.

17 〈보기〉의 (가)~(다)는 DNA를 구성하는 구성요소의 구조식이다. 이에 대한 설명으로 가장 옳은 것은?

〈보기〉

(가) $HO-P-OH$ (with O double bond above P and OH below)

(나) 리보스 구조 — HOCH₂, O, OH, CH, HC, HC—CH, OH H

(다) 아데닌 염기 구조 — NH, N, H, N, H, N—H

(가)   (나)   (다)

① (가)~(다)는 모두 아레니우스 염기이다.

② (가)의 중심원자는 옥텟규칙을 만족한다.

③ (나)의 모든 탄소원자는 사면체 구조를 한다.

④ DNA구조에서 (다)는 다른 종류의 염기와 공유결합으로 연결된다.

🟐 **TIP** ① (가)는 아레니우스 산, 브뢴스테드-로우리 산으로 작용하며 (나)와 (다)는 루이스 염기로 작용한다.
② (가)의 중심 원자인 P는 확장된 옥텟이므로 옥텟 규칙을 만족하지 않는다.
④ DNA구조에서 (다)는 다른 종류의 염기와 수소결합으로 연결된다.

ANSWER 15.① 16.① 17.③

18 〈보기 1〉은 3가지 산-염기 반응의 화학 반응식이다. 이에 대한 설명으로 옳은 것을 〈보기 2〉에서 모두 고른 것은?

〈보기1〉

(가) $HF(aq) + HCO_3^-(aq) \rightarrow H_2CO_3(aq) + F^-(aq)$

(나) $CH_3COOH(aq) + H_2O(l) \rightarrow H_3O^+(aq) + CH_3COO^-(aq)$

(다) $NH_3(aq) + H_2O(l) \rightarrow NH_4^+(aq) + OH^-(aq)$

〈보기2〉

㉠ (나)의 $H_2O(l)$는 브뢴스테드-로우리 염기이다.

㉡ (가)의 $HF(aq)$는 브뢴스테드-로우리 산이다.

㉢ (다)의 $NH_3(aq)$는 아레니우스 염기이다.

① ㉡

② ㉠, ㉡

③ ㉠, ㉢

④ ㉠, ㉡, ㉢

✹ **TIP** ㉢ (다)의 NH_3는 양성자 받개로 작용하므로 브뢴스테드-로우리 염기로 작용한다.

19 〈보기〉는 어떤 식물에서 세균 X와 Y가 냉해 발생에 미치는 영향을 알아보기 위한 실험이다. 이 실험에 대한 설명으로 가장 옳은 것은?

〈보기〉

[실험과정 및 결과]

※ −4℃인 환경에서 식물의 잎에 세균 X와 Y의 처리 조건을 다르게 하여 냉해 발생 여부를 조사하였다.

실험	세균 처리 조건	냉해 발생 여부
Ⅰ	감염 없음	발생 안 함
Ⅱ	X 감염	발생함
Ⅲ	Y 감염	발생 안 함
Ⅳ	X와 Y의 감염	발생 안 함

① 세균 X에 의한 냉해 발생이 세균 Y에 의해 억제됨을 알 수 있다.

② 귀납적 탐구방법에 해당된다.

③ 온도는 종속변인에 해당된다.

④ 실험 Ⅰ은 생략해도 된다.

20 〈보기〉는 물속에 완전히 잠긴 채 정지해 있는 직육면체 모양의 물체를 나타낸 것이다. 이 물체에 가해지는 압력의 방향 및 크기를 화살표로 가장 옳게 나타낸 것은?

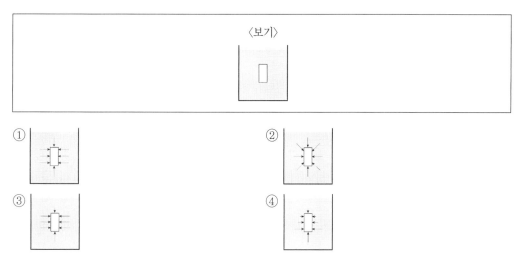

ANSWER 18.② 19.① 20.④

서원각 교재로 인터넷강의 들을 사람

다 모여라 ~ !!

공무원시험 / 취업대비 / 자격증준비 / 부사관·장교준비
서원각 인터넷강의와 대비하자!

서원각 홈페이지 제공 강의

공무원	9급 공무원	서울시 기능직 일반직 전환	각 시·도 기능직 일반직 전환	교육청 기능직 일반직 전환
	관리운영직 일반직 전환	사회복지직 공무원	우정사업본부 계리직	서울시 기술계고 경력경쟁
기술직 공무원	물리	화학	생물	
	기술계 고졸자 물리/화학/생물			
경찰·소방공무원	소방특채 생활영어	소방학개론		
군 장교, 부사관	육군부사관	공군부사관	해군부사관	부사관 국사(근현대사)
	공군 학사사관후보생	공군 조종장학생	공군 예비장교후보생	공군 국사 및 핵심가치
NCS, 공기업, 기업체	공기업 NCS	코레일(한국철도공사)	한국전력공사	
자격증	임상심리사 2급	건강운동관리사	사회조사분석사	사회복지사 1급
	텔레마케팅관리사	청소년상담사 3급	관광통역안내사	국내여행안내사

서원각

자격시험 대비서

핵심이론 ⟩	출제예상문제 ⟩	온라인강의 제공

임상심리사 2급

건강운동관리사

사회조사분석사 종합본

사회조사분석사 기출문제집

교재구입 시 무료동영상강의 제공

국어능력인증시험

청소년상담사 3급

관광통역안내사 종합본

서원각 동영상강의 혜택

www.goseowon.co.kr

⟩⟩ 수강기간 내에 동영상강의 무제한 수강이 가능합니다.
⟩⟩ 수강기간 내에 모바일 수강이 무료로 가능합니다.
⟩⟩ 원하는 기간만큼만 수강이 가능합니다.